U0160085

空间曲面肋梁结构设计与施工关键技术

主　编　刘　林　柳明亮　祝　珣

中国建材工业出版社

图书在版编目（CIP）数据

空间曲面肋梁结构设计与施工关键技术 /刘林，柳明亮，祝珣主编．--北京：中国建材工业出版社，2023.4

ISBN 978-7-5160-3604-4

Ⅰ.①空…　Ⅱ.①刘…　②柳…　③祝…　Ⅲ.①空间结构—结构设计—工程施工—技术 Ⅳ.①TU339.04

中国版本图书馆 CIP 数据核字（2022）第 219527 号

空间曲面肋梁结构设计与施工关键技术

KONGJIAN QUMIAN LEILIANG JIEGOU SHEJI YU SHIGONG GUANJIAN JISHU

刘　林　柳明亮　祝　珣　主　编

出版发行：中国建材工业出版社

地　　址：北京市海淀区三里河路 11 号

邮　　编：100831

经　　销：全国各地新华书店

印　　刷：北京印刷集团有限责任公司

开　　本：787mm×1092mm　1/16

印　　张：16.25

字　　数：390 千字

版　　次：2023 年 4 月第 1 版

印　　次：2023 年 4 月第 1 次

定　　价：89.00 元

本社网址：www.jccbs.com，微信公众号：zgjcgycbs

请选用正版图书，采购、销售盗版图书属违法行为

版权专有，盗版必究。本社法律顾问：北京天驰君泰律师事务所，张杰律师

举报信箱：zhangjie@tiantailaw.com　　举报电话：（010）57811389

本书如有印装质量问题，由我社市场营销部负责调换，联系电话：（010）57811387

前　言

随着建筑功能多样化以及“双碳”目标的推进，空间复杂钢结构以其造型灵活、可塑性强、材料受力性能高效等特有的优势，成为当前重要的结构形式之一，也是国家建筑科技发展水平的一种体现。同时，保证空间复杂钢结构施工工艺的适用性、施工的高效性和施工质量也是实现土木工程行业可持续发展过程中迫切需要解决的技术难题。

本书在对空间复杂钢结构的特点、发展过程和发展现状进行概括总结的基础上，对空间曲面肋梁结构的主要特点和研究意义进行阐述。全书以西咸空港综合保税区事务服务办理中心工程为实例，对该类结构的设计与建造工艺进行总结与详细说明。全书主要介绍网壳结构的发展历程，空间曲面肋梁结构的力学性能，钢结构加工及安装技术，以及 BIM（建筑信息模型）技术在本工程中的应用。

西咸空港综合保税区事务服务办理中心建筑分为主楼和附楼两个部分，总建筑面积 70203m^2。主楼结构为地上 7 层，地下 1 层，占地面积 21233m^2，建筑总高度 29m，采用钢-钢筋混凝土-型钢混凝土-UBB（屈曲约束支撑）的混合框架结构。钢结构主构件为十字形劲性柱、箱形劲性柱和 H 形劲性钢梁，整体外观造型采用日字形钢肋梁。附楼采用全现浇钢筋混凝土框架结构，中间连廊部分为钢结构，由圆管柱与 H 形钢梁组成。该建筑造型新颖，结构形式复杂，是国内首个采用空间曲面肋梁结构的大型公共建筑。

本书可供土木工程行业的设计、施工和科研人员使用。希望本书可以为钢结构专业领域技术人员提供借鉴与参考，增加类似工程经验，拓宽设计思路，优化施工方案，提高施工效率与安全性；为科研人员提供实际案例，激发创新思路；为学生了解复杂钢结构建造过程和基本的施工方法提供渠道，培养专业兴趣，增加专业知识储备。

本书由刘林、柳明亮、祝珣编写完成，编写过程中参考了大量的项目资料与相关文献，在此谨对参与本书所介绍的项目的施工技术人员与所引用文献的作者表示衷心感谢。

鉴于作者水平有限，书中涉及知识广泛，不妥之处在所难免，敬请广大读者批评指正。

编　者

2022 年 8 月

目　录

1 概　　述

1.1 背景

随着科技的进步和社会经济的发展，空间结构建筑越来越受到关注，尤其是复杂空间结构的公共建筑，充分展示出结构技术的最新成就与结构造型的魅力。纵观世界，国内外的大型公共建筑都是以空间结构为前提的，见证体育事业发展的体育建筑，到促进信息文化交流的博览建筑，再到规模巨大的娱乐设施、交通建筑等许多宏伟而富有特色的复杂空间结构建筑，已成为当地的象征性标志和著名人文景观。由于经济和文化的发展需要，人们还在不断追求覆盖更大的空间及更复杂多样的空间结构建筑。

复杂空间钢结构可以采用各种结构形式，其中平板网架结构平稳发展，悬索结构、张拉式膜（或索-膜）结构、膜结构等张力结构体系也得到广泛应用。这是一门将材料科学、结构力学分析方法和理论，以及高水平的施工安装技术融于一体的综合性高技术学科，综合反映了一个国家的综合经济实力。开展复杂空间钢结构的研究工作也具有较高的学术价值。空间钢结构的研究在发达国家（主要包括美国、日本、加拿大、西欧各国等）发展较快，其结构复杂，形式丰富，而且跨度很大。这些复杂大跨度空间结构的结构形式、计算分析方法、材料与施工技术都有相当高的水平，其中的研究工作值得我们借鉴。

空间建筑对结构的最主要的要求就是结构体系多样化，为建筑创作提供得心应手的手段，这是建筑对结构的最大促进。1982 年，我国空间结构学术委员会成立及第一届学术报告会在柳州举行，梅季魁等学者做了“体育馆结构体系多样化初议”的大会发言，表达的是建筑师的热切期望和内心呼唤，令人欣慰的是当时便得到了众多结构专家、学者的理解和支持，并在近 40 年的学术研究和工程实践中以灵活多变的结构形式，回答了建筑界的期望，可以说，这种现实需求对空间结构的发展起到了极大的推动作用。结构受力体系是空间结构的创作之本，结构受力的合理性在设计中处于核心地位。对空间结构建筑来说，往往建筑就是结构，结构即是建筑。空间结构由于受力学规律支配，其结构形态和使用范围都有着内在的规律性，从而对建筑的构思和设计产生深远影响。一般来说，空间建筑所选定的结构受力体系是建筑造型必须依赖的基本架构。例如，2008 年北京奥运会主体育场“鸟巢”的设计方案，给人以深刻印象的便是其结构受力体系，建筑的外形就是结构受力形式的展现。体育场内部看台周围有 24 榀门式桁架围绕旋转，屋盖中间的开口呈放射状布置，与立面结构一起形成“鸟巢”形状的建筑造型。空间建筑多样复杂的结构形态，促进了结构选形优化方法的发展。结构选形即结构体系的选择。各种大型复杂结构体系的发展，不仅为结构工程师的聪明才智得以充分发挥提供了更大的余地，而且，由于空间结构设计本身的复杂性，导致选择结构体系的可能性增大。结构形态要符合力学规律，这是结构选型中最为重要的一点。合理的力学性能既是约束设计的框架，又是启迪创新的源泉。结构选型是一个综合性很强的决策问题，对结构的强度、刚度、稳定性、动力特性、美学效应、造价等有多方面的要求，结构体系一旦被确定也就从宏观上决定或控制了结构的整体造型以及各方面的性能。因此，以大跨空间结构为研究对象，通过物理试验模拟、力学分析以及运用计算机技术与选形优化方法的结合等对结构的受力体系进行合理选型，从而对结构形态的设计进行有效的控制和引导。这便需要工程师在结构选形的初期就充分把握好结构整体的概念设计思想，运用高效、可靠的优化分析方法对结构整体进行选形优化，达到安全可靠、经济合理、技术先进的要求。

近年来，随着科技的进步，产生了很多新型的建筑材料，同时现代施工技术也在蓬勃发展，产生了很多新的先进技术，使一些复杂结构的施工能够得以实现。所以，空间网架、大跨度钢结构等一些复杂钢结构在工程上获得了大量的使用。自 20 世纪 60 年代至今，由于比较新颖的空间结构形式不断出现，促进了空间钢结构理论的高速发展，使空间钢结构取得了长足的进步。在空间钢结构领域中，许多结构都有独具的特点和不同的类型。

1.2 网架、网壳结构的发展

20 世纪前叶，曼格林豪森博士发明了螺栓球节点，被认为是空间网架结构历史发展的开端。网架、网壳结构是多个轴心受力钢构件按照一定规律布置，然后通过节点把交会于此的杆件连系起来的空间结构形式，由于这类空间网格结构具有制作安装方便、受力合理、结构形式富于变化等特点，因此在近一二十年获得了很大发展。高强度材料的使用、新施工技术的发展以及电子计算机的广泛应用，为大跨度空间结构的发展创造了极为有利的条件，各种形式的新型空间结构开始得到广泛的应用，出现了薄壳结构、网架结构和张拉结构三大空间结构体系，同时涌现出一大批代表性建筑，如 1988 年汉城奥运会的体操馆（直径 81m 悬索穹顶结构）、击剑馆（直径 89.9m 索穹顶结构）以及 1996 年美国亚特兰大奥运会主馆佐治亚穹顶（240m×192m 椭圆形索膜结构）和佛罗里达州的太阳海岸穹顶（直径 210m 索膜结构）。至今，空间网格结构仍是三大类空间结构中应用最广泛、发展最快的结构形式。

1964 年，上海师范学院（现上海师范大学）建成我国第一个平板网架结构（跨度

35.0m×40.5m)。此后，网架结构在我国得到快速的发展和广泛的应用：1968 年，北京首都体育馆（采用 99.0m×112.0m 正交斜放的平面桁架系网架，如图 1.1 所示）的建成标志着网架结构在我国取得了突破性的进展。1975 年落成的上海万人体育馆（图 1.2）采用了净跨 110.0m、外沿直径 125.0m 的圆形三向平板网架，网架厚度为 6.0m，节点采用焊接空心球，单位用钢量控制在 247.0kg/m^2。这两项工程的建成为我国空间网架结构的快速发展奠定了坚实的基础，标志着我国空间网架结构进入了高速发展、广泛使用的新时代。

图 1.1 北京首都体育馆

图 1.2 上海万人体育馆

对跨度大、质量轻的空间结构来说，钢材作为建筑材料相对混凝土占据明显的优势，因此网架结构逐渐成为最受欢迎的空间结构形式。图 1.3 所示的北京首都体育馆和图 1.4 所示的北京体育大学（原北京体育学院）体育馆是国内早期网架结构的代表作。

图 1.3 首都体育馆

图 1.4 北京体育大学体育馆

1.3 空间曲面肋梁结构的研究意义

中国经济的发展使得建造大跨空间结构有了经济保证，建筑技术的进步使建造复杂空间钢结构有了技术保障。近年来，国内在复杂空间钢结构的研究方面发展较快，建造了一大批体育场馆、会展中心和大跨度的机库等，说明国内的空间结构和钢结构施工技术、施工力量已发展到较高的水平，能在世界空间和钢结构市场上占一定的地位。对空间结构，我国已形成一支稳定的研究与开发队伍，迫切需要结合实际工程对大跨度新颖空间结构开展系列的关键技术研究，以进一步提高我国空间钢结构的技术水平。

空间曲面肋梁结构是一种独特的新型空间结构形式，可以清晰地表现出力学和美学的外观，由于其造型独特，建筑美观，空间好利用，越来越被人们接受和采纳。但目前国内对空间曲面肋梁结构的研究较少。为了加快对空间曲面肋梁结构研究的进程，提升国内的复杂空间钢结构建造水平，本书结合西咸空港综合保税区事务服务办理中心工程对空间曲面肋梁结构设计与施工过程进行研究。

1.4 本文的工程背景

西咸空港综合保税区事务服务办理中心工程位于陕西省咸阳市渭城区北杜镇邓村村北，西部紧邻 208 省道，建筑外轮廓面为球面，造型独特（图 1.5）；总建筑面积 7.02 万 m^2，总建筑高度 29m；地下一层，地上七层，地下一层为车库、员工餐厅和设备用房，地上七层均为办公用房；地下一层建筑面积为 21235m^2，地上建筑面积为 48965m^2。整个工程总用钢量 1.7 万 t，钢骨结构用钢量 11500t。

图 1.5　西咸空港综合保税区事务服务办理中心

本工程地下室连为一体，地上分为两个独立的结构单元，简称为左右部分。右部分结构体系为带消能支撑的混合框架结构，其中外围蒙皮的肋及环梁为钢构件，主体范围内框架柱为型钢混凝土柱，型钢混凝土框架梁拉结外围钢构件，其余部分为钢筋混凝土构件。楼面采用钢筋混凝土楼板，穹顶采用轻钢屋盖。外围钢肋均在地下室顶板转换，采用径向及环向梁式转换，转换梁均为型钢混凝土梁。1～4 层设置屈曲约束支撑，支撑型式为中心支撑。左右部分之间的连廊两端采用滑移支座与主楼连接。

1.5 结构体系概述

本工程为钢+型钢混凝土+钢筋混凝土混合框架结构，结构采用8.4m×8.4m矩阵轴网布置，结构外轮廓面由7.5°等分圆周的48榀球面钢肋与随层布置的7层钢骨环梁组成（图1.6）。球面钢肋主要在地下室顶板层进行梁式传力转换，地下室顶板层是结构的转换层，其中有14榀球面钢肋的一端需要在6层、5层、3层钢骨环梁上进行传力转换。钢骨结构地上高度29m，地下6.700m，地下室顶板顶面标高−0.850m（图1.7）。球面钢肋采用“日”字形截面，六层以下截面为700mm×500mm×35mm×32mm，六层以上变截面为1000mm×500mm×35mm×32mm；球面钢肋最大跨度35.333m，并向内倾斜悬挑6.500m；最小跨度10.747m，并向内倾斜悬挑8.500m；球面钢肋最大倾斜角度36°，最小倾斜角度68°；单榀球面钢肋最大质量达70t，最小质量为25t，如图1.8、图1.9所示。钢骨柱主要有“十”字形劲性钢骨柱、箱形劲性钢骨柱，类型多达42种，共计259根；钢骨梁有箱形钢骨梁、H型钢骨梁，总计3568件。钢构件采用Q345B钢材。

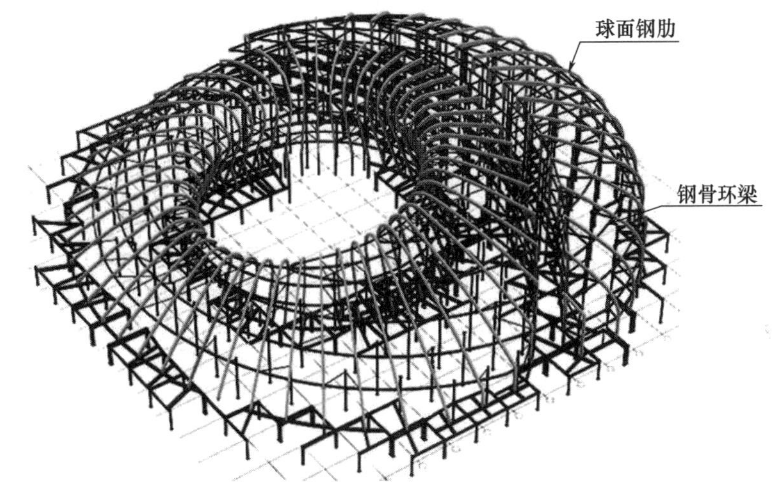

图1.6 三维结构模型图

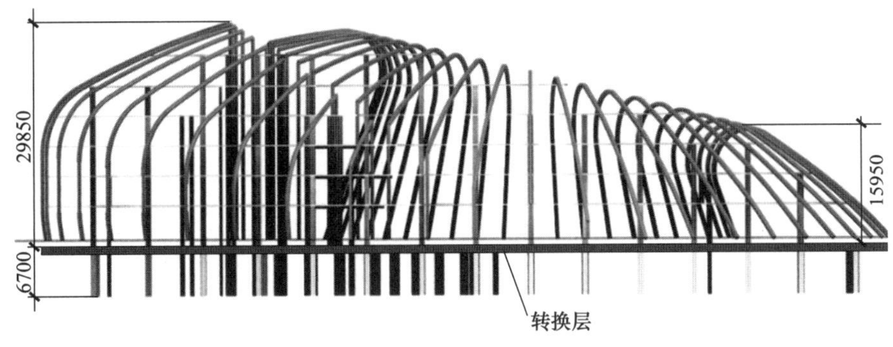

图1.7 西咸空港综合保税区事务服务办理中心结构球面钢骨体系立面图

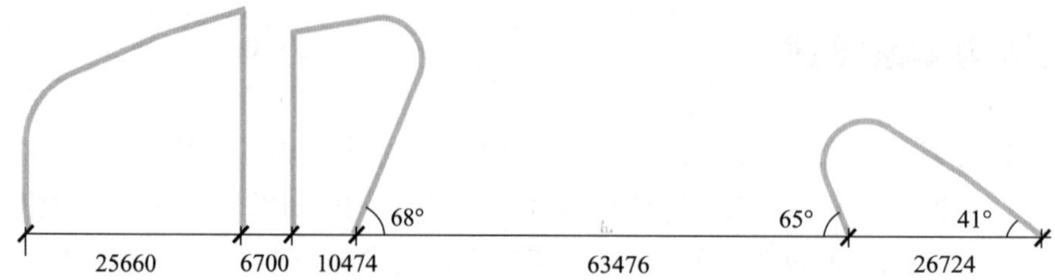

图 1.8　西咸空港综合保税区事务服务办理中心结构球面钢肋类型（一）

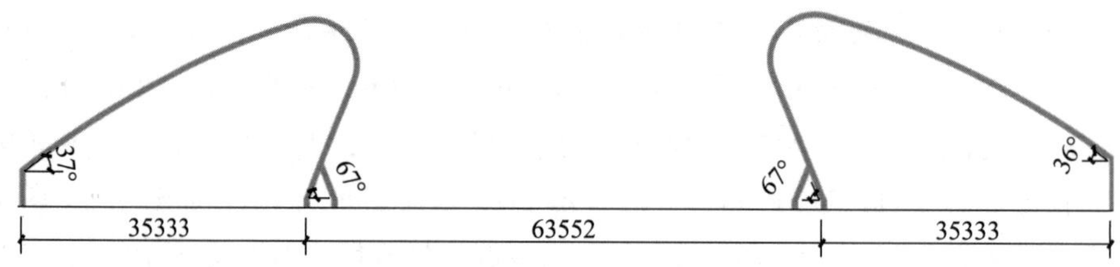

图 1.9　西咸空港综合保税区事务服务办理中心结构球面钢肋类型（二）

2 空间曲面肋梁结构设计与分析

空间结构的建筑造型往往优美而不规则，其结构设计中需要考虑的因素很多，所以，在满足建筑使用功能合理性的条件下，结构受力体系的合理性至关重要。空间结构受力体系的合理性建立在对结构形态正确选择的基础上，空间结构设计对结构的安全性、经济性、美观性等方面的要求是结构工程师重点考虑的问题。社会经济的发展迫切要求实现空间结构的优化设计，即在现有资源有限的条件下，实现空间结构的设计同社会经济、生态环境等的协调发展。结构优化设计无疑是空间结构概念设计阶段最关键的一环，它贯穿于空间结构整体设计的全过程之中。因此，结构优化设计包含以下三方面的要求。

（1）安全性

空间结构的受力体系必须是安全的，必须能够承担各种形式的外力，包括建筑物的自重、各种恒荷载、活荷载以及风荷载、地震荷载等，因此，结构受力体系的合理性直接决定着建筑的安全性。空间结构设计所采用的结构体系必须通过结构选形优化来实现，力求结构受力体系的传力直接、有效，进而使所设计的结构安全可靠。可靠安全的结构是结构形态发挥效力的基础。结构形式、材料使用、构造处理等无不影响着结构形态的最终实现。奈尔维在 1956 年的《结构》一书中写道："结构的正确性与功能和经济的真实性一样，是形成建筑令人信服的美学价值的充分必要条件。"这里所指的结构正确性无疑就是指结构体系的合理性。合理的结构体系必须体现出结构最优化原理、平衡的原理以及由此产生的内力分配的规律，尤其在我国正逐步向城市化迈进之时，大量的空间结构正如雨后春笋般出现，采用优化的原理寻求安全合理的结构体系，减少整个建筑产业的资源浪费便显得尤为重要。

（2）经济性

经济性常常是空间结构设计中的关键因素，结构技术的经济指标是评价建筑设计和创作的一个重要依据。再好的构思，再好的方案，都需要以经济条件为依托，否则也只能是纸上谈兵。结构的经济性表现在从项目立项到投入使用的整个过程中，所涵盖的因素复杂多变，经济性的优劣与资源的合理有效利用有直接关系。由此可见，对空间结构的设计，运用结构选形优化方法，寻求最经济的结构方案，是在结构概念设计初期就应该得以重视的。结构造价在整个空间结构工程设计中所占的比重很大，精心的优化设计所带来的经济效益是十分可观的。在满足结构安全的前提下，减小结构自重，提高结构刚度，寻求材料的最优分配，始终是结构优化设计的目的所在。

（3）美观性

著名的建筑师坪井曾说过，“如果说建筑是艺术，那么，结构也必须漂亮”。空间结构如体育场馆、博物馆、展览厅、娱乐城等往往坐落在城市的重要地段，成为城市的著名“标志性”象征。因此，建筑师所要表现的“独具个性”不能被结构工程师所摈弃，相反地，结构工程师应该充分利用结构选形优化的方法，实现建筑与结构的完美结合，创造出更多新颖、美观且受力合理的空间结构。合理的结构形态有自身的视觉表现力，在宏观上可以反映建筑的优美造型，在微观上则是结构构件简单有效的传力规律。因此，这是结构技术和建筑艺术能够相互统一的基本途径，也是结构形态得以体现的内在要求。结构的美观性就是综合反映社会的、经济的、技术的、人文的因素，使之具有合理的结构受力体系与独具鲜明的形态。当结构的传力规律通过特定的组合构件被清楚地表达出来让观赏者产生共鸣时，结构所表现的美学效应便得以充分展现。

2.1　结构抗震设计

2.1.1　抗震设计参数

抗震设计参数见表2.1

表2.1　抗震设计参数

计算参数	取值说明	备注
结构规则信息	不规则	
是否考虑偶然偏心	是	
是否考虑双向地震扭转效应	是	
设计地震分组	第一组	
设防烈度（度）	8	
场地类别	Ⅱ类	
框架抗震等级	一级	转换构件、支撑框架及与连廊相交部位为特一级
按中震（或大震）不屈服进行结构设计	是	
计算振型个数	15	质量参与系数≥90%
活载折减	0.5	
振型组合方法	CQC	
周期折减系数	0.8	
结构阻尼比	0.04	
特征周期（s）	0.38	
多遇地震影响系数最大值	0.16	
罕遇地震影响系数最大值	0.90	
斜交抗侧力构件方向的附加地震数（度）	5	15、30、45、60、75

2.1.2 结构计算分析内容

计算假定：上部结构嵌固在地下室顶板，左右两部分主楼分开计算。

高层建筑结构计算中，当地下室顶板作为上部结构嵌固部位时，地下室结构的楼层侧向刚度不应小于相邻上部结构楼层侧向刚度的 2 倍。

为满足上述嵌固条件，地下室核心筒及楼梯处布置剪力墙。不考虑回填土对地下室约束刚度，考虑塔楼周边外延伸一跨地下室结构的刚度，模型中嵌固部位取基础底板面，计算得到右侧部分结构地下一层与地上一层的 X 向和 Y 向侧向刚度比分别为 8.07 和 3.35，可见地下室刚度满足计算假定；左侧部分结构地下一层与地上一层的 X 向和 Y 向侧向刚度比分别为 29.5 和 29.6，可见地下室刚度满足计算假定，具体结果见表 2.2 和表 2.3。

表 2.2　结构右部分地下一层与地上一层的 X 向和 Y 向侧向刚度比

楼号	楼层	X 向侧移刚度	Y 向侧移刚度	RJX1/RJX2	RJY1/RJY2	规范控制值
左侧	地下一层	RJX1=2.85×10⁸kN/m	RJY1=1.54×10⁸kN/m	8.07	3.35	>2
	一层	RJX2=3.53×10⁷kN/m	RJY2=4.60×10⁷kN/m			

表 2.3　结构左部分地下一层与地上一层的 X 向和 Y 向侧向刚度比

楼号	楼层	X 向侧移刚度	Y 向侧移刚度	RJX1/RJX2	RJY1/RJY2	规范控制值
左侧	地下一层	RJX1=2.67×10⁸kN/m	RJY1=2.89×10⁸kN/m	29.5	29.6	>2
	一层	RJX2=9.05×10⁶kN/m	RJY2=9.77×10⁶kN/m			

该工程进行了以下计算分析。

(1) 盈建科软件小震弹性设计

计算结构整体指标和构件承载能力。

(2) 盈建科软件中震弹性设计

计算钢肋及转换构件承载能力。

(3) 盈建科软件中震不屈服设计

计算一、二层整层、整楼环梁及连接钢肋与内部框柱的框梁承载能力。

(4) midas Gen 小震弹性设计

考察结构整体指标和构件承载能力。

(5) midas Gen 小震弹性时程分析

补充时程分析，复核反应谱计算。

(6) midas Gen 中震弹性设计

复核钢肋及转换构件承载能力。

(7) midas Gen 中震不屈服设计

复核一、二层整层、整楼环梁及连接钢肋与内部框柱的框梁承载能力。

（8）midas Gen 大震动力弹塑性分析

考察结构抵抗大震作用的性能。

2.1.3 构件设计

2.1.3.1 支撑设计

本工程地下室至四层设置人字形中心支撑，以盈建科软件计算时，支撑断面400mm×200mm×20mm×20mm，布置形式为中心支撑，小震下的应力比为：0.43（一层），0.45（二层），0.39（三层），0.44（四层）。长细比超限且稳定计算应力比为2.3～2.8>1，故以防屈曲支撑代替普通支撑。

屈曲约束支撑技术性能要求：

1）本工程采用防屈曲约束支撑，屈曲约束支撑的屈服承载力约为 P_y=3500kN，极限承载力约为 $P_u=1.5\times P_y=5250$（kN）；

2）支撑变形达到极限变形时，支撑力应与 P_u 误差不超过±10%；屈服后刚度应不超过屈服前刚度的10%。

3）上述1）、2）条要求中的各参数如图2.1所示。

图2.1中，Δy 为屈服位移；Δl 为极限位移；Q_y 为屈服荷载；Q_l 为极限荷载。本工程中所提到的屈曲约束支撑屈服点是屈曲约束支撑滞回关系简化为双线性模型时的折线拐点，即图2.1中的点2。相应地，屈曲约束支撑屈服位移和屈服荷载也指在点2处的屈曲支撑变形和屈服力。图2.1中点1代表屈曲约束支撑的材料表面刚开始进入屈服的时刻。初始刚度定义为屈曲约束支撑的屈服力与屈曲支撑屈服位移的比值。

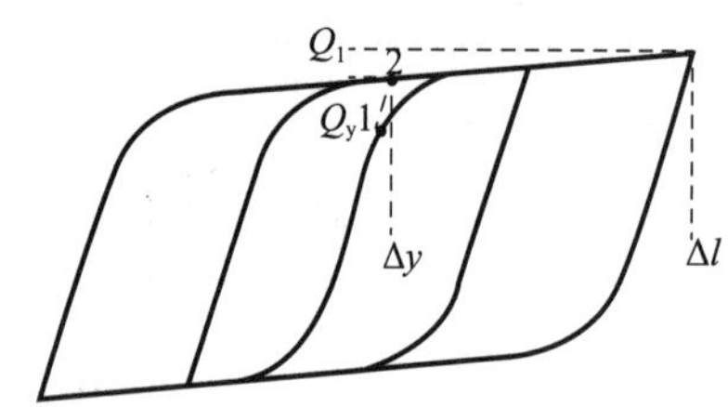

图2.1 屈曲约束支撑参数图

4）屈曲约束支撑应由往复静力加载试验确定屈服力、屈服位移、极限变形等基本性能参数。检测试验得到的屈曲约束支撑的基本性能参数与设计要求之间的误差应在±10%以内。

5）屈曲约束支撑应可以在1/300支撑长度幅值下循环3圈、1/200支撑长度幅值下循环3圈、1/150支撑长度幅值下循环3圈、1/100支撑长度幅值下循环30圈。屈曲支撑滞回曲线应饱满，不应有明显的低周疲劳现象。在1/100支撑长度幅值下循环30圈后承载力不低于最大承载力的90%。

6）屈曲约束支撑在经历火灾或抗震设防烈度之上的地震、抗风设计之上的大风之后，应对屈曲约束支撑进行检查及性能检测。如屈曲约束支撑出现问题，应及时更换。

7）屈曲约束支撑设计轴力 $N\leqslant 0.9f_{ay}A_1$（f_{ay} 为材料轴心抗压强度标准值，A_1 为材料截面面积），即设计轴力不大于3150kN。根据计算模型提取的数据，满足要求。

8）本工程中UBB在小震下不屈服，即小震下视为刚度构件；本工程应用的UBB

在 1/100 位移下仍有饱满的滞回曲线，经计算其极限变形能力大于罕遇地震下位移的 1.2 倍，满足要求。

9）本工程节点设计按现行《建筑抗震设计规范》（GB 50011）相应规定进行设计；连接件按阻尼器最大出力时保持弹性进行设计；模型中建立了阻尼器单元，考虑了传入相连构件的附加内力。

2.1.3.2 屈曲约束支撑技术性能要求

屈曲约束支撑性能参数见表 2.4。

表 2.4 屈曲约束支撑性能参数

UBB 长度（m）	屈服荷载（kN）	极限荷载（kN）	屈服位移（mm）	数量（个）
2.9	3500	5250	4.3	12
3.2	3500	5250	4.8	116
4.3	3500	5250	6.4	60

2.1.3.3 屈曲约束支撑与普通支撑的代换

因为考虑到本项目结构的平均层间位移比较小，小震下最大层间位移为 4mm，按照上述分析决定屈曲约束支撑在小震下不屈服，只提供刚度，作为大震下结构的安全储备，在盈建科软件计算模型中以工字钢为斜撑来模拟 UBB 的轴向刚度，UBB 与模型中工字钢刚度代换的方式为面积代换方式，芯材面积为 15200mm^2。工字钢截面如图 2.2 所示，UBB 芯材截面如图 2.3 所示。芯材截面高 380mm，宽 40mm，截面面积 15200mm^2，等价于模型中工字钢截面轴向刚度。同时根据盈建科软件计算结果及相关规范要求，当选择截面 20mm×400mm×200mm×20mm×200mm×20mm 的工字钢时，该构件长细比大于规范的限制，造成长细比超限的局部失稳现象，所以当选择采用防屈曲约束支撑时，因为芯材外部有套管及填充材料，可以避免长细比超限造成的局部失稳现象。

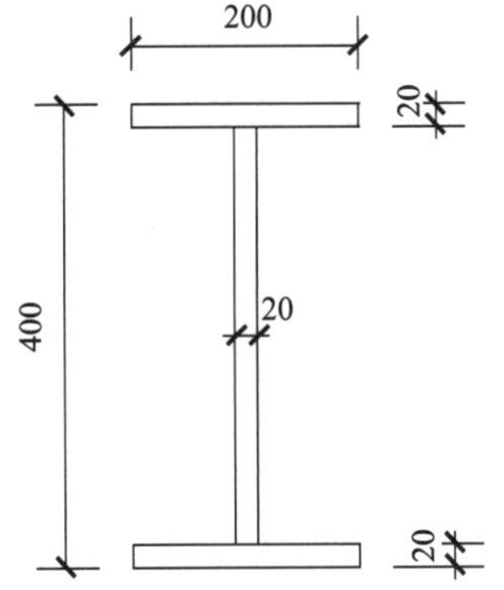

图 2.2 盈建科软件计算模型工字钢截面

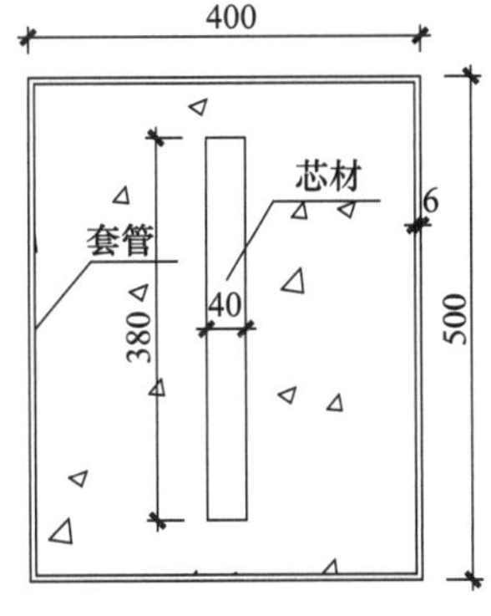

图 2.3 UBB 芯材截面

图 2.4 给出了结构中部分 UBB 在 midas Gen 有限元分析软件计算模型中罕遇地震作用下的滞回曲线。由图 2.4 可以看出在罕遇地震作用下当支撑变形达到 6mm 时开始屈服，最大屈服位移 15.3mm，位移延性系数为 2.55（小于 UBB 的位移延性能力系数），轴向最大内力 4000kN（小于 5250kN 的极限承载力）。

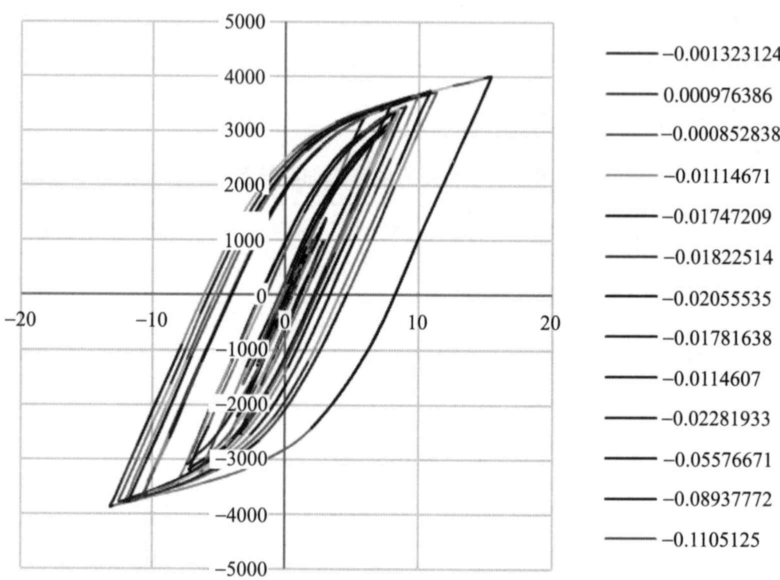

图 2.4 UBB（屈曲约束支撑）滞回曲线

注：右侧数据代表构件 x 向位移。

2.1.3.4 防屈曲约束支撑布置方案

屈曲约束支撑的形式如图 2.5 和图 2.6 所示。图 2.5 中加粗线段为人字形防屈曲约束支撑。

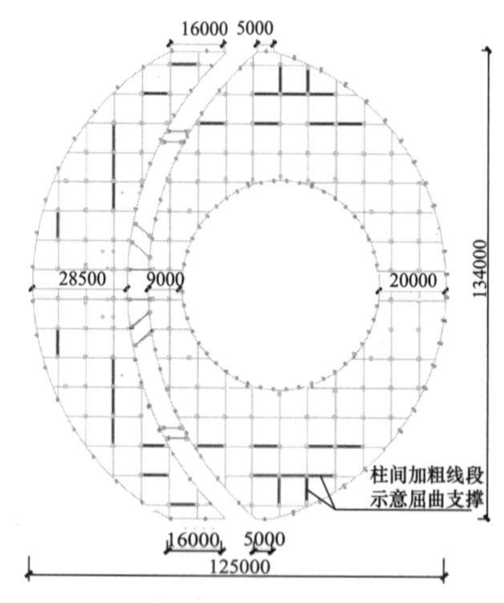

图 2.5 一层屈曲约束支撑平面布置图

图 2.6 屈曲约束支撑图

2.1.3.5 连廊设计

本工程左右两部分中间以多个连廊连接，连廊跨度 6m，采用钢结构，每层连廊两端均采用滑动支座，计算模型采用 midas（有限元分析软件）左右合并模型（图 2.7），本书中仅以 7 层连廊为例，采用大震弹性进行动力边界非线性时程分析进行最大滑移估算。

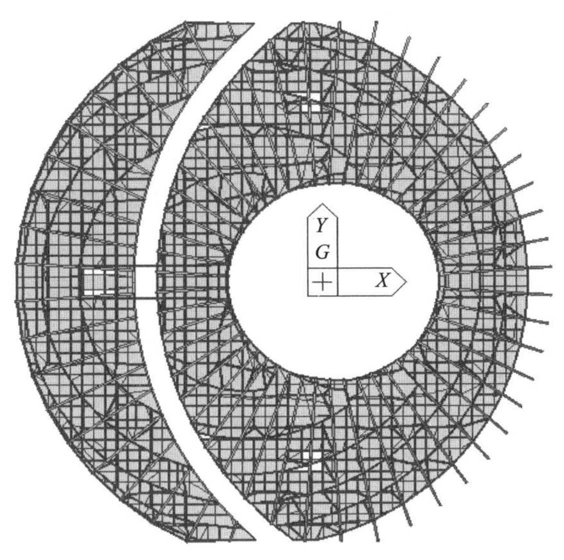

图 2.7 midas 计算模型

2.1.3.6 计算条件

地震烈度 8 度（0.2g）二类场地，地震分组为第一组地区，罕遇地震下峰值加速度取为 400cm/s^2，按三向地震波输入（天然波 L0184～L0186，天然波 L0640～L0642，人工波 L845-1～L845-3），其加速度按照水平主向：水平次向：竖向＝1.00：0.85：0.65 调整。

第 7 层中间简单建立天桥模型，一端支持于柱上，另一端支持于悬挑梁上。

恒载为 6.2kN/m^2，活载为 4.0kN/m^2，侧面幕墙荷载为 1.5kN/m。

模型摆曲率半径取 $R_1=R_2=0.5$m，模型自振周期 $T=2$s（约是原结构的 3 倍）。

水平刚度取 130kN/1m＝130kN/m，$\mu_{max}=0.137$，$\mu_{min}=0.047$。

2.1.3.7 计算结果

采用大震弹性进行动力边界非线性时程分析，得出摩擦复摆隔震支座在罕遇地震时程波作用下的最大和最小相对位移量值。经过初步简化计算，在时程波作用下最大位移差值的包络值小于 900mm；本计算第 7 层天桥支座最大竖向荷载设计值约 250kN，单向水平剪力最大约 75kN。

2.2　动力弹塑性模型的建立

2.2.1　动力弹塑性分析目的

对罕遇地震作用下结构的非线性反应进行计算与分析，在此基础上对结构在罕遇地震作用下的抗震性能进行评价，以论证结构能否达到预定抗震性能目标，并在此基础上提出设计建议。

现行的地震作用计算方法主要是基于地震反应谱进行的，利用设计反应谱对结构进行弹性静力分析，从而求得多遇地震作用下结构的弹性内力和变形。对罕遇地震作用下结构的变形是通过小震作用下的弹性变形乘以考虑结构弹塑性变形性质的扩大系数后，求得相应的变形值。此分析方法比较简单，也可以保证多数建筑结构的抗震强度和变形，但它不能确切地反映建筑物在地震过程中结构的内力与位移随时间的反应，也难以确定建筑结构在地震作用下可能存在的薄弱部位和可能发生的结构性破坏，由于计算简化，不能完全计入结构高阶振型的影响，抗震强度和变形的安全度也是有疑问的。

鉴于以上原因，可以利用直接积分的动力时程分析方法将建筑物作为弹性（弹性时程分析）或弹塑性（弹塑性时程分析）振动系统，直接输入地面地震加速度的记录，对运动方程直接积分，从而获得计算系统各个质点的位移、速度、加速度和结构构件地震反应的时程变化曲线。这种分析方法能更准确而完整地反映结构在地震作用下全过程的响应，是改善结构抗震能力，提高抗震设计水平的一项重要措施，也是对现行反应谱法的补充。鉴于近年来国内高层建筑的迅速发展，为保证其抗震的安全、可靠，提出了所列出范围内的高层建筑应采用时程分析法进行多遇地震下的补充验算。

针对本工程的特点，通过对结构进行动力弹塑性时程分析，拟达到以下目的：

1）对结构在罕遇地震作用下的非线性性能给出定量的解答，研究结构在罕遇地震作用下的变形形态、构件的塑性及其损伤情况，以及结构整体的弹塑性行为，具体的研究指标包括最大层间位移角、最大基底剪力等；

2）验证结构“大震不倒”的设防水准要求；

3）研究结构关键部位、关键构件的变形形态和损伤情况；

4）根据以上分析结果，对结构的抗震性能做出总体评价，提出可供设计实施的相应加强措施和建议。

2.2.2　分析软件介绍

midas Gen 是由迈达斯公司开发的新一代结构有限元分析设计系统，使用了最新的计算机技术、图形处理技术、有限元分析技术及结构设计技术。midas Gen 的动力弹塑性分析功能提供各种滞回模型、材料本构关系，提供高效的计算分析求解器，提供丰富多样的后处理结果，使用户既可以快速、简便、准确地进行分析，又可以输出实用美观的计算结果。

滞回模型是动力弹塑性分析的基本参数，midas Gen 提供了双折线、三折线、四折线类型共 16 种滞回模型，其中包括可以考虑刚度和强度退化的武田模型、克拉夫模型。材料本构中提供了现行《混凝土结构设计规范》（GB 50010）附录中的混凝土材料单轴受力本构模型。

midas Gen 的非线性梁柱单元使用了准确性更高的柔度法，可以使用较少的单元得到准确的分析结果。根据铰发生的位置，非线性梁柱单元可分为集中铰类型单元和分布铰类型单元。根据弯矩成分的非线性特性定义方法，集中铰类型单元又被称为弯矩-旋转角类型单元，分布铰类型单元又被称为弯矩-曲率类型单元。

利用 midas Gen 进行动力弹塑性分析的主要步骤包括：

1）建立 midas Gen 模型并逐一检查模型的各个参数。

2）计算结构自振特性。

3）进行结构分析设计及配筋，为程序计算构件的铰特性值做准备。对特殊构件，可人工计算并指定铰特性值。

4）输入地震动记录，进行结构罕遇地震作用下的动力响应分析。

5）判别及提取计算结果，对结构的抗震性能做出评价。

2.2.3 结构抗震性能评价指标

2.2.3.1 结构的总体变形

1）结构的最终状态仍然竖立不倒。

2）结构的最大层间位移角小于规范限值，支撑框架结构为 1/67。

2.2.3.2 构件的性能目标

1）结构在大震作用下竖立不倒。

2）位移满足大震下弹塑性层间位移角限值。

2.2.3.3 构件的性能评估

限制结构的最大弹塑性层间位移角并不足以保证达到防倒塌的抗震设计目标。以结构构件的弹塑性变形和强度退化来衡量的构件的破坏也必须被限制在可接受的限值以内，以保证结构构件在地震过程中仍有能力承受地震力和重力以及保证地震结束后结构仍有能力承受作用在结构上的重力荷载。

对杆系塑性铰模型，可以通过屈服状态来判别构件的弹塑性变形及强度退化；对壳元模型，可以通过应变等级来判别混凝土和钢筋的损伤程度。

2.2.4 滞回关系

在循环荷载的作用下，非线性构件耗散能量的大小为滞回环所包围的面积，因此滞回环的大小和形状将很大程度上影响结构的响应。由于动力荷载的存在，不同的结构构件将有不同的滞回环，因此滞回环必须明确地给出。

midas Gen 自带丰富的滞回模型，可以对滞回环进行完全的控制。非线性框架梁柱单元的弯矩铰特性采用武田三折线滞回模型模拟。武田三折线滞回模型的移动规则如下：

1）$D_{max}<D_1$时，为线弹性状态，沿着经过原点斜率为K_0的直线移动（Rule：0）。

2）变形 D 初次超过 D_1（±）时，沿着第二条折线的斜率 K_2（+）、K_2（−）移动（Rule：1）；在第二条折线移动时卸载，将沿着指向反向最大变形点移动，反向没有发生屈服时，反向第一屈服点为最大变形点（Rule：2）；在到达反向变形最大点之前重新加载时，将沿着相同的卸载直线移动（Rule：3）；当达到骨架曲线位置时，重新沿着斜率为 K_2（+）、K_2（−）的骨架曲线移动（Rule：4）（图 2.8）。

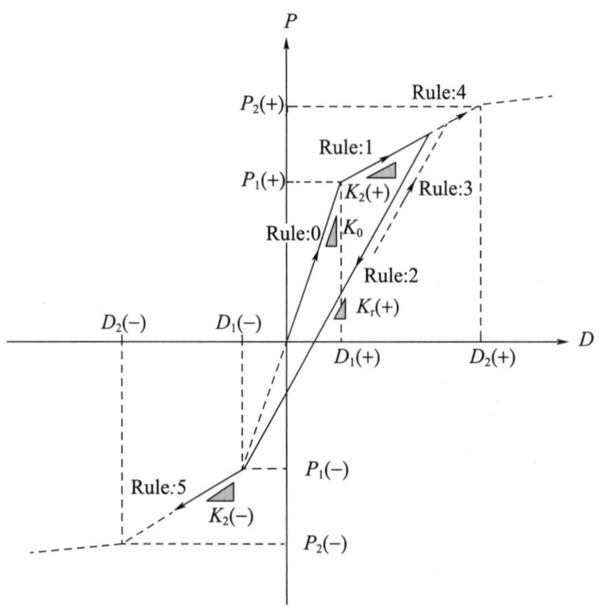

图 2.8　变形 D 初次超过 D_1（±）时的路径移动规则

3）变形 D 初次超过 D_2（±）时，沿着第三条折线的斜率 K_3（+）、K_3（−）移动（Rule：13）；此时卸载时，将沿着斜率为 K_r（+）、K_r（−）的直线移动（Rule：15）；反向为发生第一屈服前斜率 K_r（±）的范围为 P_1，超过 P_1时将向第二屈服点移动（Rule：17）（图 2.9）。

4）超过恢复力为 0 的点时将向反向最大变形点移动（Rule：18）；在向反向最大变形点移动时卸载，则开始进入内环（Rule：20）；在内环中到恢复力为 0 的点之前按照

斜率为 K_{un}（－）、K_{un}（＋）的直线卸载，超过恢复力为 0 的点后将向反向的之前卸载点移动（Rule：21）（图 2.10）。

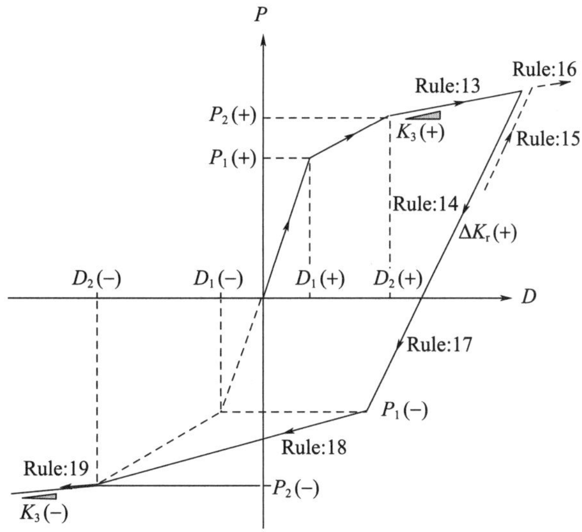

图 2.9　变形 D 初次超过 D_2（±）时的路径移动规则

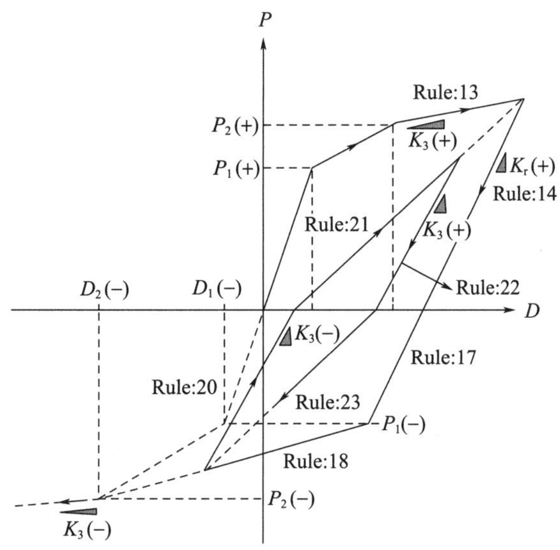

图 2.10　超过恢复力为 0 的点时的路径移动规则

2.2.5　阻尼比

结构动力时程分析过程中，阻尼取值对结构动力反应的幅值有比较大的影响。在弹性分析中，通常采用振型阻尼 ζ 来表示阻尼比，根据现行《建筑抗震设计规范》(GB 50011)，本结构在多遇地震下的振型阻尼 ζ 取 0.05（各振型相同）。

在大震弹塑性分析中，由于采用直接积分法方程求解，故并不能直接代入振型阻尼。此处的做法是采用瑞雷阻尼等效模拟振型阻尼，瑞雷阻尼分为质量阻尼 α 和刚度阻尼β两部分，其与振型阻尼的换算关系如下：

$$\zeta=\frac{\alpha}{2\omega_1}+\frac{\beta\omega_1}{2}=\frac{\alpha}{2\omega_2}+\frac{\beta\omega_2}{2}$$

式中，ω_1、ω_2为结构2阶圆频率。

2.2.6 地震波选取

时程分析选取了3组地震波（2组天然波，1组人工波），地震波的输入方向依次选取结构X或Y方向作为主方向，相应另一方向Y或X方向则为次方向，分别输入地震波的2个分量记录进行计算，主方向、次方向和竖向方向输入地震的峰值按1：0.85：0.65进行调整，地震波持续时间为10～15s，满足大于结构自振周期5～10倍的要求，地震峰值加速度按照现行《建筑抗震设计规范》（GB 50011）的规定，取400cm/s²。

2.2.7 地震波加速度时程曲线

此处选取的3组地震波的加速度时程曲线如图2.11所示。

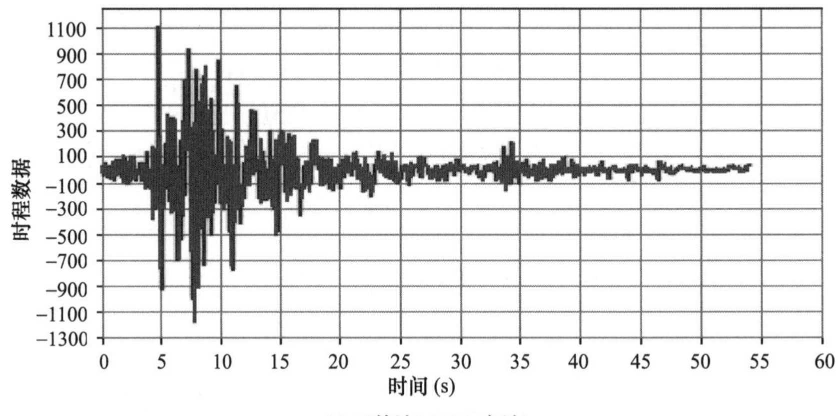

(a) 天然波L0184 (主波)

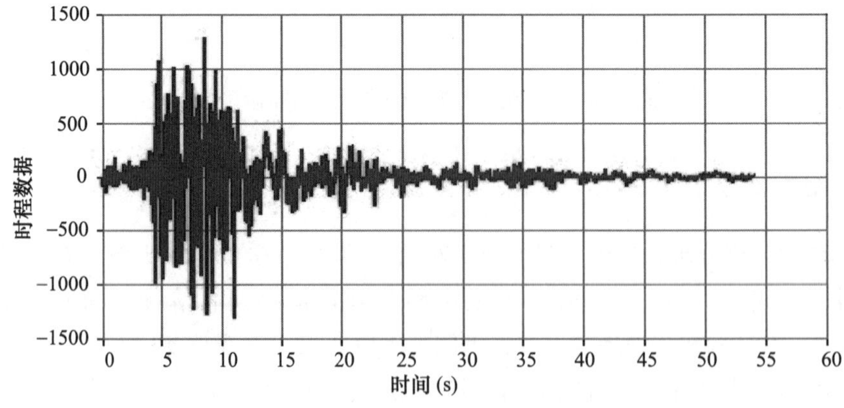

(b) 天然波L0185

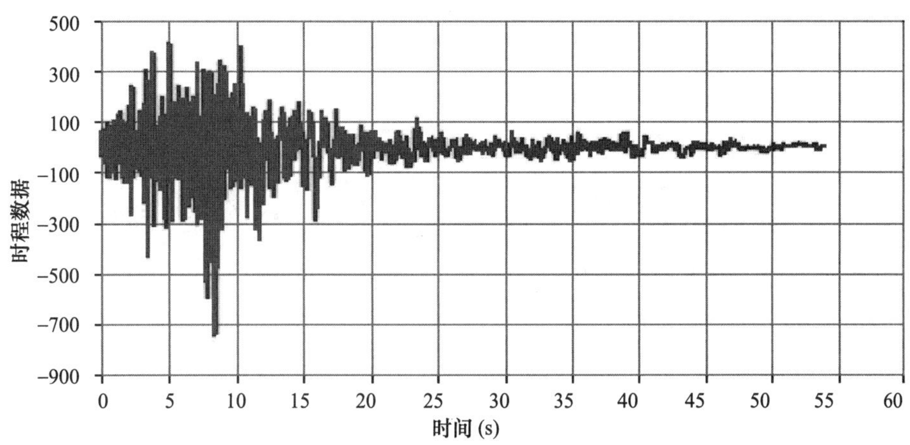

(c) 天然波L0186

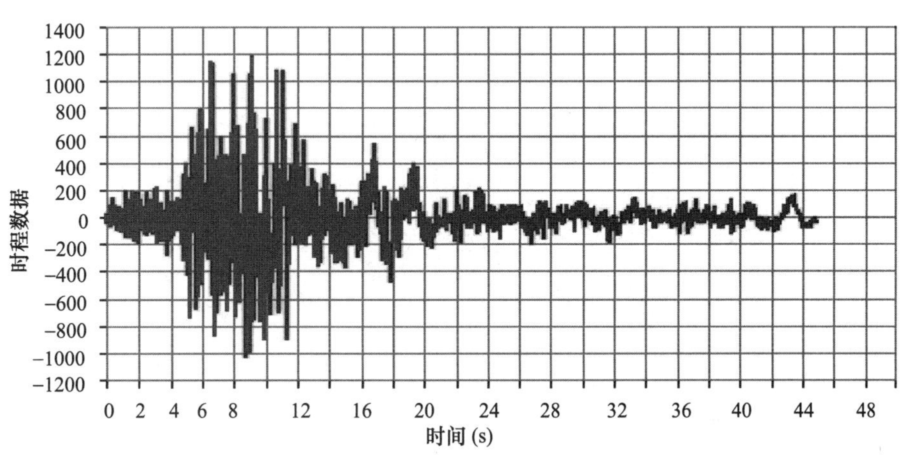

(d) 天然波L0640 (主波)

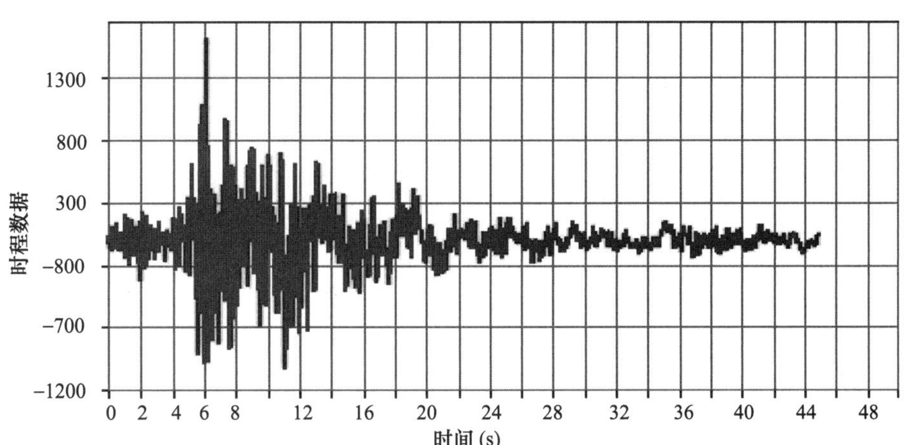

(e) 天然波L0641

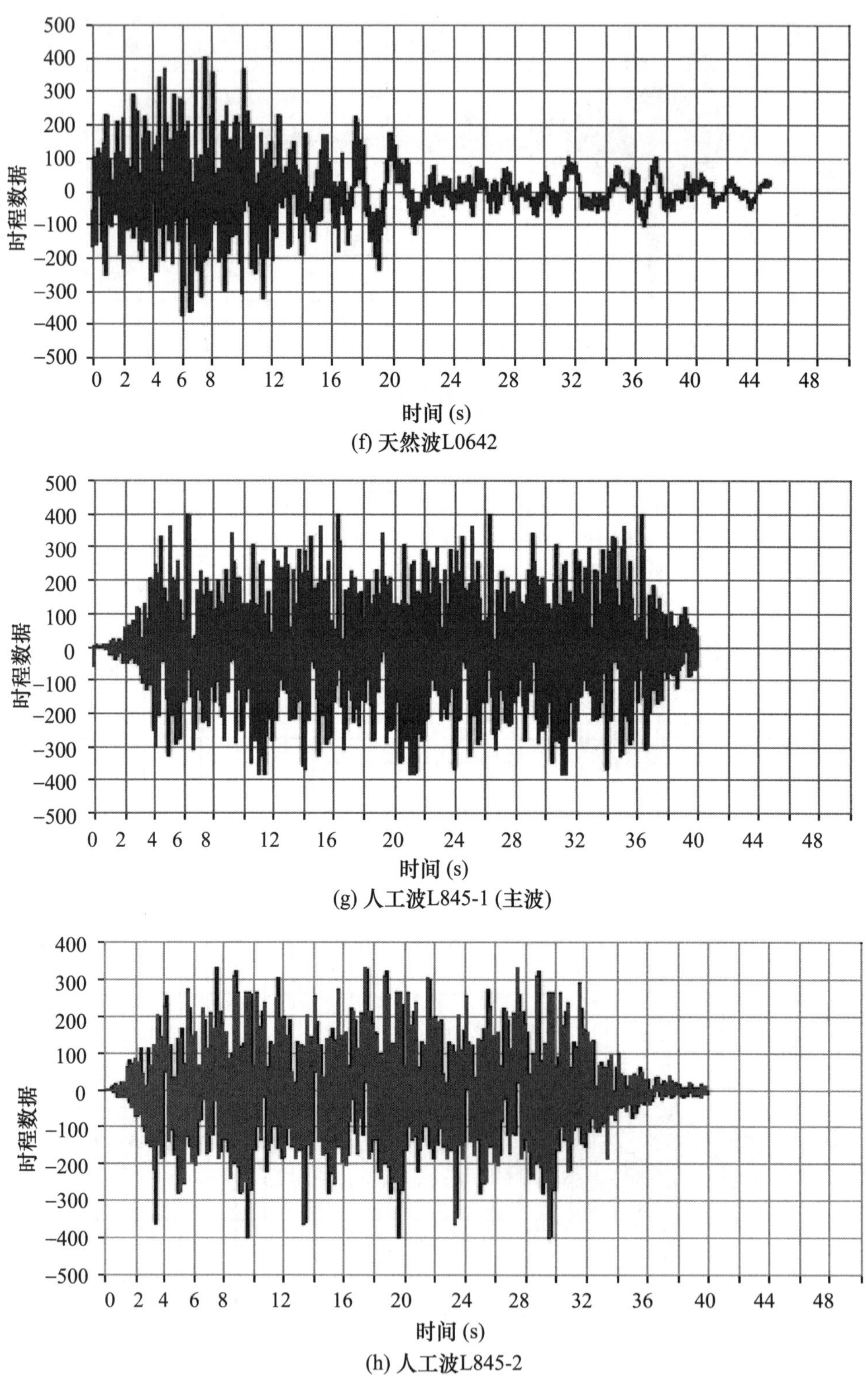

(f) 天然波L0642

(g) 人工波L845-1 (主波)

(h) 人工波L845-2

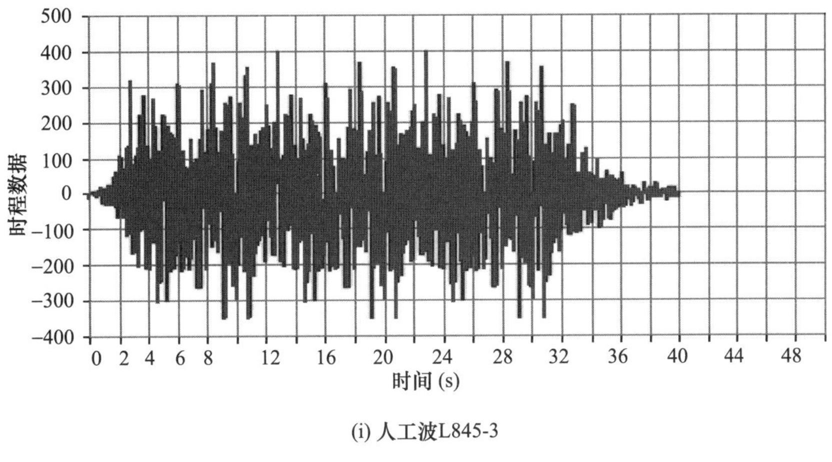

(i) 人工波L845-3

图 2.11　地震波的加速度时程曲线

相关参数见表 2.5～表 2.8。

表 2.5　右部分结构 midas 弹性时程分析基底剪力

参数 Q	振型分解反应谱法结果		L0184 波	L0640 波	L845-1 波	基底剪力平均值
	65%Q_o	80%Q_o				
Q_{ox}（kN）	31050.5	38216	35382	59221	57319	50637.33
Q_{oy}（kN）	25892.75	31868	38941	56564	44578	46694.33

表 2.6　左部分结构 midas 弹性时程分析基底剪力

参数 Q	振型分解反应谱法结果		L0184 波	L0640 波	L845-1 波	基底剪力平均值
	65%Q_o	80%Q_o				
Q_{ox}（kN）	15776.1	19416.8	31874	28944	25222	28680
Q_{oy}（kN）	16972.8	20889.6	20890	34517	28299	27902

表 2.7　右部分结构 midas 弹性时程分析位移

位移角	振型分解反应谱法	L0184 波	L0640 波	L845-1 波
X 向地震最大楼层位移角	1/1296	1/1498	1/1109	1/1400
Y 向地震最大楼层位移角	1/1044	1/1251	1/1203	1/1498

表 2.8　左部分结构 midas 弹性时程分析位移

位移角	振型分解反应谱法	L0184 波	L0640 波	L845-1 波
X 向地震最大楼层位移角	1/847	1/836	1/841	1/1002
Y 向地震最大楼层位移角	1/1086	1/1420	1/868	1/1056

计算结果显示，每条时程曲线计算所得结构底部剪力均大于振型分解反应谱法计算结果的 65%，且 3 条时程曲线计算所得结构底部剪力的平均值大于振型分解反应谱法计算结果的 80%。

右部分结构最大楼层剪力分布图如图 2.12 所示。

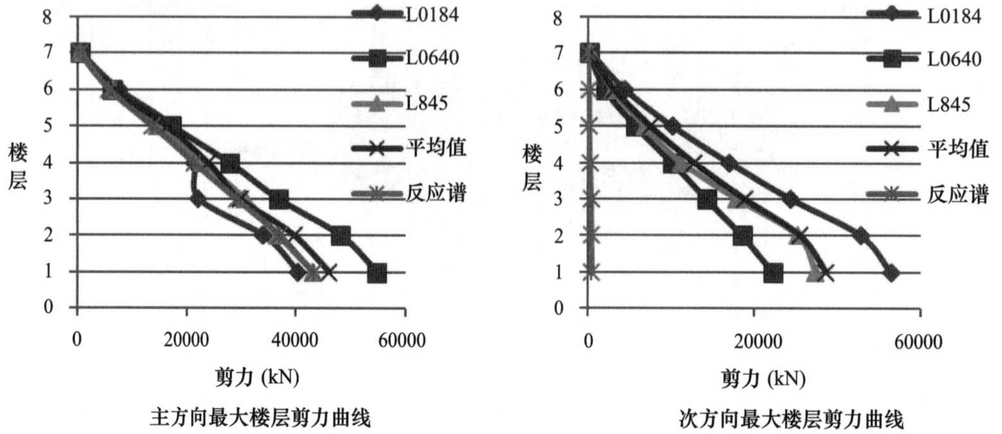

主方向最大楼层剪力曲线　　次方向最大楼层剪力曲线

(a) X向地震楼层剪力分布

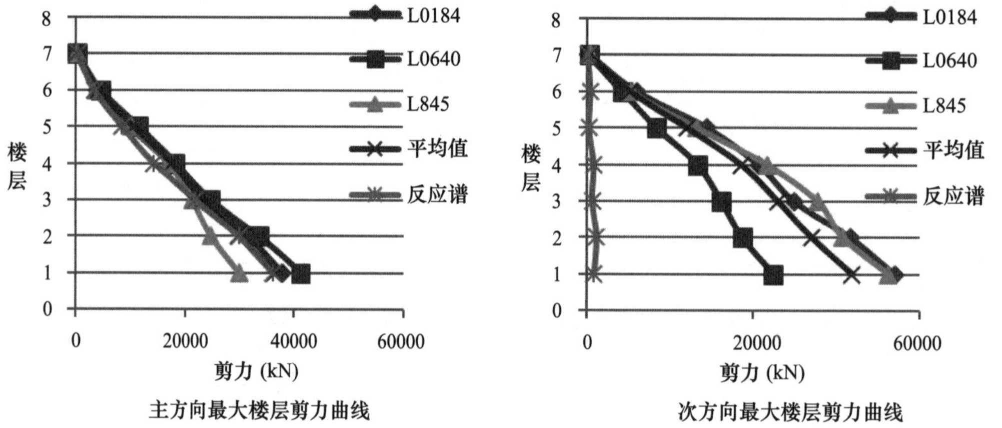

主方向最大楼层剪力曲线　　次方向最大楼层剪力曲线

(b) Y向地震楼层剪力分布

图 2.12　最大楼层剪力分布图

右部分结构最大楼层层间位移角分布图如图 2.13 所示。

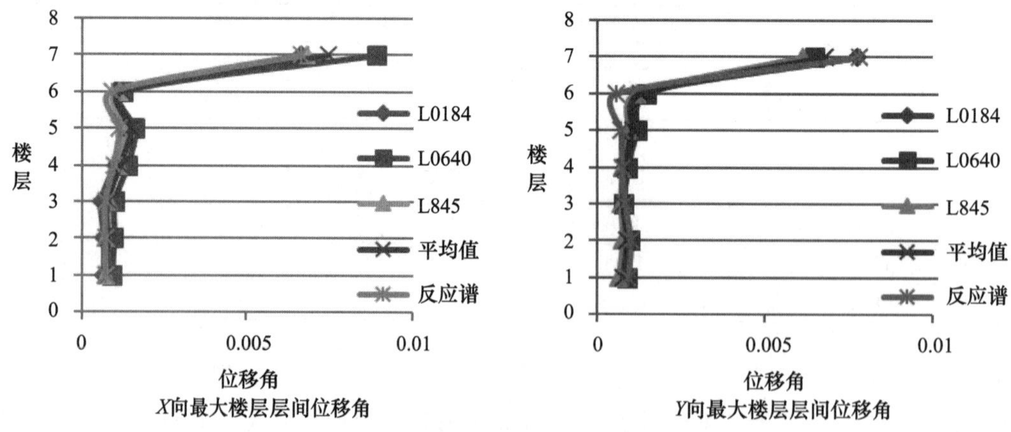

图 2.13　最大楼层层间位移角分布图

注：层间位移角为结构横向位移与层高的比值。

左部分结构最大楼层剪力分布图如图 2.14 所示。

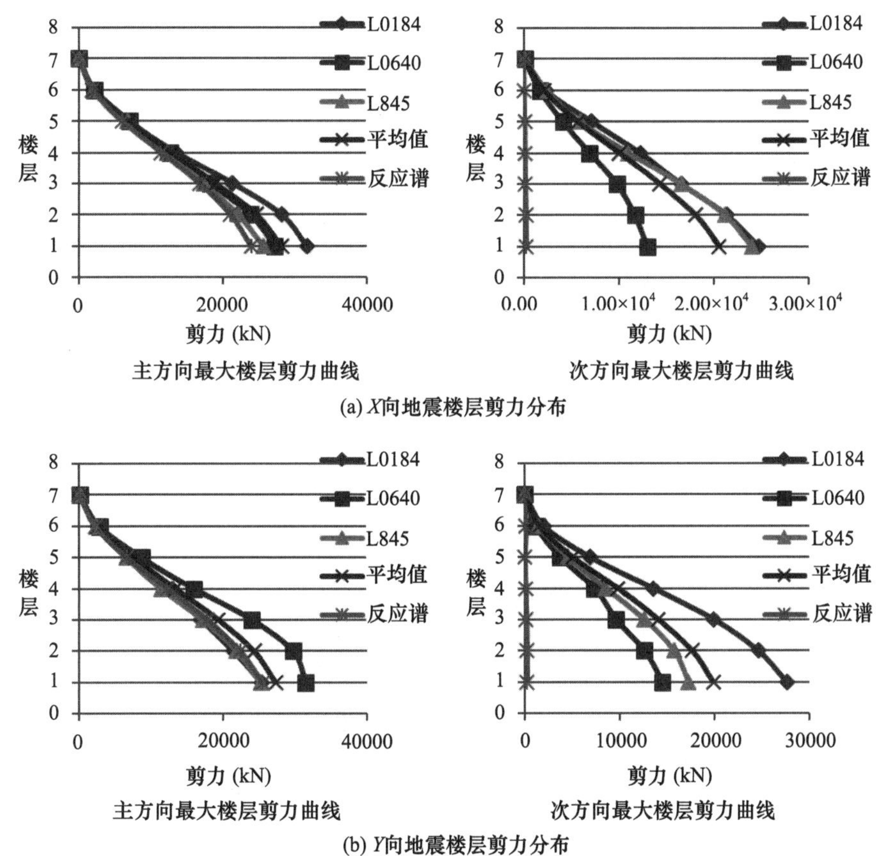

(a) X向地震楼层剪力分布

(b) Y向地震楼层剪力分布

图 2.14　最大楼层剪力分布图

左部分结构最大楼层层间位移角分布图如图 2.15 所示。

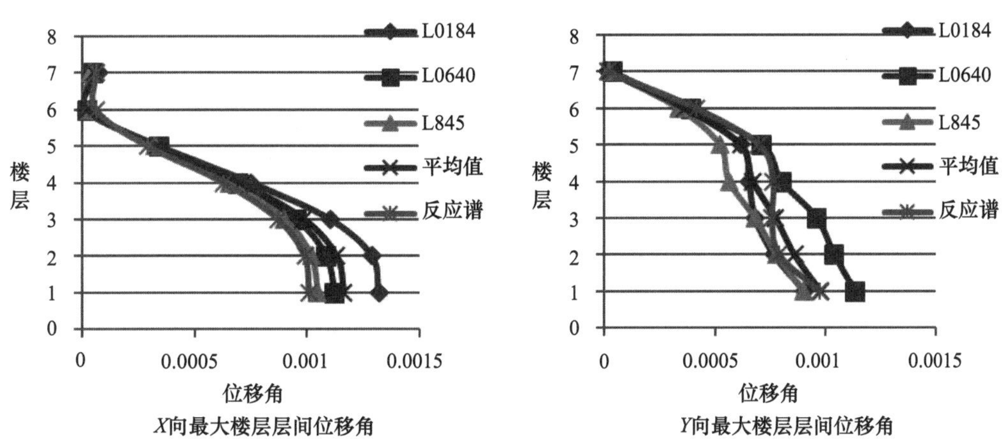

图 2.15　最大楼层层间位移角分布图

注：层间位移角为结构横向位移与层高的比值。

计算结果显示，每条时程曲线计算所得结构底部剪力均大于振型分解反应谱法计算结果的65%，且3条时程曲线计算所得结构底部剪力的平均值大于振型分解反应谱法计算结果的80%。

2.3 右部分结构抗震设计分析

右部分结构体系（图2.16）为带消能支撑的混合框架结构，其中外围蒙皮的肋及环梁为钢构件，主体范围内框架柱为型钢混凝土柱，型钢混凝土框架梁拉结外围钢构件，其余部分为钢筋混凝土构件。楼面采用钢筋混凝土楼板，穹顶采用轻钢屋盖。外围钢肋均在地下室顶板转换，采用径向及环向梁式转换，转换梁均为型钢混凝土梁。1～4层设置屈曲约束支撑，支撑型式为中心支撑。左右部分之间的连廊两端采用滑移支座与主楼连接。

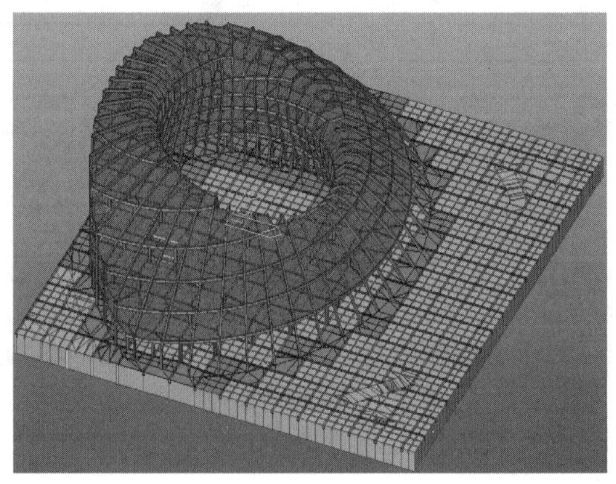

图2.16　右部分结构体系

2.3.1 小震作用结构计算及结果分析

2.3.1.1　盈建科软件与midas Gen软件主要分析结果对比

本工程采用盈建科（1.2.1.2版）软件进行计算，同时还采用midas Gen（800）软件进行校核。主要计算结果见表2.9、表2.10。

表2.9　盈建科软件主要计算结果

序号	项目：西咸空港综合保税区事务服务办理中心	盈建科软件		规范控制值
		X方向	Y方向	
1	剪重比（%）	13.942	11.824	3.2
2	有效质量系数（%）	99.99	90.71	>90
3	刚重比	5.310	4.130	>1.4，2.7

续表

序号	项目：西咸空港综合保税区事务服务办理中心			盈建科软件		规范控制值
				X 方向	Y 方向	
4	层间相对位移角	地震力	U_{max}/H	1/1102	1/1359	<1/650
		风荷载	U_{max}/H	1/9999	1/9999	
5	最大层间扭转位移比	地震力	最大值/平均值	1.17	1.37	<1.2 不应大于 1.4
		风荷载	最大值/平均值	1.26	1.30	
6	自振周期（s）	T_1	0.4479	扭转系数	0.17	$T_{t1}/T_{x1}<0.85$
		T_2	0.4229	扭转系数	0.00	
		T_3	0.3380	扭转系数	0.69	
		周期比		0.75		
7	底层框柱轴压比	框架柱		0.33		0.65

注：① 地震分析采用振型分解反应谱法；② 塔楼嵌固端取地下室顶板。

表 2.10 midas Gen 主要计算结果

序号	项目：西咸空港综合保税区事务服务办理中心			midas Gen		规范控制值
				X 方向	Y 方向	
1	剪重比（%）			14.83	12.37	3.2
2	有效质量系数（%）			98.46	97.96	>90
3	刚重比			43.79	32.35	>10，20
4	层间相对位移角	地震力	U_{max}/H	1/950	1/964	<1/650
		风荷载	U_{max}/H	1/39616	1/57813	
5	最大层间扭转位移比	地震力	最大值/平均值	1.304	1.386	<1.2 不应大于 1.4
		风荷载	最大值/平均值	1.060	1.236	
6	自振周期（s）	T_1	0.5188	扭转系数	0.389	$T_{t1}/T_{x1}<0.85$
		T_2	0.4741	扭转系数	0.00	
		T_3	0.3963	扭转系数	0.436	
		周期比		0.76		
7	底层框柱轴压比	框架柱		0.31		0.65

注：① 地震分析采用振型分解反应谱法；② 塔楼嵌固端取地下室顶板。

2.3.1.2 盈建科软件与 midas Gen 计算结果比较（表 2.11、表 2.12）

表 2.11 结构自振周期

振型号	盈建科软件		midas Gen	
	周期（s）	扭转系数	周期（s）	扭转系数
1	0.4479	0.17	0.5188	0.389
2	0.4229	0.00	0.4741	0.00
3	0.3380	0.69	0.3963	0.436

续表

振型号	盈建科软件		midas Gen	
	周期（s）	扭转系数	周期（s）	扭转系数
质量参与系数	X 向	99.99%	X 向	98.46%
	Y 向	90.71%	Y 向	97.96%
周期比 T_t/T_1	0.75		0.76	
总质量（t）	113317		115357	

表 2.12　水平荷载作用下的结构响应

主楼			盈建科软件	midas Gen
X 方向	风作用	最大层间位移角	1/9999	1/39616
		最大位移比	1.26	1.060
	地震作用	最大层间位移角	1/1102	1/950
		最大位移比	1.17	1.304
		基底剪力（kN）	45085	47770
	基底剪重比	Q_{ox}/G_e	13.942%	14.83%
Y 方向	风作用	最大层间位移角	1/9999	1/57813
		最大位移比	1.30	1.236
	地震作用	最大层间位移角	1/1359	1/964
		最大位移比	1.37	1.386
		基底剪力（kN）	38235	39835
	基底剪重比	Q_{ox}/G_e	11.824%	12.37%

从以上结果可以看出，两个程序结构质量基本相同，自振周期相差很小，大部分指标基本接近。两个程序计算结果都能满足规范要求。

2.3.1.3　小震作用下的构件分析

盈建科软件计算结果在项目附件计算书中，此处略；midas Gen 无法对型钢混凝土进行配筋设计，故采用 P-M 承载力曲线复核其承载力（图 2.17）。

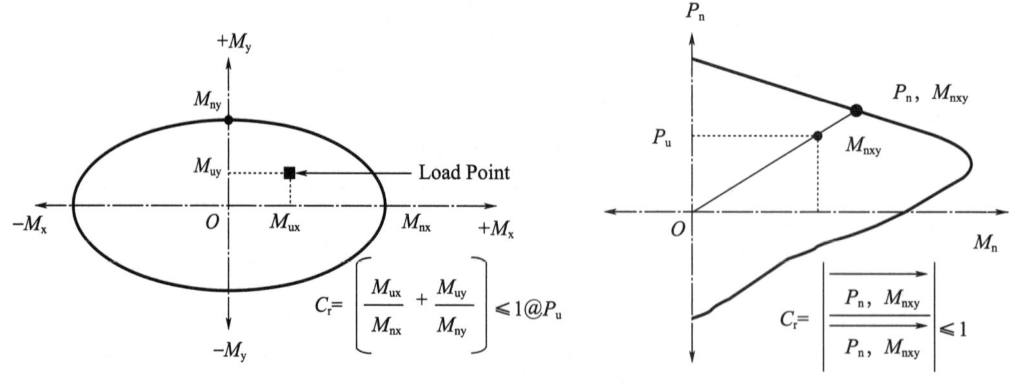

图 2.17　P-M 承载力曲线

算法如现行《混凝土结构设计规范》(GB 50010) 附录 E 所述，设定截面形状和钢筋/钢材后，可计算出任意截面的承载力，计算所采用的材料应力-应变曲线按现行《混凝土结构设计规范》(GB 50010) 附录 C 采用。

底部框架柱分析模型见图 2.18，结果见图 2.19。

材料：混凝土 C50，钢材 Q345，钢筋 HRB500，底层断面 900mm×900mm、型钢为双十字 500mm×300mm×25mm×25mm，二层断面 800mm×800mm、型钢为双十字 450mm×250mm×20mm×18mm。

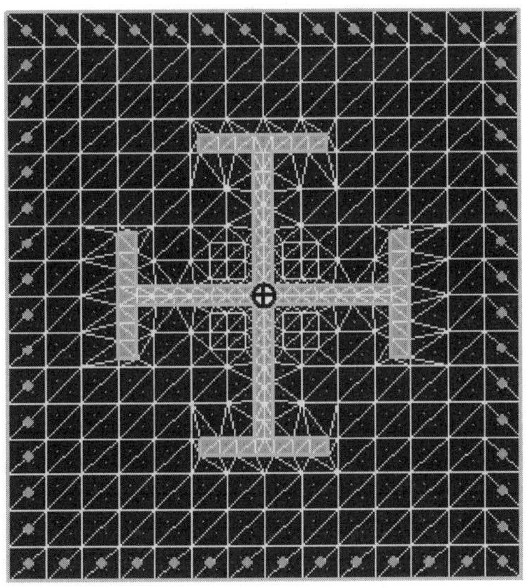

图 2.18　底部框架柱分析模型

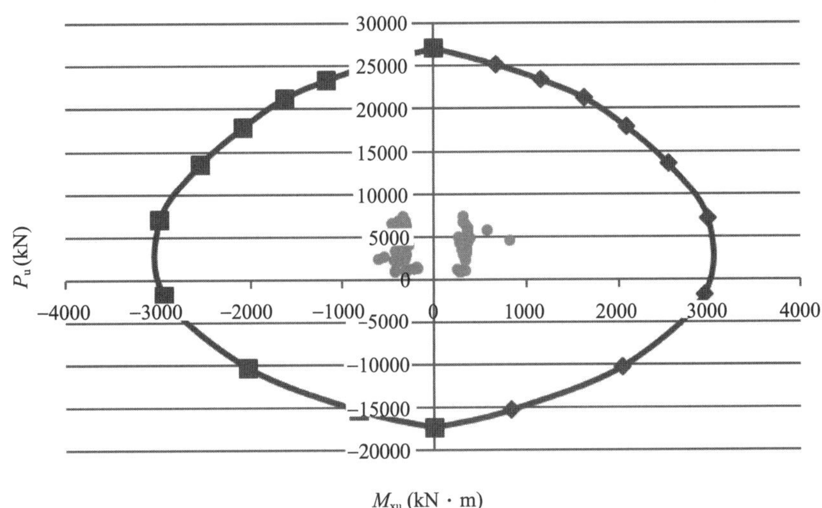

(a) X向P_u-M_{xu}承载力曲线及内力 (底层柱)

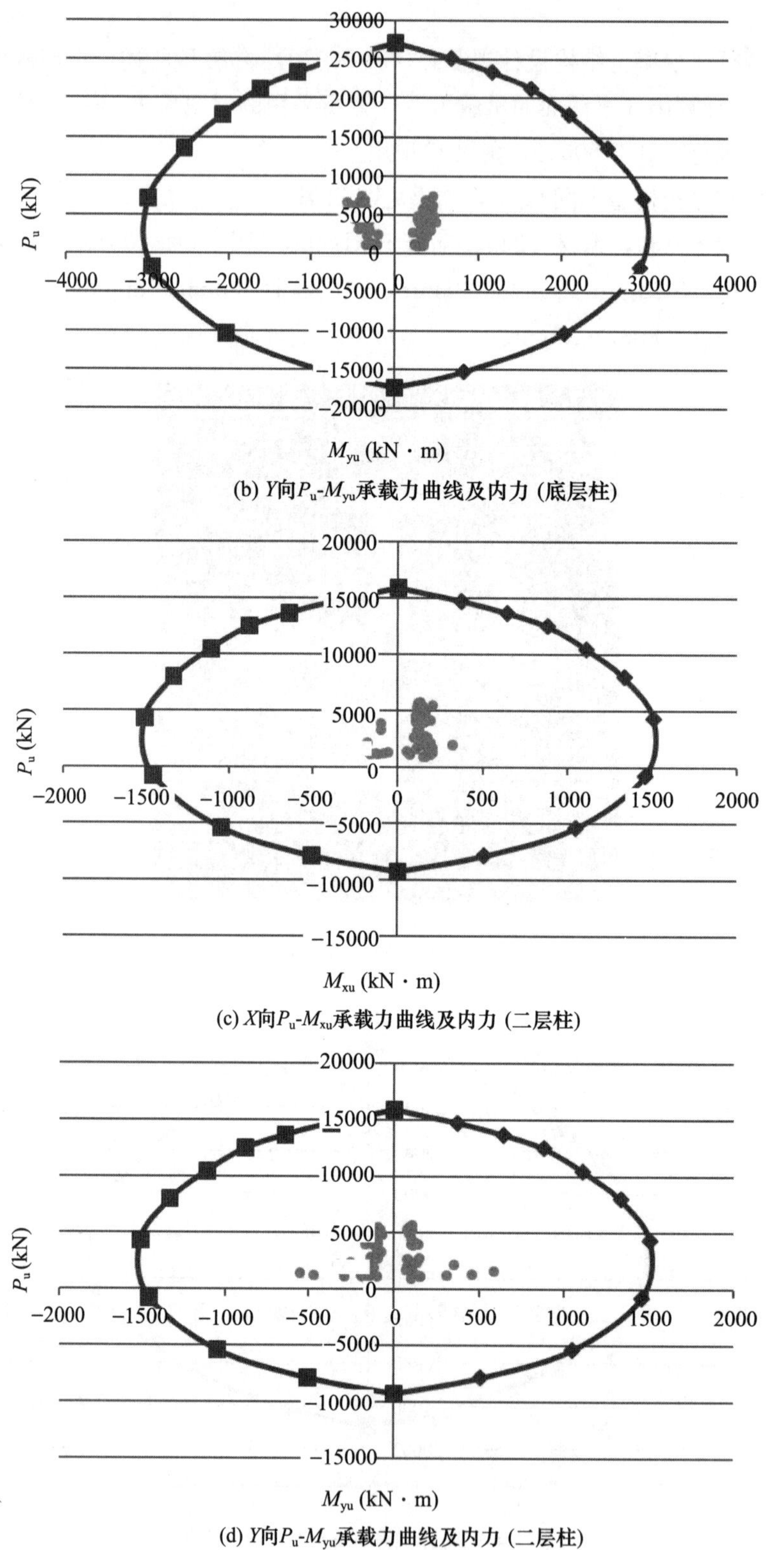

(b) Y向P_u-M_{yu}承载力曲线及内力（底层柱）

(c) X向P_u-M_{xu}承载力曲线及内力（二层柱）

(d) Y向P_u-M_{yu}承载力曲线及内力（二层柱）

图 2.19　柱底设计结果（小震弹性）

从上述分析结果可以看出，小震弹性下的底层型钢柱承载力均满足要求，受力形态接近小偏压，承载能力有足够的安全储备。

2.3.1.4 结果分析

1）结构计算结果显示结构扭转为主的第一自振周期 T 与平动为主的第一自振周期 T 之比的最大值满足不大于 0.85 的要求。

2）框架结构楼层层间最大位移角均<1/650，满足要求。

3）鉴于楼层的不规则性，存在薄弱层。

4）小震弹性和中震不屈服下，一、二层的型钢柱承载力均满足要求，受力形态接近小偏压，承载能力有足够的安全储备。

5）楼板在地震作用下应力水平较低，基本在 5MPa 以下，竖向地震影响较小。

2.3.2 中震作用结构计算及结果分析

2.3.2.1 中震不屈服计算

要求构件：一、二层，整楼外围环梁及连接钢肋与内部框柱的框梁按中震不屈服设计。一、二层框架承载力已满足中震不屈服，其配筋详见盈建科软件中震不屈服计算配筋图。可以看到，型钢混凝土柱配筋基本以构造为主。

外围钢环梁及连接钢肋与内部框柱的框梁以零楼板计算，结果满足中震不屈服要求，连接钢肋与内部框柱的框梁为型钢混凝土梁，断面 400mm×650mm，内置 250mm×150mm×16mm×18mm 工字钢，由盈建科软件中提取此梁的轴向力（特别是拉力）均远小于内置型钢的轴向设计承载力，详见盈建科软件中震不屈服计算配筋图。

一、二层型钢混凝土柱，中震不屈服承载力复核如下：

底部框架柱分析模型见图 2.18，结果见图 2.20。其中材料本构采用屈服强度本构。

材料：混凝土 C50，钢材 Q345，钢筋 HRB500，底层断面 900mm×900mm、型钢为双十字 500mm×300mm×25mm×25mm，二层断面 800mm×800mm、型钢为双十字 450mm×250mm×20mm×18mm。

从上述分析结果可以看出，外框柱中震组合内力中弯矩有所增大，承载能力富余度较大，承载力满足中震不屈服要求。

2.3.2.2 中震弹性计算

要求构件：钢肋及转换构件按中震弹性设计。

（1）根据 midas 及 YJK 计算结果，最大应力比出现在底层，底层应力比范围为 0.48～0.91，最大应力比出现位置为上下两端部。钢肋内部浇灌 C50 自密实混凝土，按现行《高层建筑混凝土结构技术规程》（JGJ 3）控制矩形钢管混凝土柱的长细比不大于 80。

（2）上部钢肋在地下室顶板转换，一次转换梁采用径向及环向型钢混凝土梁转换，二次转换梁为框架梁，也采用型钢混凝土梁。转换梁大部分配筋为构造配筋。

（3）各构件均能满足其设计性能目标。

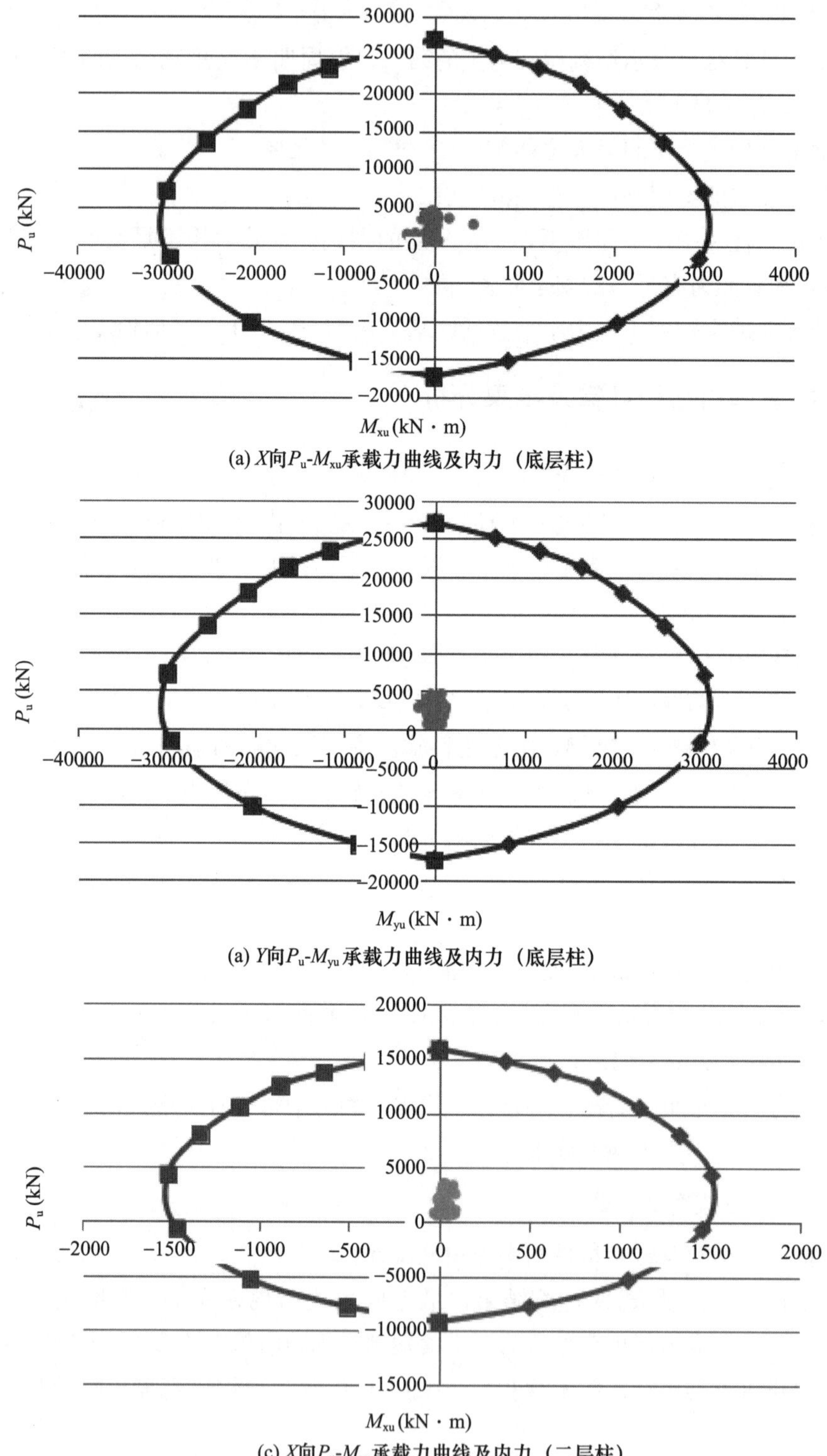

(a) X向P_u-M_{xu}承载力曲线及内力（底层柱）

(a) Y向P_u-M_{yu}承载力曲线及内力（底层柱）

(c) X向P_u-M_{xu}承载力曲线及内力（二层柱）

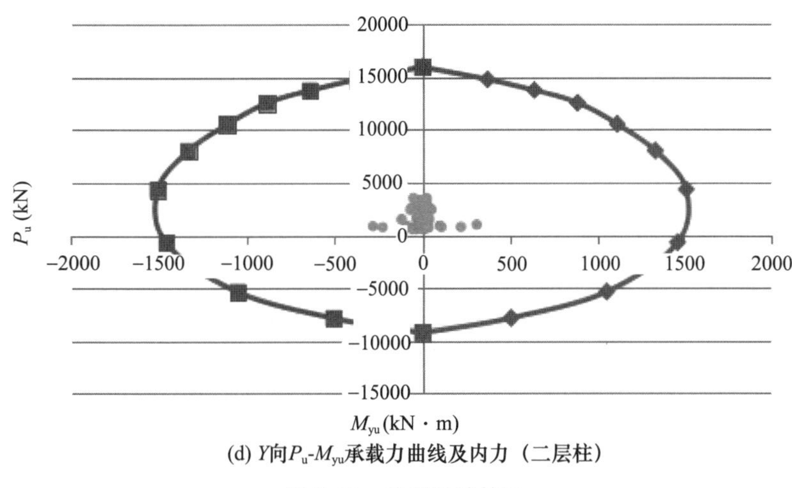

(d) Y向P_u-M_{yu}承载力曲线及内力（二层柱）

图 2.20　柱底设计结果

2.3.3　罕遇地震作用下结构动力弹塑性计算结果及分析

抗震性能评估将通过对结构整体抗震性能和构件变形水平两个方面来考察。

整体性能的评估将从结构弹塑性层间位移角、剪重比、底部剪力时程曲线、塑性发展过程及塑性发展的区域来评估。

构件的评估从构件塑性变形与塑性变形限值的大小关系、关键部位、关键构件塑性变形情况来对结构进行评估，以保证结构构件在地震过程中仍有能力承受竖向地震力和重力以及保证地震结束后结构仍有能力承受作用在结构上的重力荷载，从而保证结构不因局部构件的破坏而产生严重的破坏或倒塌。

2.3.3.1　整体位移响应

图 2.21 给出了三组地震波分别沿 X 向、Y 向为主向输入时，在各主方向上的楼层最大位移曲线。在三组地震波六工况输入下，结构顶层 X 向位移最大值依次为 0.082m（L0184～L0186）、0.025m（L0640～L0642）、0.026m（L845-1～L845-3），Y 向位移最大值依次为 0.025m（L0184～L0186）、0.044m（L0640～L0642）、0.016m（L845-1～L845-3）。

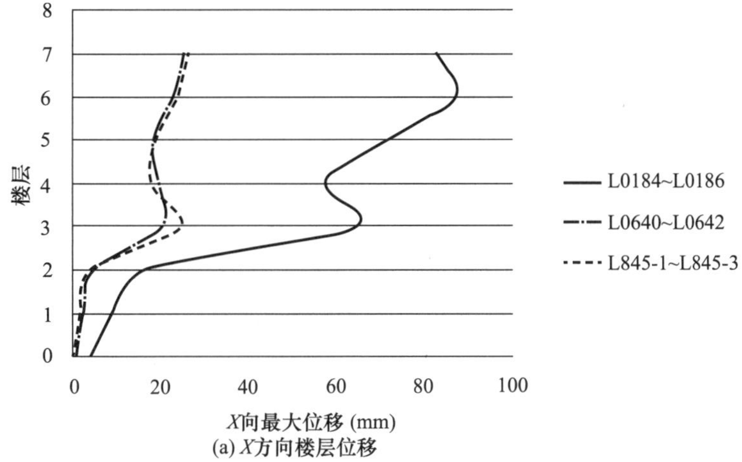

(a) X方向楼层位移

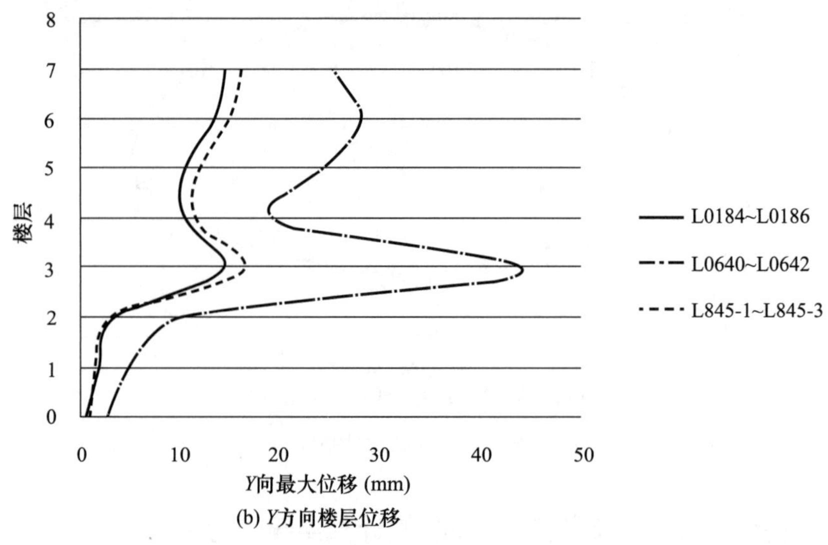

图 2.21　结构楼层最大位移曲线（mm）

以 L0184～L0186 为例，从图 2.22 中可见，在 Y 主向地震作用下的前 4s 左右结构处于弹性状态；地震作用 4s 以后，结构开始发生弹塑性损伤，进入非线性阶段。随着时间的增加，弹塑性模型的顶点位移为 0.025m。

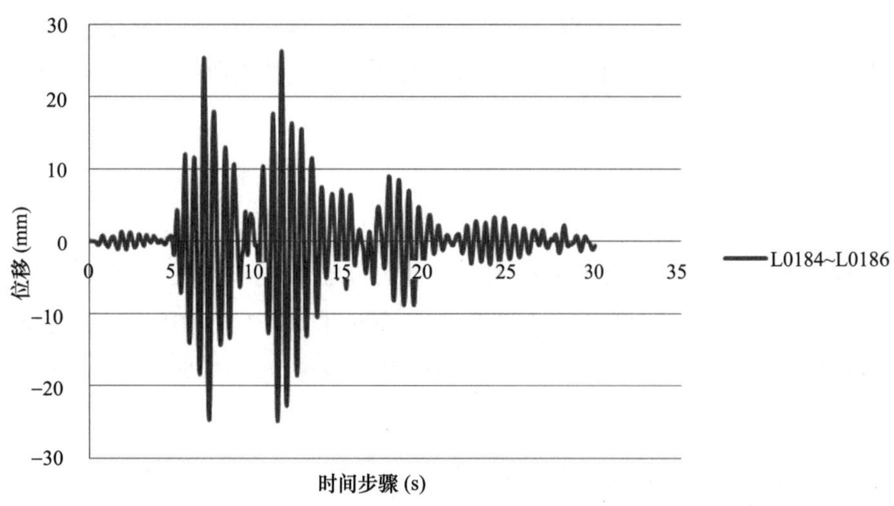

图 2.22　结构 Y 方向顶层位移时程曲线

2.3.3.2　结构层间位移响应

图 2.23 给出了分别沿 X 向、Y 向为主向输入时结构在各主方向的最大楼层位移角曲线。可以看出结构在罕遇地震作用下，弹塑性层间位移角 X 方向与 Y 方向都满足规范 1/50 的限值要求。

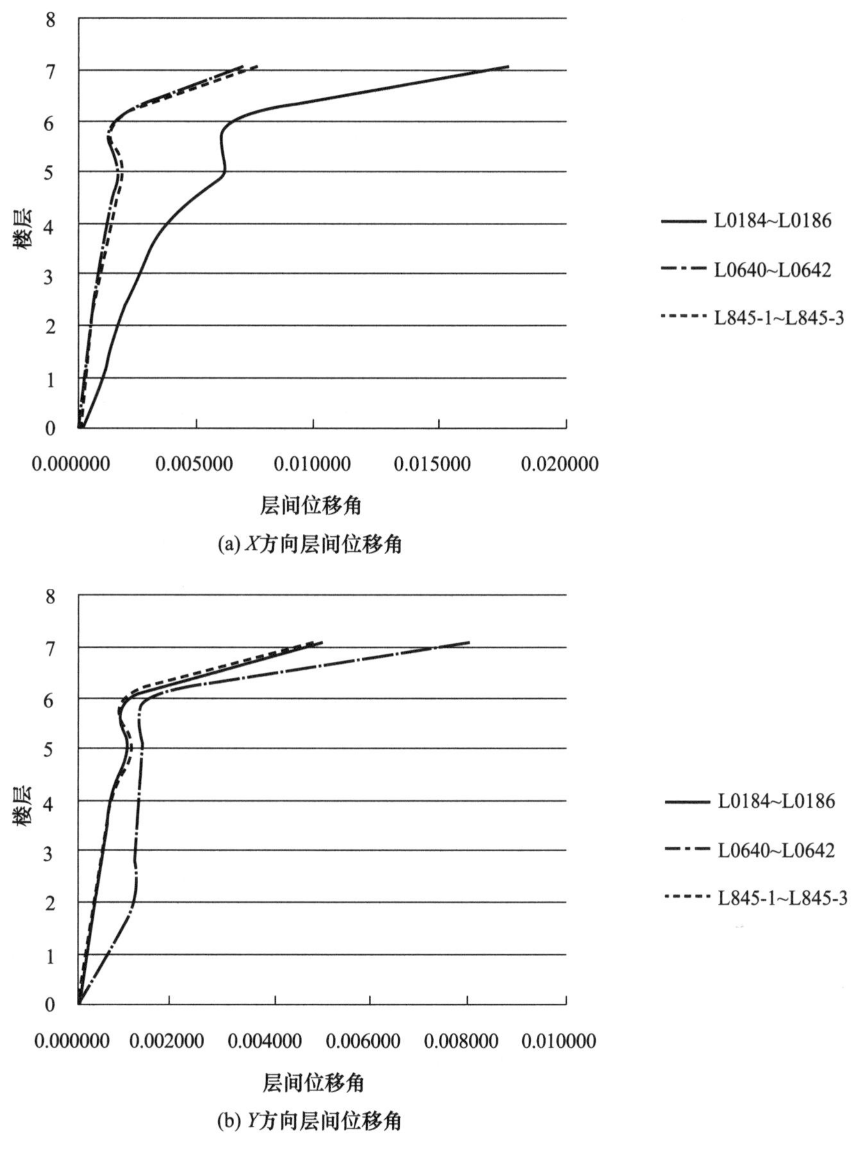

(a) X方向层间位移角

(b) Y方向层间位移角

图 2.23 结构弹塑性最大层间位移角

表 2.13 和表 2.14 给出了各组地震波输入时，各主方向结构弹塑性最大层间位移角的具体数值及包络。以 X 方向为主向输入地震波，结构最大层间位移角分别为 0.006250（L0184～L0186）、0.006623（L0640～L0642）和 0.007246（L845-1～L845-3），最大包络值为 0.007246，小于 0.15 限值。以 Y 方向为主向输入地震波，结构最大层间位移角分别为 0.004902（L0184～L0186）、0.007937（L0640～L0642）和 0.004630（L845-1～L845-3），最大包络值为 0.007937，小于 0.15 限值。

从表中可以看出，最大的层间位移角 X 方向出现在 7 层，Y 方向出现在 7 层。

表 2.13　结构 X 向弹塑性最大层间位移角

楼层	L0184～L0186	L0640～L0642	L845-1～L845-3	包络值
7	0.017544（空间点）	0.006623	0.007246	0.007246
6	0.006250	0.001439	0.001546	0.006250
5	0.005917	0.001595	0.001704	0.005917
4	0.003559	0.001147	0.001131	0.003559
3	0.002481	0.000778	0.000765	0.002481
2	0.001493	0.000468	0.000439	0.001493
1	0.000912	0.000265	0.000264	0.000912

表 2.14　结构 Y 向弹塑性最大层间位移角

楼层	L0184～L0186	L0640～L0642	L845-1～L845-3	包络值
7	0.004902	0.007937	0.004630	0.007937
6	0.001028	0.001477	0.001000	0.001477
5	0.001020	0.001294	0.001074	0.001294
4	0.000649	0.001215	0.000679	0.001215
3	0.000503	0.001148	0.000434	0.001148
2	0.000316	0.001133	0.000231	0.001133
1	0.000192	0.000539	0.000138	0.000539

2.3.3.3　结构基底剪力响应

罕遇地震下各组地震波沿 X 为主向和 Y 为主向输入时结构在各主方向上的弹性基底剪力与弹塑性基底剪力时程对比如图 2.24 所示。从图中可以看出，结构基底剪力时程 5s 后弹性响应和弹塑性响应分离，结构逐步进入非线性状态，结构进入弹塑性状态后，结构的周期有明显的延长。各条地震波作用下结构弹塑性基底剪力较弹性基底剪力有一定的降低。

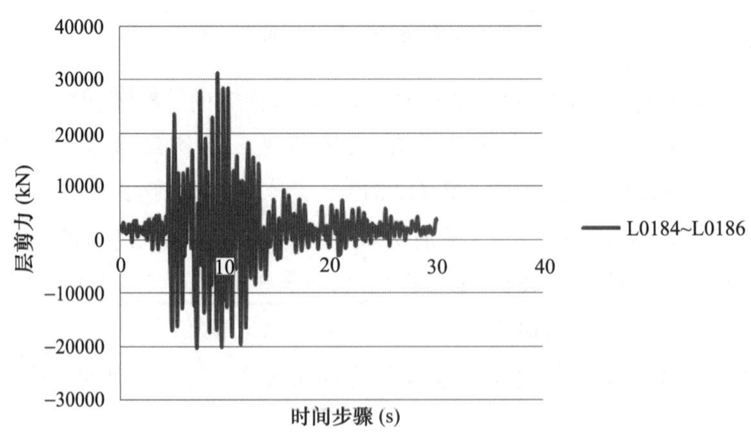

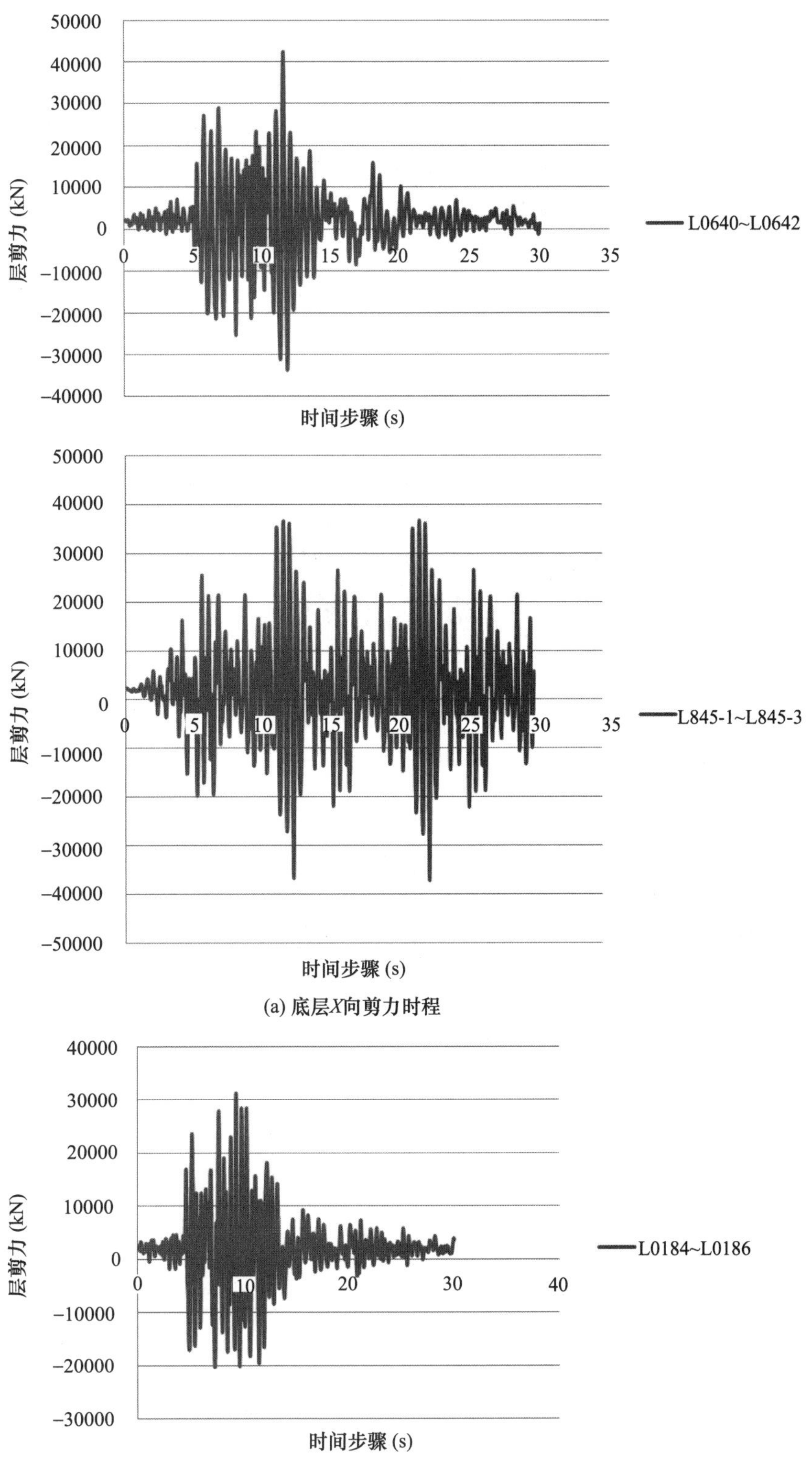

50000
40000
30000
20000
10000
0
-10000
-20000
-30000
-40000
层剪力 (kN)
0
5
10
15
20
25
30
35
时间步骤 (s)
L0640~L0642
50000
40000
30000
20000
10000
0
-10000
-20000
-30000
-40000
-50000
层剪力 (kN)
0
5
10
15
20
25
30
35
时间步骤 (s)
L845-1~L845-3

(a) 底层X向剪力时程

40000
30000
20000
10000
0
-10000
-20000
-30000
层剪力 (kN)
0
10
20
30
40
时间步骤 (s)
L0184~L0186

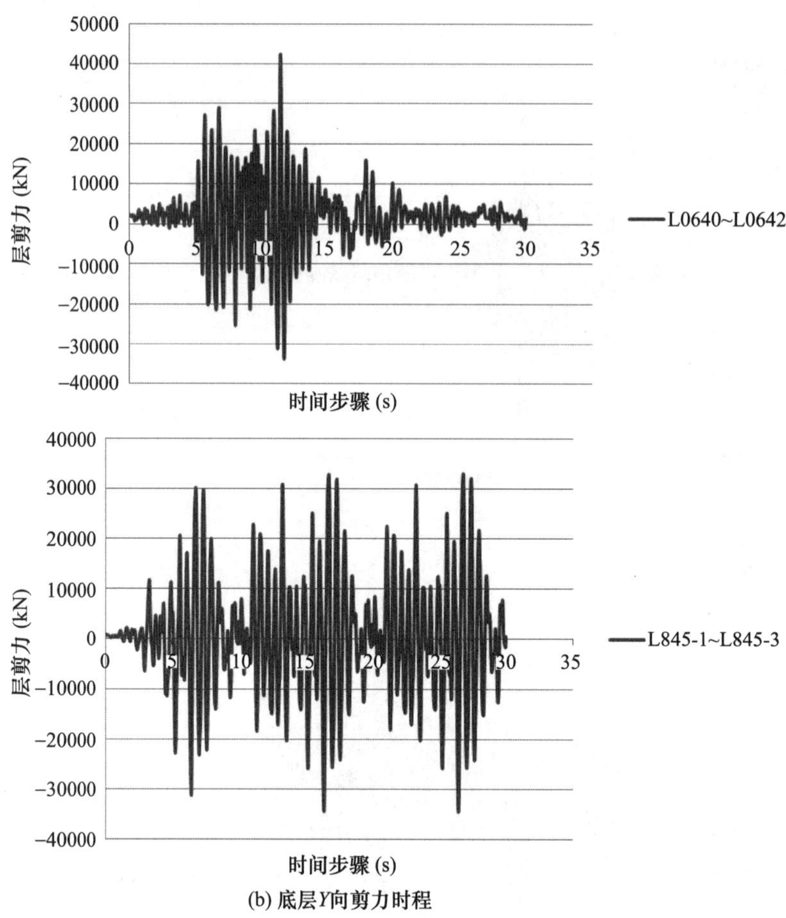

(b) 底层Y向剪力时程

图 2.24　结构基底剪力时程

结构的位移响应和基底剪力响应时作为判定结构整体性能的响应量，将其结果进行汇总。各罕遇地震工况下，结构弹塑性最大顶点水平相对位移值以及最大基底剪力值小结见表 2.15。

表 2.15　顶点位移、基底剪力汇总

地震记录	结构顶点 X 向最大相对位移	结构顶点 Y 向最大相对位移	X 向基底剪力	X 向剪重比	Y 向基底剪力	Y 向剪重比
L0184～L0186	82.72	14.591	136460	41.93%	131692	9.74%
L0640～L0642	25.282	25.089	142850	13.17%	137061	11.39%
L845-1～L845-3	26.025	16.3182	136968	11.36%	133108	10.17%
平均值	25.6535	18.666	138759.3	22.15%	133953.67	10.43%

2.3.3.4　框架柱及外围肋的抗震性能

图 2.25 列出了框架柱和外围肋在 L0640～L0642 罕遇地震作用下第 2s、5.7s 以及 10s 时的屈服状态，可以看出外围肋在罕遇地震作用下基本保持弹性工作状态，罕遇地

震输入 5.7s 左右，部分顶层框架柱开始开裂，随着时间的增加，顶层大部分柱子出现开裂现象。

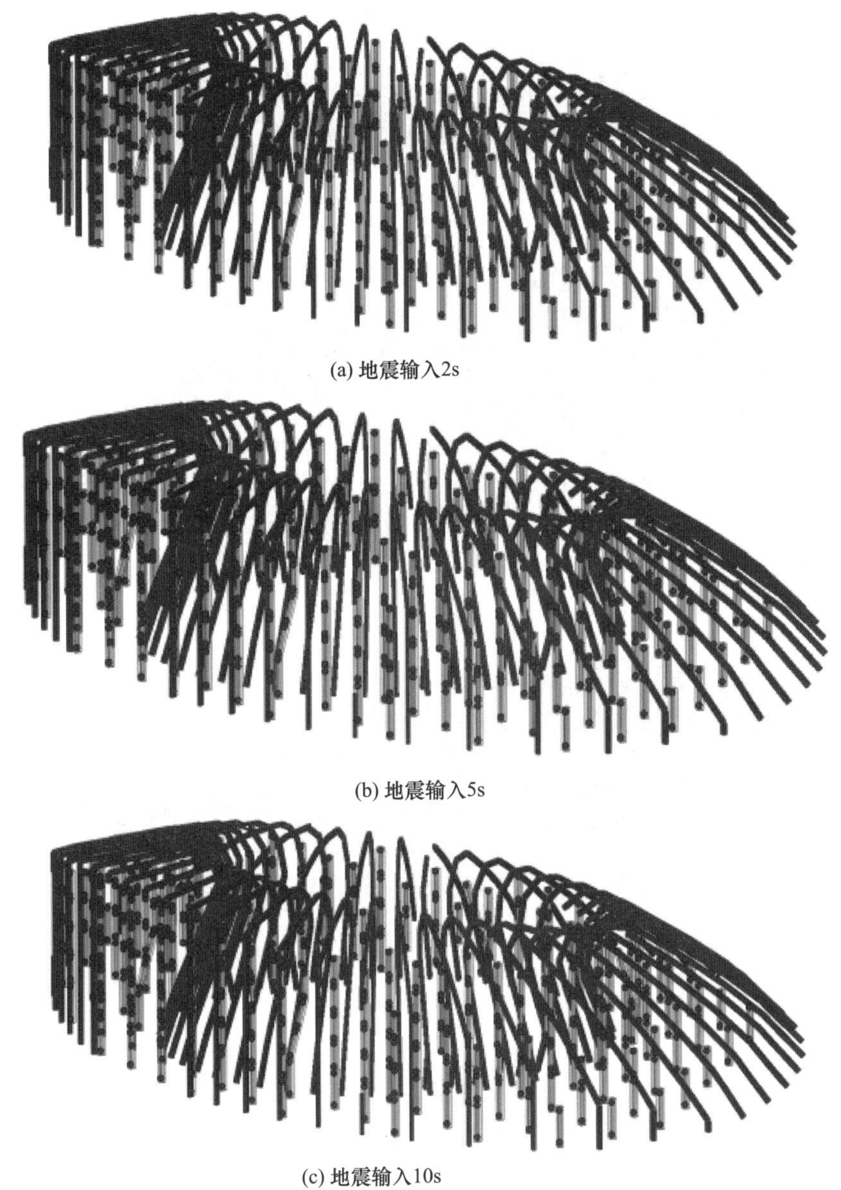

(a) 地震输入2s

(b) 地震输入5s

(c) 地震输入10s

图 2.25 框架柱及外围肋的损伤发展顺序及屈服状态

2.3.3.5 框架梁、次梁和环梁的抗震性能

图 2.27 给出了结构整体及部分楼层在 L0640～L0642 罕遇地震作用下环梁、次梁和框架梁构件的损伤发展顺序及屈服状态［图 2.26（d）～图 2.26（i）］，可以看出环梁在罕遇地震作用下基本保持弹性工作状态，罕遇地震输入 2s 左右时，次梁开始出现开裂现象，随着时间的增加，更多的次梁、框架梁出现屈服现象。

(a) 地震输入2s

(b) 地震输入5s

(c) 地震输入10s

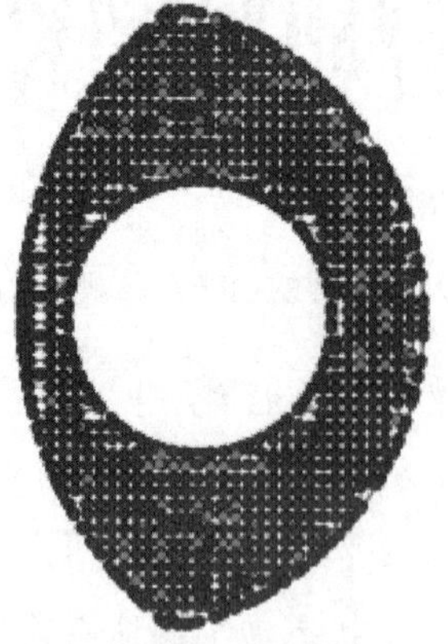

(d) 地震输入2s (第1层框架梁与次梁屈服状态)

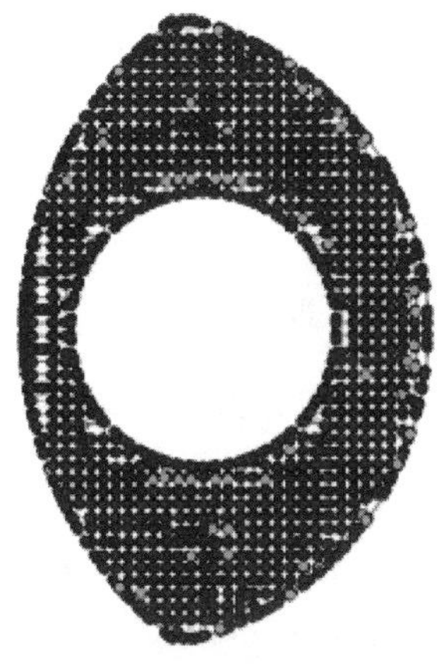

(e) 地震输入5s (第1层框架梁及次梁构件屈服状态)

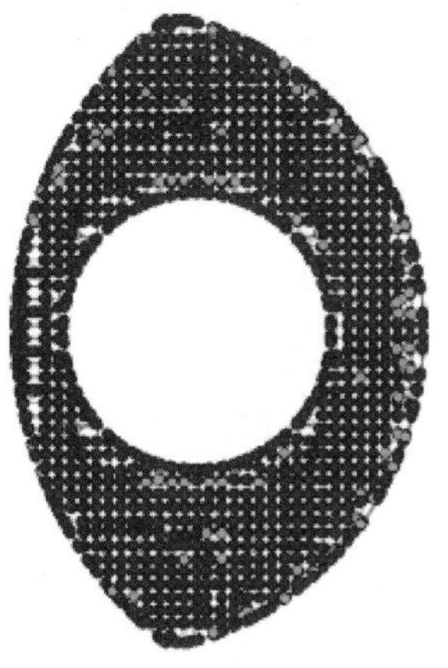

(f) 地震输入10s (第1层框架梁及次梁构件屈服状态)

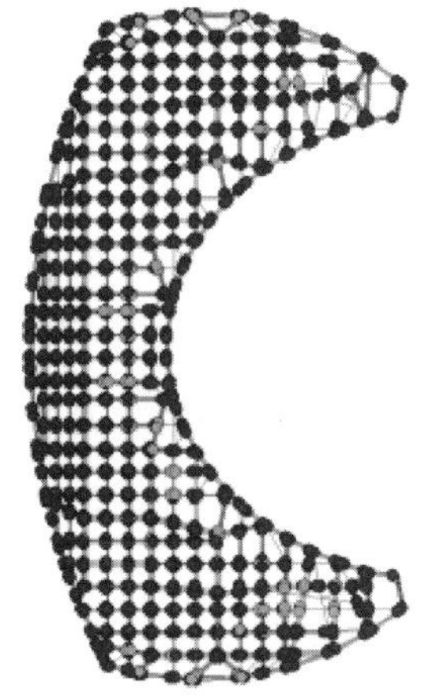

(g) 地震输入2s (第5层框架梁及次梁构件屈服状态)

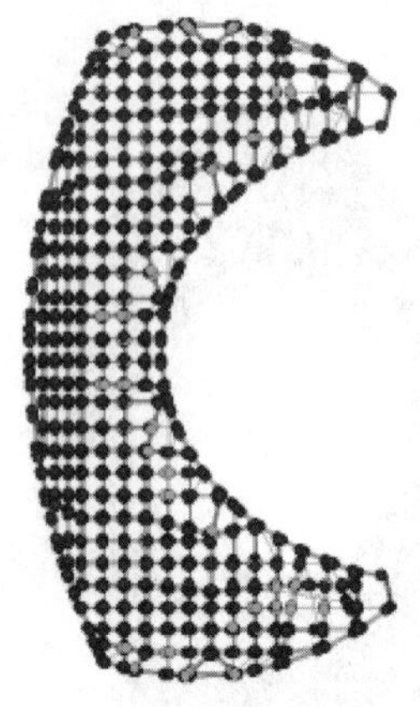

(h) 地震输入5s (第5层框架梁及次梁构件屈服状态)

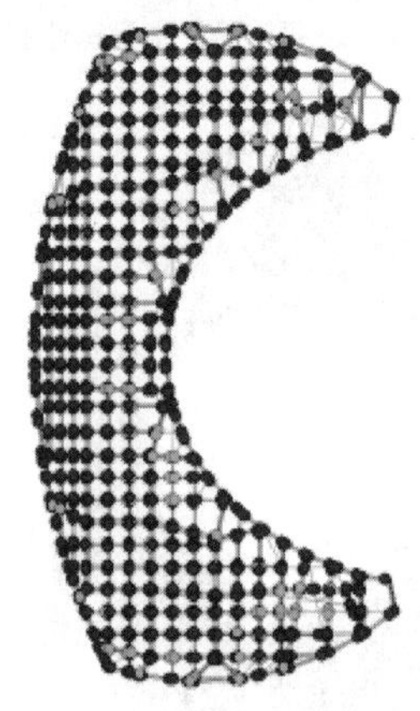

(i) 地震输入10s (第5层框架梁及次梁构件屈服状态)

图 2.26　框架梁、次梁和环梁的损伤发展顺序及屈服状态

2.4　结构抗震性能结论

2.4.1　结构位移响应总结

表 2.16 给出了结构在罕遇地震下动力弹塑性分析的位移响应汇总。

表 2.16　结构位移响应汇总

地震记录	结构顶层 X 向最大位移	结构顶层 Y 向最大位移	X 向 最大层间位移角	Y 向 最大层间位移角
L0184～L0186	0.054m	0.078m	0.006250	0.004902
L0640～L0642	0.091m	0.081m	0.006623	0.007937
L845-1～L845-3	0.069m	0.071m	0.007246	0.004630
包络值	0.091m	0.081m	0.007246	0.007937

从表 2.16 中可以看出，罕遇地震动力弹塑性分析得到的结构两方向最大层间位移角均小于规范要求的结构弹塑性层间位移角的 1/67。

2.4.2 结构基底剪力总结

结构在罕遇地震下基底剪力与多遇地震下的基底剪力对比见表 2.17。

表 2.17 罕遇地震下基底剪力与多遇地震下的基底剪力对比

地震记录	X 方向大震剪力	X 方向小震剪力	倍数	Y 方向大震剪力	Y 方向小震剪力	倍数
L0184～L0186	136460	40355	3.38	131692	37790	3.48
L0640～L0642	142850	54778	2.61	137061	41248	3.32
L845-1～L845-3	136968	43139	3.18	133108	30082	4.42

由于大震加速度峰值是小震的 5.71 倍，可知大震下弹塑性反应与大震下弹性反应相比，基底剪力有减小的趋势，这可能是由于梁柱构件发生塑性破坏，刚度降低，同时阻尼增加所致。

2.4.3 结构破坏形态及抗震性能总结

1）输入各工况罕遇地震波进行时程分析后，结构竖立不倒，主要抗侧力构件没有发生严重破坏，大部分框架梁参与塑性耗能，但不至于引起局部倒塌和危及结构整体安全，大震下结构性能满足“大震不倒”的要求。

在罕遇地震波输入过程中，结构的破坏形态可描述为：结构次梁最先出现塑性铰，然后次梁损伤不断增加；随着时间的推移，外框架梁也开始屈服，而连接外框架柱及肋的梁在框架柱端基本不屈服，在罕遇地震下结构大部分框架梁进入塑性阶段参与结构整体塑性耗能。

2）除了顶层部分框架柱开裂外，整个外框柱在罕遇地震作用下基本保持弹性工作状态，说明外框柱作为重要抗侧力构件在罕遇地震作用下保持良好的工作状态，同时建议在设计时适当增加顶层框架柱的配筋率，控制裂缝发展宽度。

3）罕遇地震作用下，结构楼层位移角时程包络满足不大于 1/67 的抗震设防要求。

4）整体来看，结构在罕遇地震输入下的弹塑性反应及破坏机制，符合结构抗震工程的概念设计要求，抗震性能达到“大震不倒”的抗震性能目标。

2.4.4 设计建议

根据大震弹塑性分析结果，并依据抗震概念设计要求，结合本工程特点提出如下设计建议：

1）顶层框架柱，配筋适当加强，减小裂缝发展宽度；

2）建议设计时适当提高外框架梁的承载力和延性，增加结构外框架在罕遇地震作用下吸收的地震能量。

2.5 左部分结构抗震设计

左部分结构体系（图 2.27）为带消能支撑的混合框架结构，其中外围蒙皮的肋及环梁为钢构件，主体范围内框架柱为型钢混凝土柱，型钢混凝土框架梁拉结外围钢构件，其余部分为钢筋混凝土构件。楼面采用钢筋混凝土楼板，穹顶采用轻钢屋盖。外围钢肋均在地下室顶板转换，采用径向及环向梁式转换，转换梁均为型钢混凝土梁。1～4 层设置屈曲约束支撑，支撑型式为中心支撑。左右部分之间的连廊两端采用滑移支座与主楼连接。

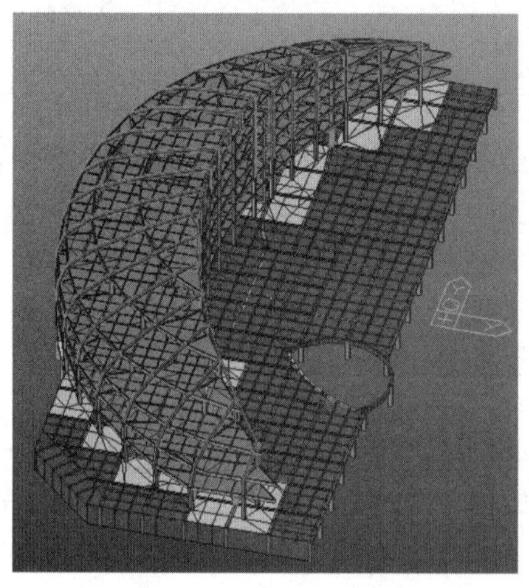

图 2.27 左部分结构体系

2.5.1 小震作用结构计算及结果分析

本工程采用盈建科 1.2.1.2 软件进行计算，同时还采用 midas Gen（800）软件进行校核。其主要计算结果见表 2.18、表 2.19。

表 2.18 盈建科软件主要计算结果

序号	项目：西咸空港综合保税区事务服务办理中心			盈建科软件		规范控制值
				X 方向	Y 方向	
1	剪重比（%）			13.489	13.337	3.2
2	有效质量系数（%）			100	99.99	＞90
3	刚重比			5.964	5.682	＞1.4，2.7
4	层间相对位移角	地震力	U_{max}/H	1/1051	1/1060	＜1/650
		风荷载	U_{max}/H	1/9999	1/9999	
5	最大层间扭转位移比	地震力	最大值/平均值	1.32	1.37	＜1.2 不应大于 1.4
		风荷载	最大值/平均值	1.01	1.31	

续表

序号	项目：西咸空港综合保税区事务服务办理中心			盈建科软件		规范控制值
				X 方向	Y 方向	
6	自振周期（s）	T_1	0.5521	扭转系数	0.00	$T_{t1}/T_{x1}<0.85$
		T_2	0.5382	扭转系数	0.02	
		T_3	0.4014	扭转系数	0.98	
		周期比		0.73		
7	底层框柱轴压比	框架柱		0.26		0.65

注：① 地震分析采用振型分解反应谱法；② 塔楼嵌固端取地下室顶板。

表 2.19　midas Gen 主要计算结果

序号	项目：西咸空港综合保税区事务服务办理中心			midas Gen		规范控制值
				X 方向	Y 方向	
1	剪重比（%）			12.61	13.56	3.2
2	有效质量系数（%）			98.80	98.71	>90
3	刚重比			24.019	27.834	>10，20
4	层间相对位移角	地震力	U_{max}/H	1/847	1/1086	<1/650
		风荷载	U_{max}/H	1/15254	1/41497	
5	最大层间扭转位移比	地震力	最大值/平均值	1.262	1.363	<1.2 不应大于 1.4
		风荷载	最大值/平均值	1.023	1.301	
6	自振周期（s）	T_1	0.5975	扭转系数	0.00	$T_{t1}/T_{x1}<0.85$
		T_2	0.5481	扭转系数	0.0508	
		T_3	0.4394	扭转系数	0.9848	
		周期比		0.74		
7	底层框柱轴压比	框架柱		0.29		0.65

注：① 地震分析采用振型分解反应谱法；② 塔楼嵌固端取地下室顶板。

盈建科软件与 midas Gen 计算结果比较见表 2.20、表 2.21。

表 2.20　结构自振周期

振型号	盈建科软件		midas Gen	
	周期（s）	扭转系数	周期（s）	扭转系数
1	0.5521	0.00	0.5975	0.00
2	0.5382	0.02	0.5481	0.0508
3	0.4014	0.98	0.4394	0.9848
质量参与系数	X 向	100%	X 向	98.80%
	Y 向	99.99%	Y 向	98.71%
周期比 T_t/T_1	0.73		0.74	
总质量（t）	53775		51207	

表 2.21　水平荷载作用下的结构响应

<table>
<tr><th colspan="3">主楼</th><th>盈建科软件</th><th>midas Gen</th></tr>
<tr><td rowspan="6">X 方向</td><td rowspan="2">风作用</td><td>最大层间位移角</td><td>1/9999</td><td>1/15254</td></tr>
<tr><td>最大位移比</td><td>1.01</td><td>1.023</td></tr>
<tr><td rowspan="3">地震作用</td><td>最大层间位移角</td><td>1/1051</td><td>1/847</td></tr>
<tr><td>最大位移比</td><td>1.32</td><td>1.262</td></tr>
<tr><td>基底剪力（kN）</td><td>27072</td><td>24271</td></tr>
<tr><td>基底剪重比</td><td>Q_{ox}/G_e</td><td>13.489%</td><td>12.61%</td></tr>
<tr><td rowspan="6">Y 方向</td><td rowspan="2">风作用</td><td>最大层间位移角</td><td>1/9999</td><td>1/41497</td></tr>
<tr><td>最大位移比</td><td>1.31</td><td>1.301</td></tr>
<tr><td rowspan="3">地震作用</td><td>最大层间位移角</td><td>1/1060</td><td>1/1086</td></tr>
<tr><td>最大位移比</td><td>1.37</td><td>1.363</td></tr>
<tr><td>基底剪力（kN）</td><td>26768</td><td>26112</td></tr>
<tr><td>基底剪重比</td><td>Q_{ox}/G_e</td><td>13.337%</td><td>13.56%</td></tr>
</table>

从以上结果可以看出，两个程序结构质量基本相同，自振周期相差很小，大部分指标基本接近。两个程序计算结果都能满足规范要求。

2.5.2　中震计算及结果分析

2.5.2.1　中震不屈服计算

要求构件：一、二层，整楼外围环梁及连接钢肋与内部框柱的框梁按中震不屈服设计。

一、二层框架承载力已满足中震不屈服，其配筋详见盈建科软件中震不屈服计算配筋图。可以看到，型钢混凝土柱配筋基本以构造为主。

外围钢环梁及连接钢肋与内部框柱的框梁以零楼板计算，结果满足中震不屈服要求，详见盈建科软件中震不屈服计算配筋图。

一、二层型钢混凝土柱，中震不屈服承载力复核如下。

底层框架柱分析模型见图 2.18，结果见图 2.28，其中材料本构采用屈服强度本构。

材料：混凝土 C50，钢材 Q345，钢筋 HRB500，底层断面 900mm×900mm，型钢为双十字 500mm×300mm×25mm×25mm，二层断面 800mm×800mm、型钢为双十字 450mm×250mm×20mm×18mm，柱底设计结果：从上述分析结果可以看出，外框柱中震组合内力中弯矩有所增大，承载能力富余度较大，承载力满足中震不屈服要求。

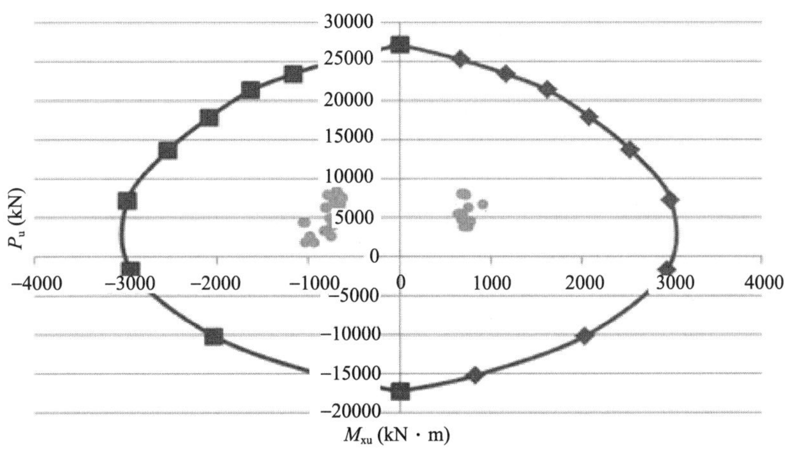

(a) X向P_u-M_{xu}承载力曲线及内力 (底层柱)

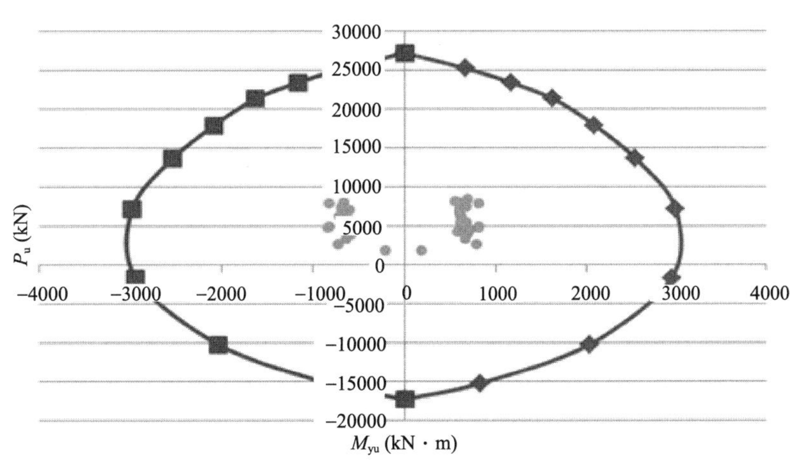

(b) Y向P_u-M_{yu}承载力曲线及内力 (底层柱)

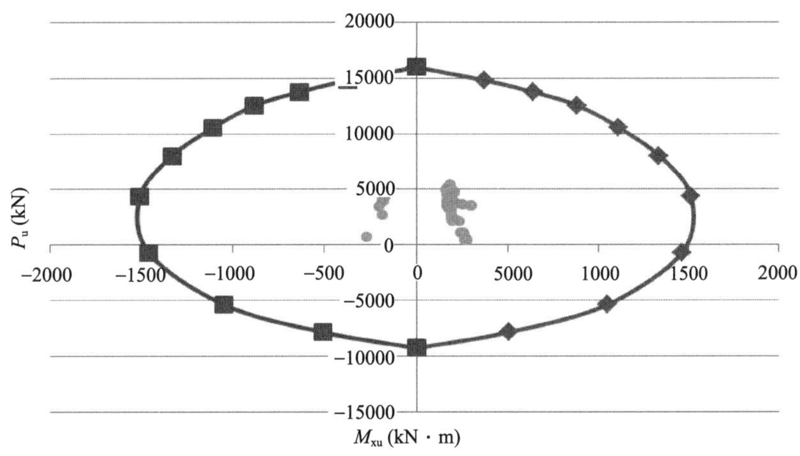

(c) X向P_u-M_{xu}承载力曲线及内力 (二层柱)

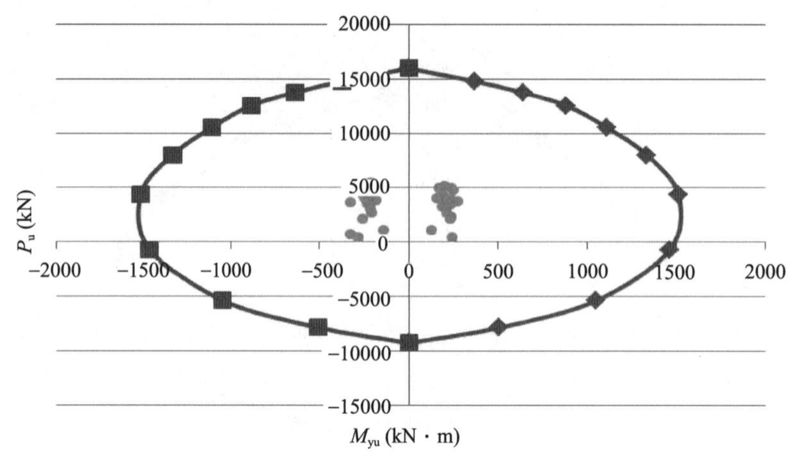

(d) Y向P_u-M_{yu}承载力曲线及内力（二层柱）

图 2.28　柱底设计结果

2.5.2.2　中震弹性计算

要求构件：钢肋及转换构件按中震弹性设计。

（1）根据 midas 及 YJK 计算结果，最大应力比出现在底层，底层应力比范围为 0.65～0.90，最大应力比出现位置为上下两端部。钢肋内部浇灌 C50 自密实混凝土，按现行《高层建筑混凝土结构技术规程》（JGJ 3）控制矩形钢管混凝土柱的长细比不大于 80。

（2）上部钢肋在地下室顶板转换，一次转换梁采用径向及环向型钢混凝土梁转换，二次转换梁为框架梁，也采用型钢混凝土梁。转换梁大部分配筋为构造配筋。

（3）各构件均能满足其设计性能目标。

2.5.3　罕遇地震作用下结构动力弹塑性计算结果及分析

2.5.3.1　整体位移响应

图 2.29 给出了三组地震波分别沿 X 向、Y 向为主向输入时，在各主方向上的楼层最大位移曲线。在三组地震波六工况输入下，结构顶层 X 向位移最大值依次为 0.131m（L0184～L0186）、0.085m（L0640～L0642）、0.110m（L845-1～L845-3），Y 向位移最大值依次为 0.141m（L0184～L0186）、0.074m（L0640～L0642）、0.097m（L845-1～L845-3）。

以人工波 L0184～L0186 为例，从图 2.30 中可见，在 X 主向地震作用下的前 5s 左右，结构处于弹性状态；地震作用 5s 以后，结构开始发生弹塑性损伤，进入非线性阶段。随着时间的增加，弹塑性模型的顶点位移为 0.131m。

2.5.3.2　结构层间位移响应

图 2.31 给出了分别沿 X 向、Y 向为主向输入时结构在各主方向的最大楼层位移角

曲线。可以看出结构在罕遇地震作用下，弹塑性层间位移角 X 方向与 Y 方向都满足规范 1/50 的限值要求。

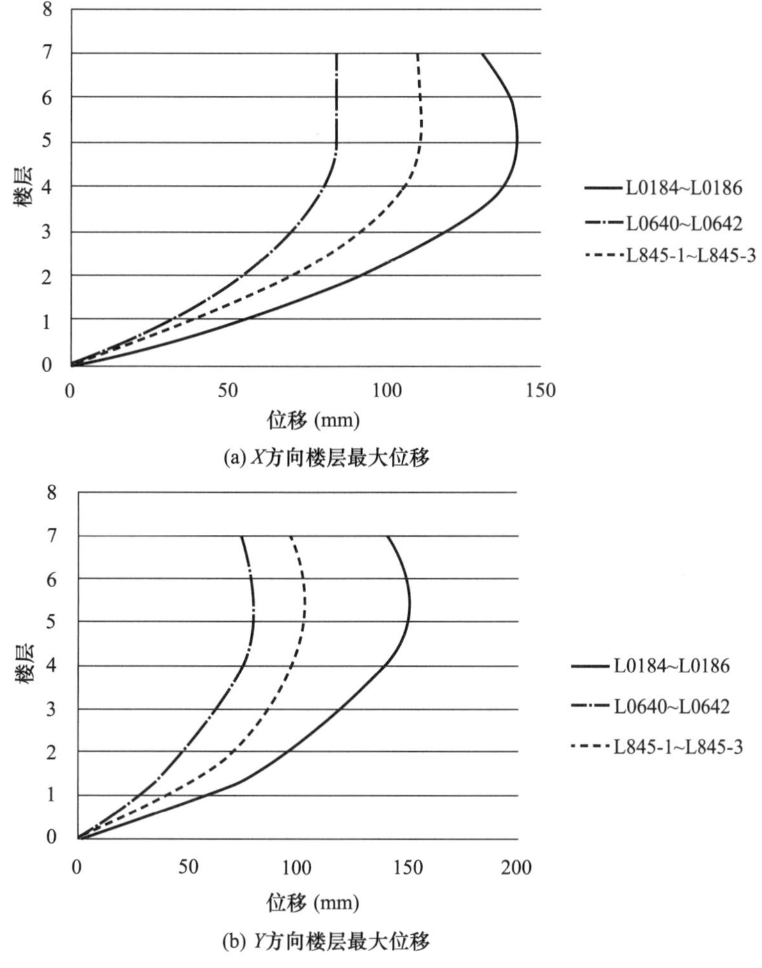

(a) X方向楼层最大位移

(b) Y方向楼层最大位移

图 2.29 结构楼层最大位移曲线

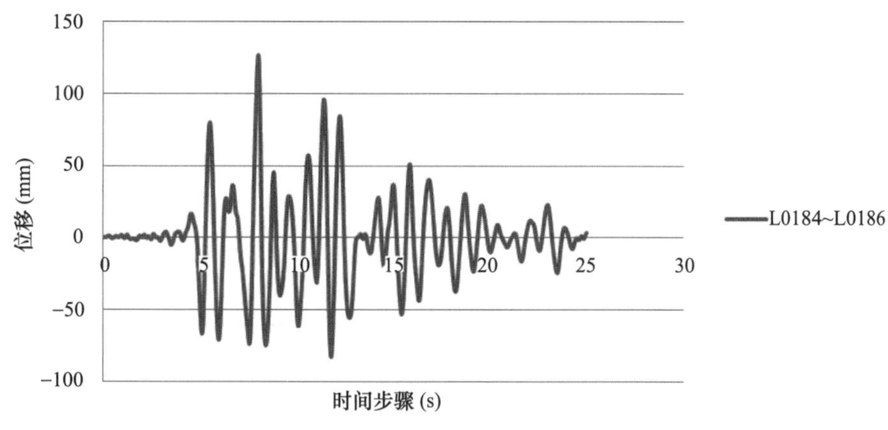

图 2.30 X 方向顶层位移时程曲线

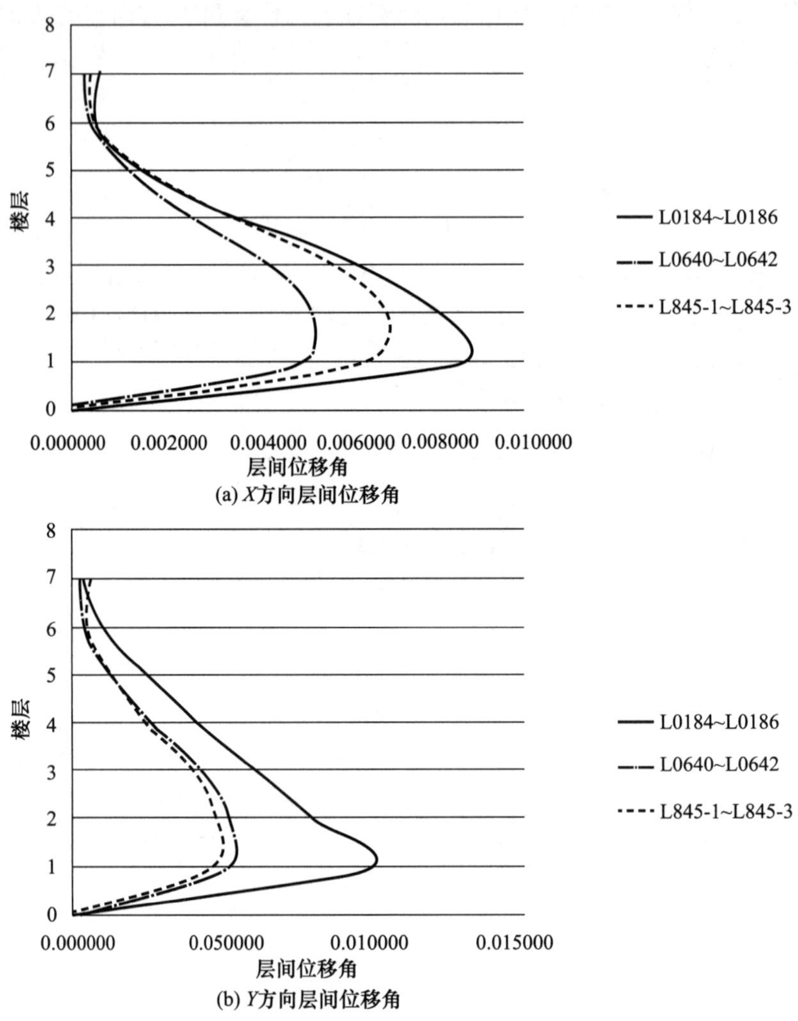

图 2.31 结构弹塑性最大层间位移角

表 2.22 和表 2.23 给出了各组地震波输入时，各主方向结构弹塑性最大层间位移角的具体数值及包络。以 X 方向为主向输入地震波，结构最大层间位移角分别为 0.008696（L0184～L0186）、0.005376（L0640～L0642）和 0.07042（L845-1～L845-3），最大包络值为 0.008696，小于 0.15 限值。以 Y 方向为主向输入地震波，结构最大层间位移角分别为 0.009901（L0184～L0186）、0.003588（L0640～L0642）和 0.004926（L845-1～L845-3），最大包络值为 0.009901，小于 0.15 限值。

表 2.22 结构 X 向弹塑性最大层间位移角

楼层	L0184～L0186	L0640～L0642	L845-1～L845-3	包络值
7	0.000681	0.000339	0.000479	0.000681
6	0.000605	0.000450	0.000551	0.000605
5	0.001497	0.001316	0.001645	0.001645

续表

楼层	L0184～L0186	L0640～L0642	L845-1～L845-3	包络值
4	0.003788	0.002703	0.003774	0.003788
3	0.006410	0.004484	0.005848	0.006410
2	0.008197	0.005376	0.007042	0.008197
1	0.008696	0.005155	0.006536	0.008696

表 2.23 结构 *Y* 向弹塑性最大层间位移角

楼层	L0184～L0186	L0640～L0642	L845-1～L845-3	包络值
7	0.000409	0.000346	0.000681	0.000409
6	0.001053	0.000398	0.000550	0.001053
5	0.002646	0.001033	0.001427	0.002646
4	0.004255	0.002076	0.002653	0.004255
3	0.006329	0.003036	0.004115	0.006329
2	0.008130	0.003588	0.004926	0.008130
1	0.009901	0.003494	0.004762	0.009901

2.5.3.3 结构基底剪力响应

罕遇地震下各组地震波沿 X 为主向和 Y 为主向输入时结构在各主方向上的弹塑性基底剪力时程对比如图 2.32 所示。从图 2.32 中可以看出，结构基底剪力时程 5s 后结构逐步进入非线性状态，结构进入弹塑性状态后，结构的周期有明显的延长。各条地震波作用下结构弹塑性基底剪力较弹性基底剪力有一定的降低。

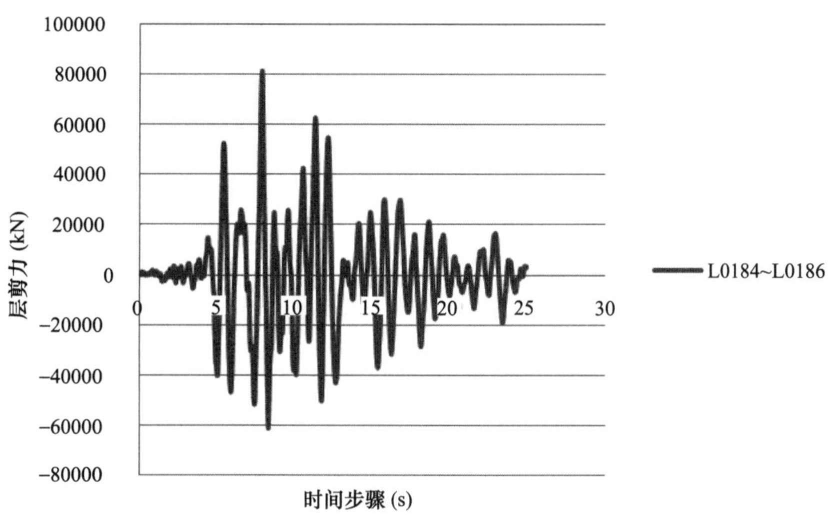

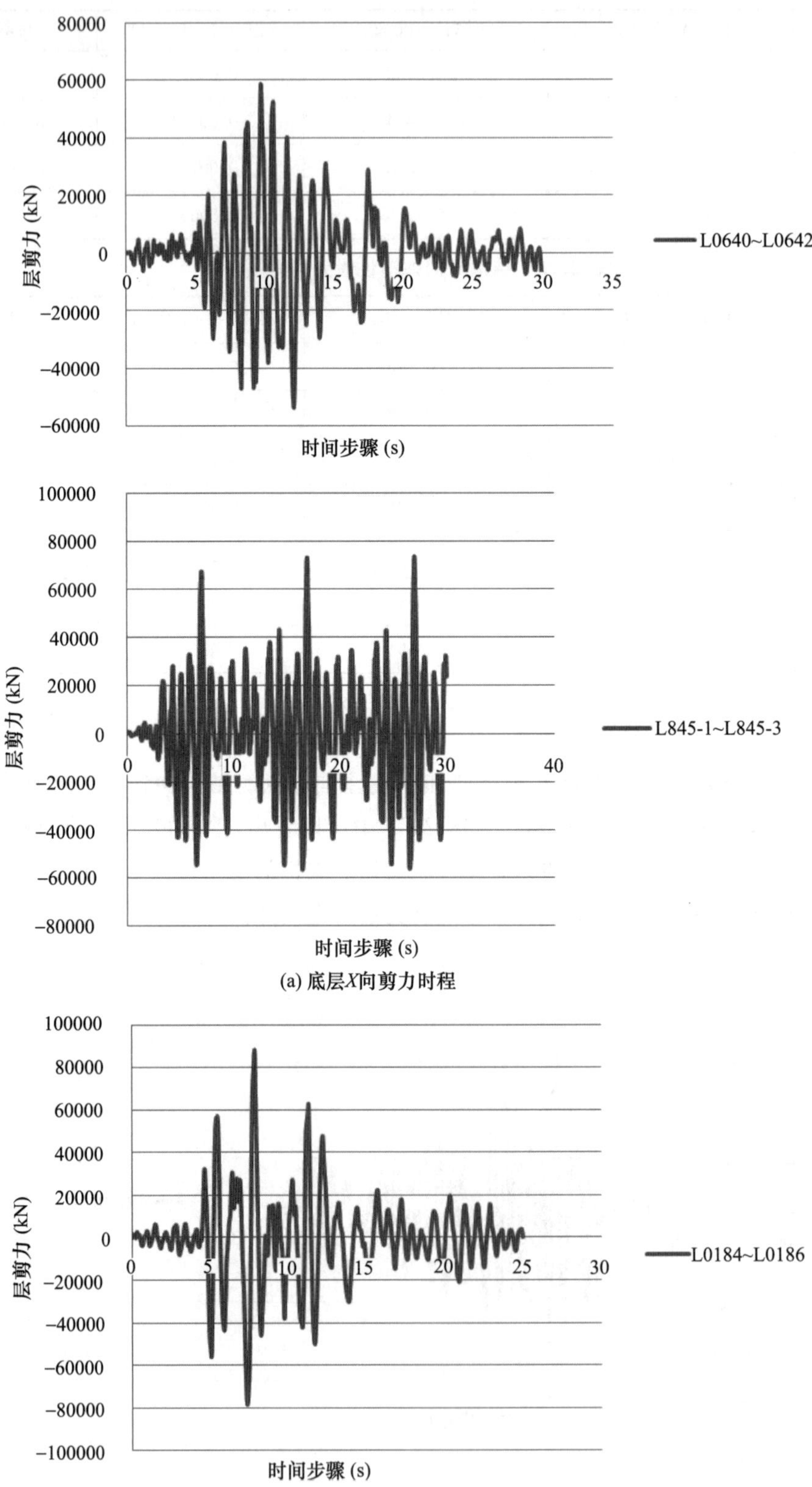
80000
60000
40000
20000
0
−20000
−40000
−60000
层剪力 (kN)
0 5 10 15 20 25 30 35
时间步骤 (s)
L0640~L0642
100000
80000
60000
40000
20000
0
−20000
−40000
−60000
−80000
层剪力 (kN)
0 10 20 30 40
时间步骤 (s)
L845-1~L845-3

(a) 底层X向剪力时程

100000
80000
60000
40000
20000
0
−20000
−40000
−60000
−80000
−100000
层剪力 (kN)
0 5 10 15 20 25 30
时间步骤 (s)
L0184~L0186

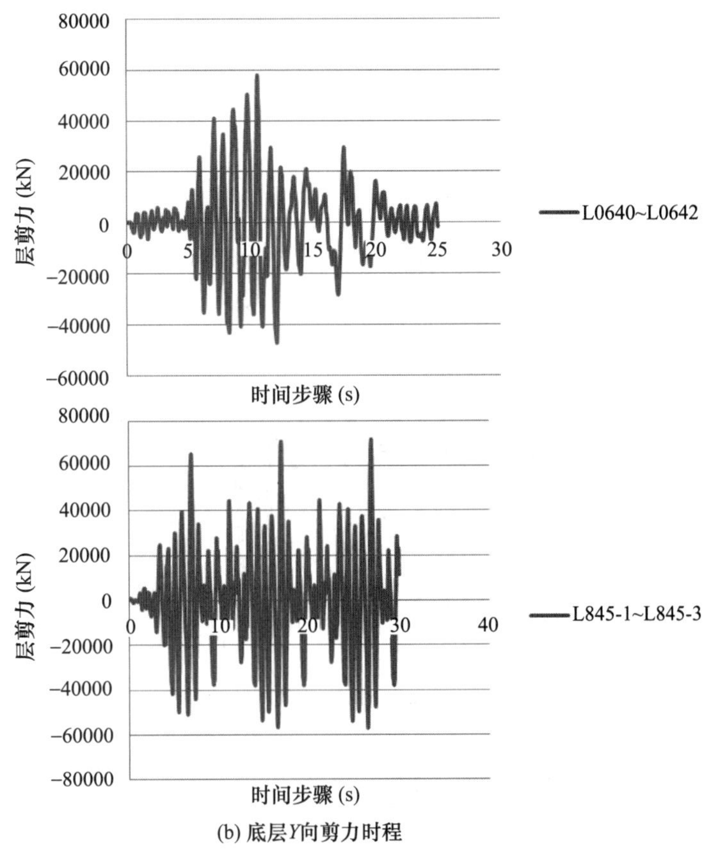

(b) 底层Y向剪力时程

图 2.32 结构基底剪力时程

结构的位移响应和基底剪力响应时作为判定结构整体性能的响应量，将其结果进行汇总。各罕遇地震工况下，结构弹塑性最大顶点水平相对位移值以及最大基底剪力值见表 2.24。

表 2.24 顶点位移、基底剪力汇总

地震记录	结构顶点 X 向最大相对位移（m）	结构顶点 Y 向最大相对位移（m）	X 向基底剪力（kW）	X 向剪重比（%）	Y 向基底剪力（kW）	Y 向剪重比（%）
L0184～L0186	0.127	0.106	81207	41.44	88248	45.04
L0640～L0642	0.084	0.741	58634	29.92	57924	29.56
L845-1～L845-3	0.109	0.097	73523	37.52	71673	36.58
平均值	0.0965	0.315	71121	36.30	72615	37.06

2.5.3.4 罕遇地震作用下结构变形和损伤

因为天然波 L0184～L0186 引起的基底剪力最大，为简单起见，以下只汇报天然波 L0184-L0186 在 X 向引起的结构变形和塑性损伤情况。

2.5.3.5 框架柱及外围肋的抗震性能

图 2.33 列出了框架柱和外围肋在 L0184～L0186 罕遇地震作用下第 2s、5s 以及 10s

时的屈服状态，可以看出外围肋在罕遇地震作用下基本保持弹性工作状态，罕遇地震输入 4s 左右，底层的型钢柱开始出现开裂，随着时间的增加，各层柱子开始屈服。

2.5.3.6　框架梁、次梁和环梁的抗震性能

图 2.36 给出了结构整体及部分楼层在 L0184～L0186 罕遇地震作用下环梁、次梁和框架梁构件的损伤发展顺序及屈服状态［图 2.34（d）～图 2.34（i）］，可以看出环梁在罕遇地震作用下基本保持弹性工作状态，罕遇地震输入 4s 左右时，次梁开始出现开裂现象，随着时间的增加，更多的次梁、框架梁出现屈服现象。

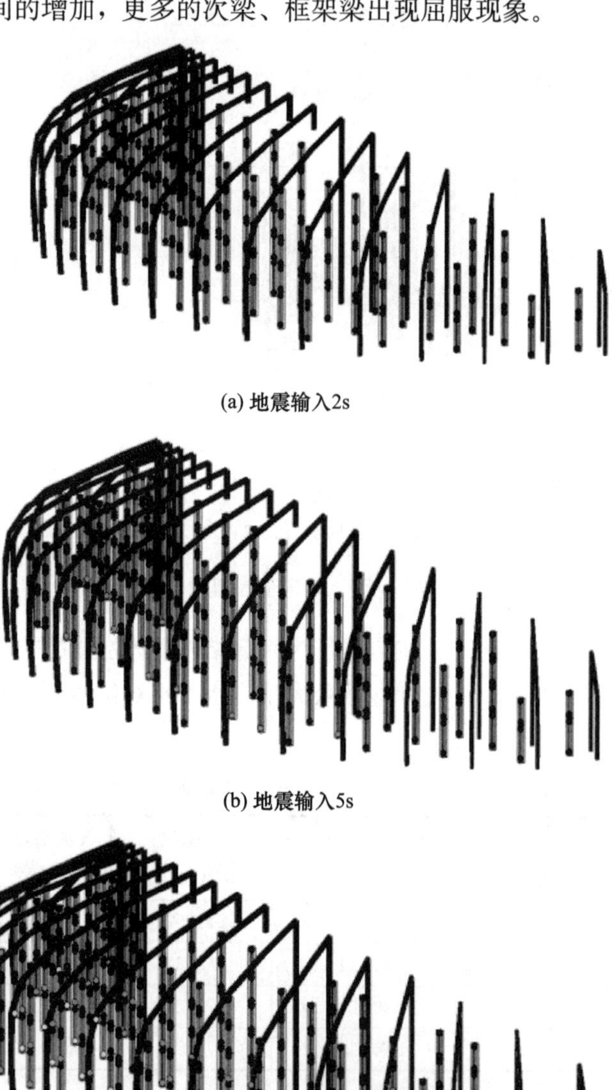

(a) 地震输入2s

(b) 地震输入5s

(c) 地震输入10s

图 2.33　框架柱的损伤发展顺序及屈服状态

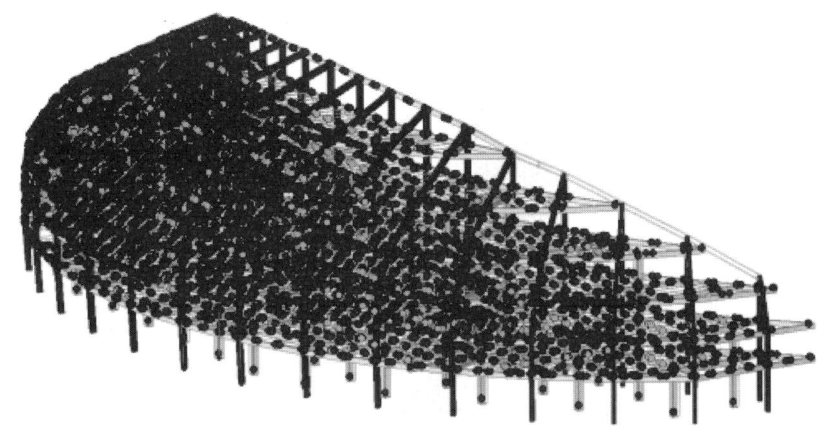

(a) 地震输入2s

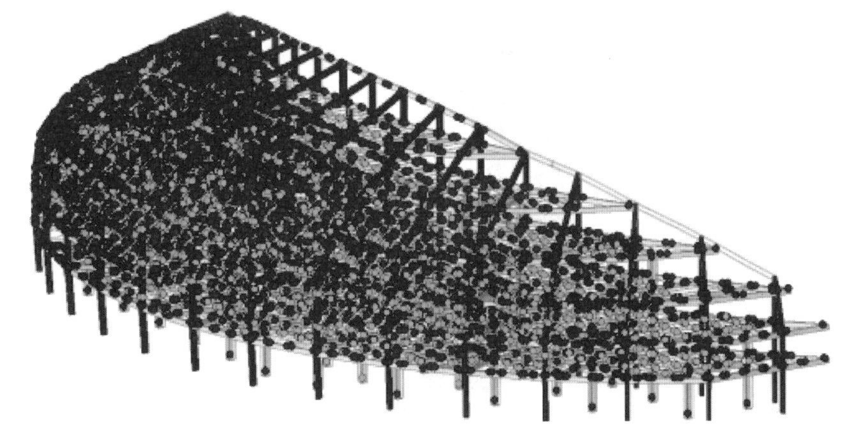

(b) 地震输入5s

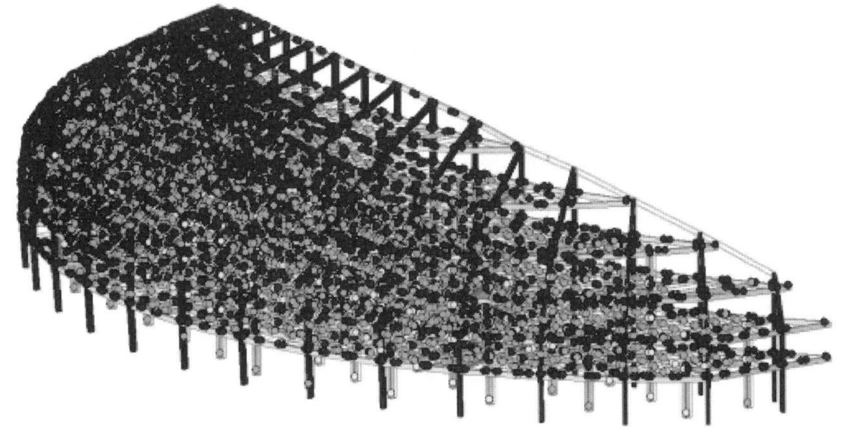

(c) 地震输入10s

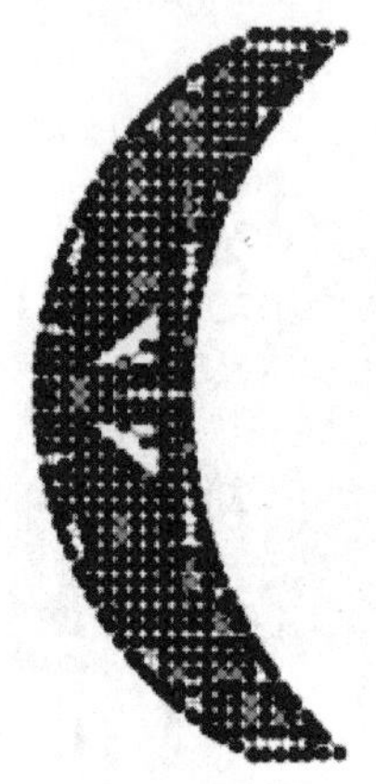

(d) 地震输入2s（第1层框架梁与次梁屈服状态）

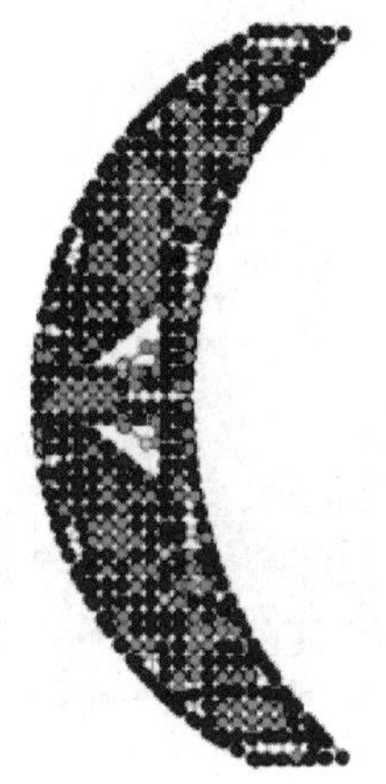

(e) 地震输入5s（第1层框架梁及次梁构件屈服状态）

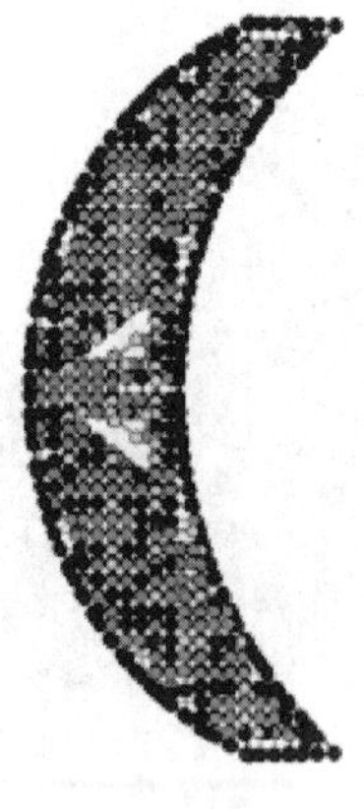

(f) 地震输入10s（第1层框架梁及次梁构件屈服状态）

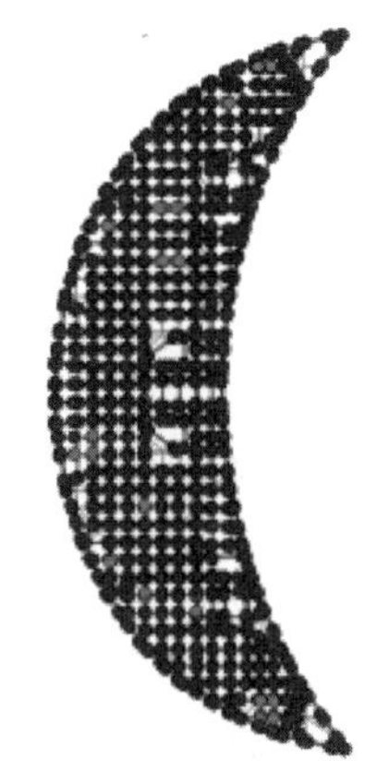

(g) 地震输入2s (第5层框架梁及次梁构件屈服状态)

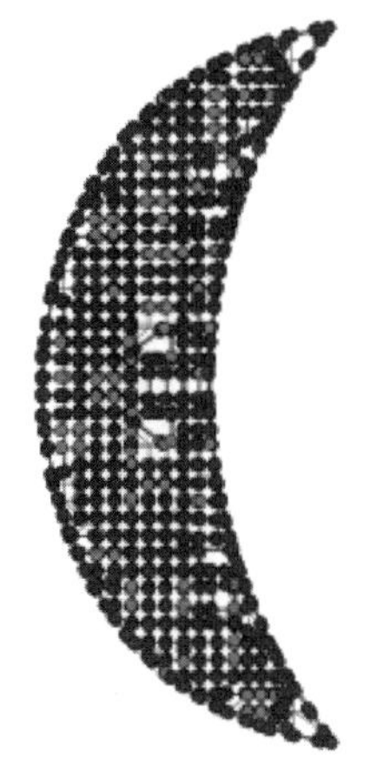

(h) 地震输入5s (第5层框架梁及次梁构件屈服状态)

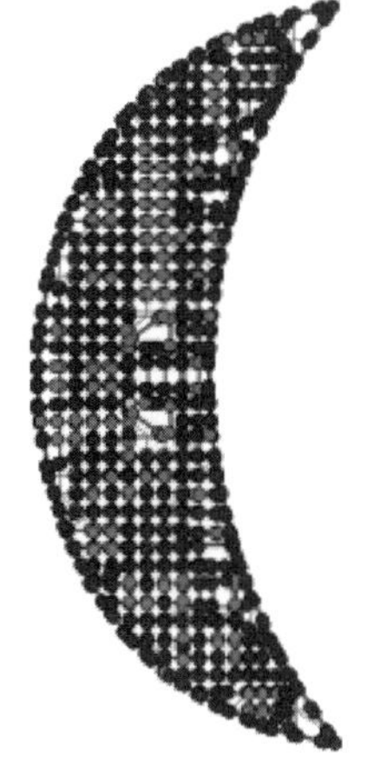

(i) 地震输入10s (第5层框架梁及次梁构件屈服状态)

图 2.34　框架梁、次梁和环梁的损伤发展顺序及屈服状态

2.6 结构抗震性能结论

2.6.1 结构位移响应总结

表 2.25 给出了结构在罕遇地震下动力弹塑性分析的位移响应汇总。

表 2.25 结构位移响应汇总

地震记录（m）	结构顶层 X 向最大位移（m）	结构顶层 Y 向最大位移（m）	X 向 最大层间位移角	Y 向 最大层间位移角
L0184～L0186	0.124	0.098	0.008696	0.009901
L0640～L0642	0.083	0.067	0.005376	0.003588
L845-1～L845-3	0.095	0.078	0.007042	0.004926
包络值	0.124	0.098	0.008696	0.009901

从表 2.25 中可以看出，罕遇地震动力弹塑性分析得到的结构两方向最大层间位移角均小于规范要求的结构弹塑性层间位移角 1/67。

2.6.2 结构基底剪力总结

结构在罕遇地震下基底剪力与多遇地震下的基底剪力对比见表 2.26。

表 2.26 罕遇地震下弹塑性分析与多遇地震下弹性分析的基底剪力对比

地震记录	X 方向 大震剪力（kN）	X 方向 小震剪力（kN）	倍数	Y 方向 大震剪力（kN）	Y 方向 小震剪力（kN）	倍数
L0184～L0186	81207	31874	2.55	88248	20890	4.22
L0640～L0642	58634	28944	2.03	57924	34517	1.68
L845-1～L845-3	73523	25222	2.92	71673	28299	2.53

由于大震加速度峰值是小震的 5.71 倍，可知大震下弹塑性反应与大震下弹性反应相比，基底剪力有减小的趋势，这可能是由于梁柱构件发生塑性破坏，刚度降低，同时阻尼增加所致。

2.6.3 结构破坏形态及抗震性能总结

1）输入各工况罕遇地震波进行时程分析后，结构竖立不倒，主要抗侧力构件没有发生严重破坏，大部分框架梁参与塑性耗能，但不至于引起局部倒塌和危及结构整体安全，大震下结构性能满足“大震不倒”的要求。

2）在罕遇地震波输入过程中，结构的破坏形态可描述为：结构次梁最先出现塑性铰，然后次梁损伤不断增加；随着时间的推移，外框架梁也开始屈服，而连接外框架柱及肋的梁在框架柱端屈服较晚，在罕遇地震下结构大部分框架梁进入塑性阶段参与结构整体塑性耗能。

3）除了顶层框架柱和底部型钢柱出现开裂外，整个外框柱在罕遇地震作用下基本保持弹性工作状态，说明外框柱作为重要抗侧力构件在罕遇地震作用下保持良好的工作状态，同时建议在设计时适当增加顶层框架柱的配筋率，控制裂缝发展宽度。

4）罕遇地震作用下，结构楼层位移角时程包络满足不大于 1/50 的抗震设防要求。

整体来看，结构在罕遇地震输入下的弹塑性反应及破坏机制，符合结构抗震工程的概念设计要求，抗震性能达到“大震不倒”的抗震性能目标。

2.7 结构关键节点设计与分析

分析软件采用美国 Abaqus 公司开发的大型通用有限元分析程序 Abaqus，选用的单元为 Abaqus 程序单元库中的三维实体单元 C3D8R，每个单元有 8 个节点，每个节点有 3 个自由度。分析时采用的单位为 N·mm。网格划分采用的是 Abaqus 程序自带的结构网格划分技术。结构网格划分技术会根据所设的节点疏密程度进行自动划分。

2.7.1 单拉梁肋节点应力分析

2.7.1.1 计算简图

有限元几何模型如图 2.35 所示。

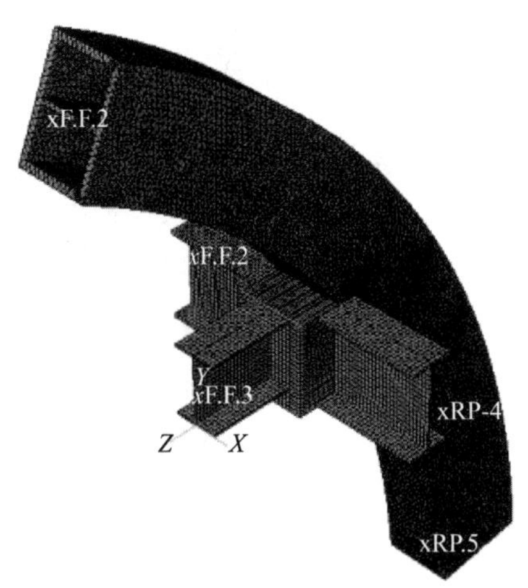

图 2.35 单拉梁肋节点有限元模型

2.7.1.2 材质

模型中型钢材质均为 Q345，弹性模量为 $E=2.06\times10^5$MPa，泊松比取 0.3。

2.7.1.3 有限元计算结果

对单拉梁肋节点进行有限元分析（图 2.36～图 2.41）。

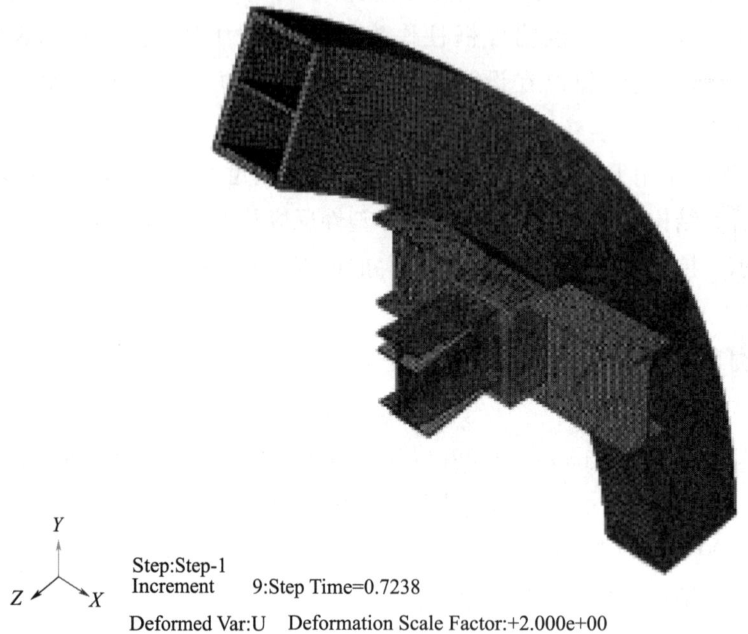

图 2.36 结构变形前后对比图（单位：mm）

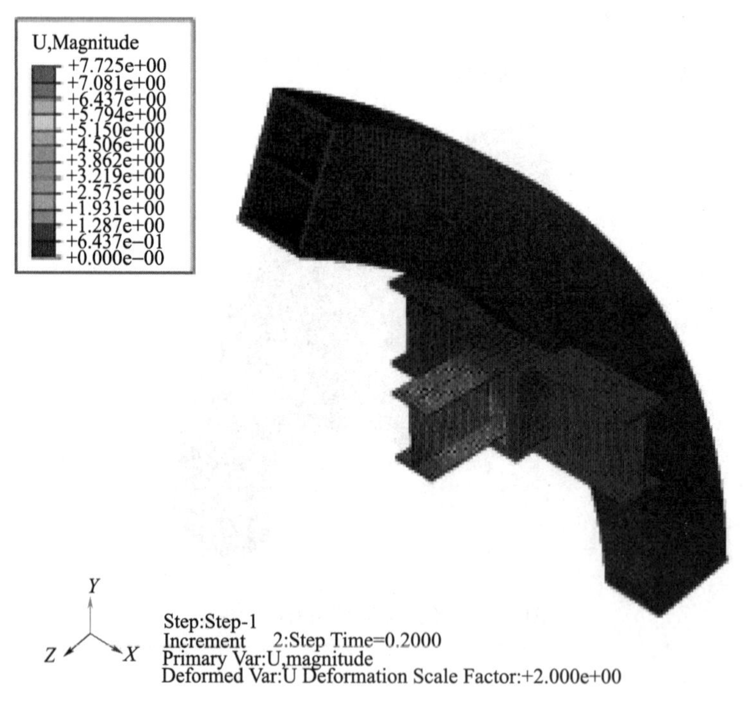

图 2.37 整体位移云图（单位：mm）

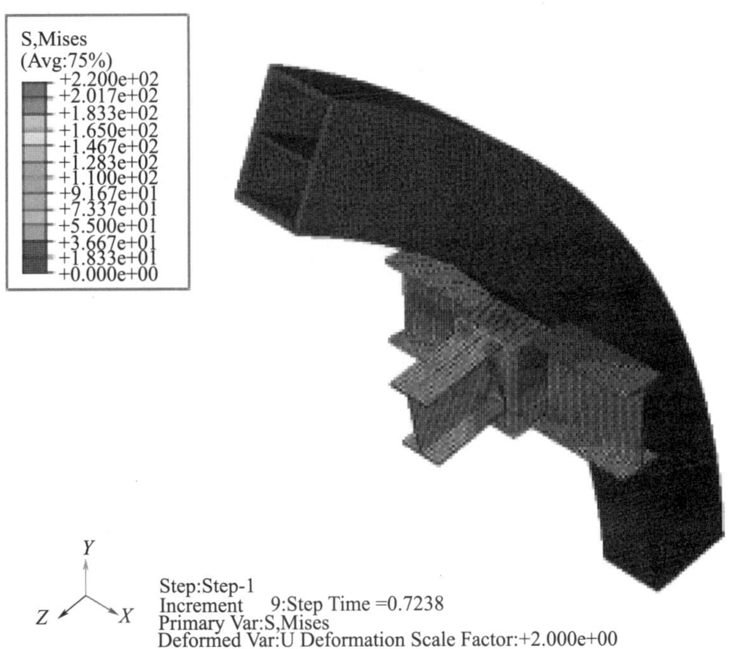

图 2.38 Mises 应力云图（单位：MPa）

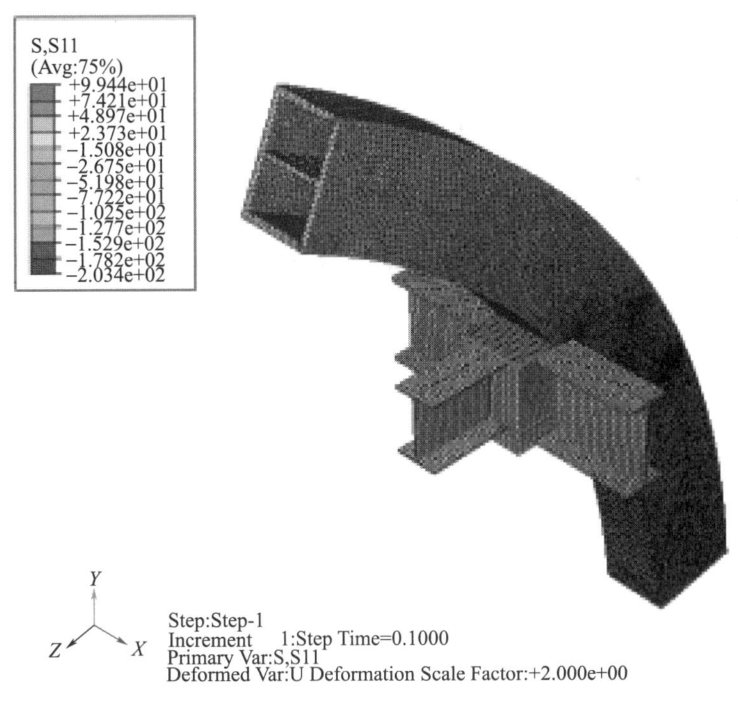

图 2.39 第一主应力云图（单位：MPa）

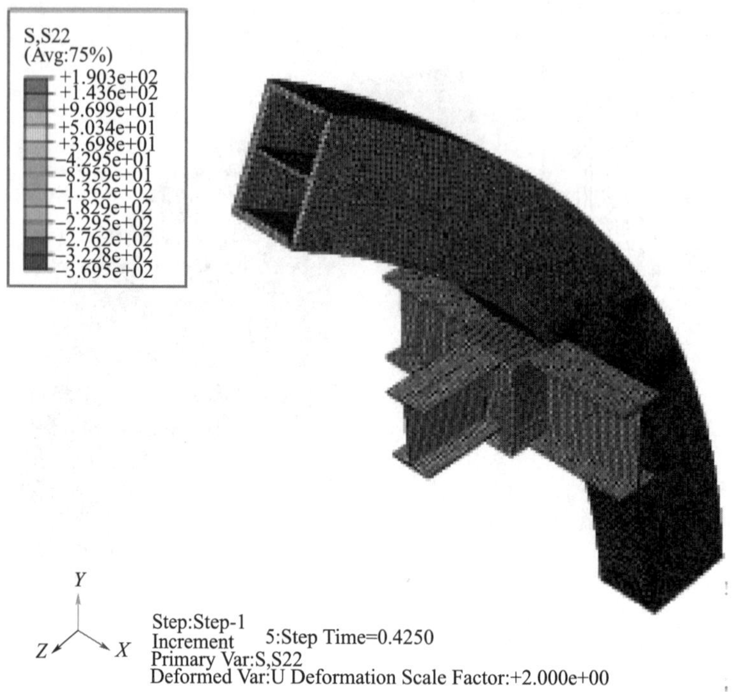

图 2.40 第二主应力云图（单位：MPa）

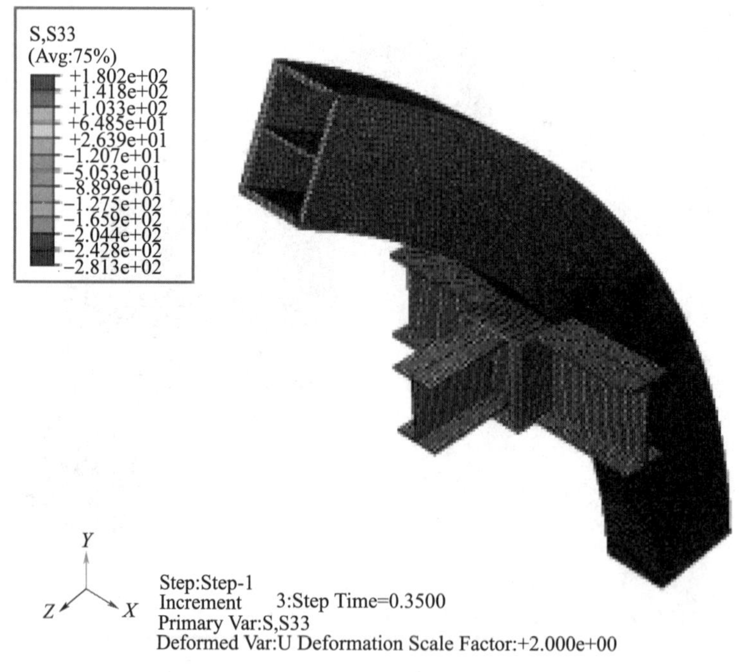

图 2.41 第三主应力云图（单位：MPa）

2.7.1.4 结果分析

计算结果表明，等效应力（Mises 应力）最大点为 220MPa，最大变形为 7.725mm。可以判定节点在工作状态是安全的。

2.7.2 双拉梁肋节受力有限元分析

2.7.2.1 计算简图

有限元几何模型如图 2.42 所示。

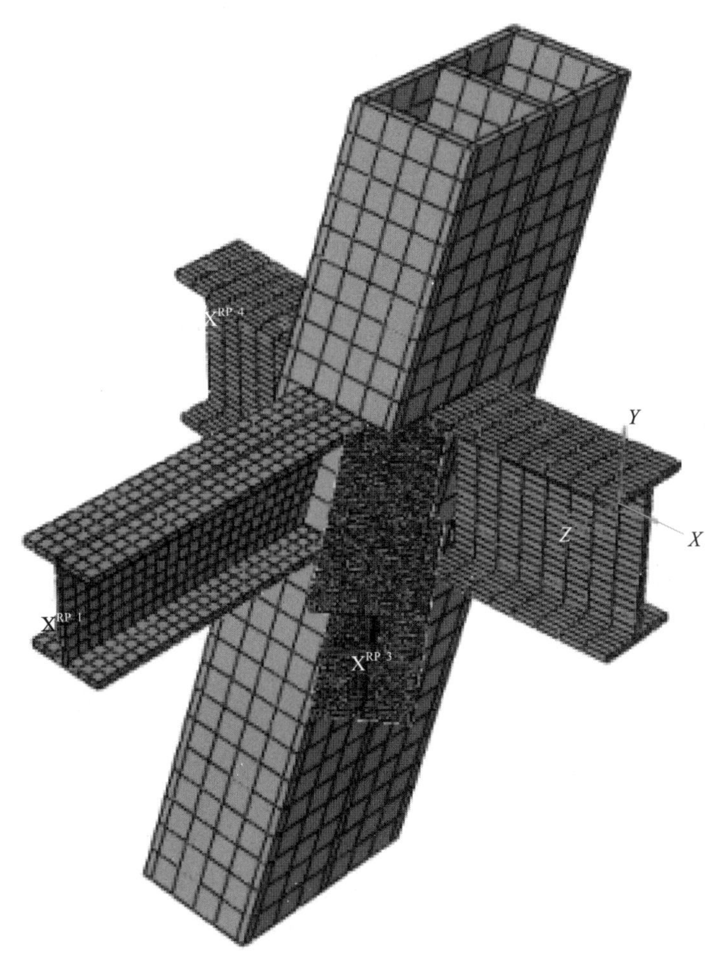

图 2.42 双拉梁肋节点受力有限元模型

2.7.2.2 材质

模型中型钢材质均为 Q345，弹性模量为 $E=2.06\times10^5$ MPa，泊松比取 0.3。

2.7.2.3 有限元计算结果

对双拉梁肋节点进行有限元分析（图 2.43～图 2.48）。

图 2.43 结构变形前后对比图（单位：mm）

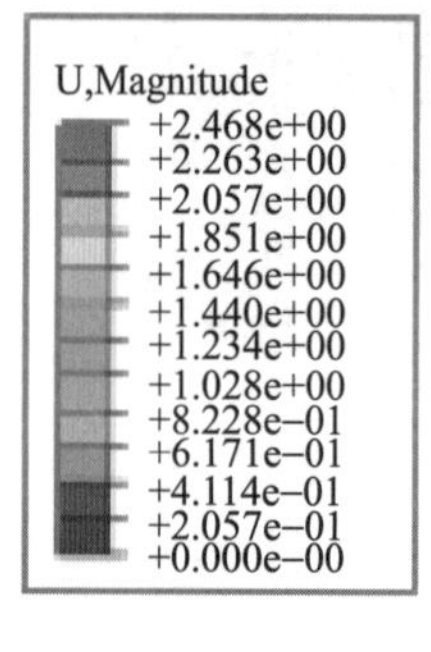

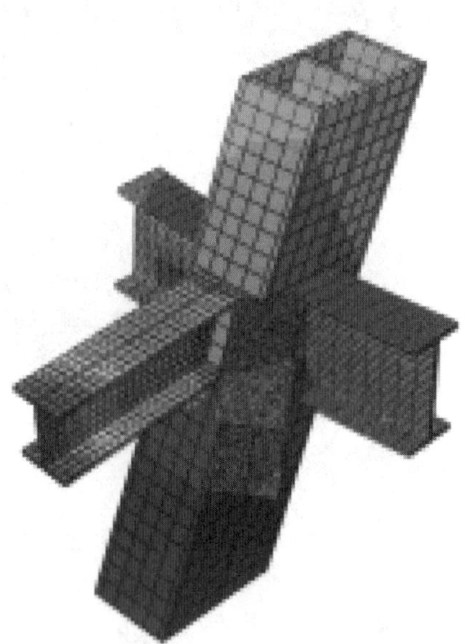

图 2.44 整体位移云图（单位：mm）

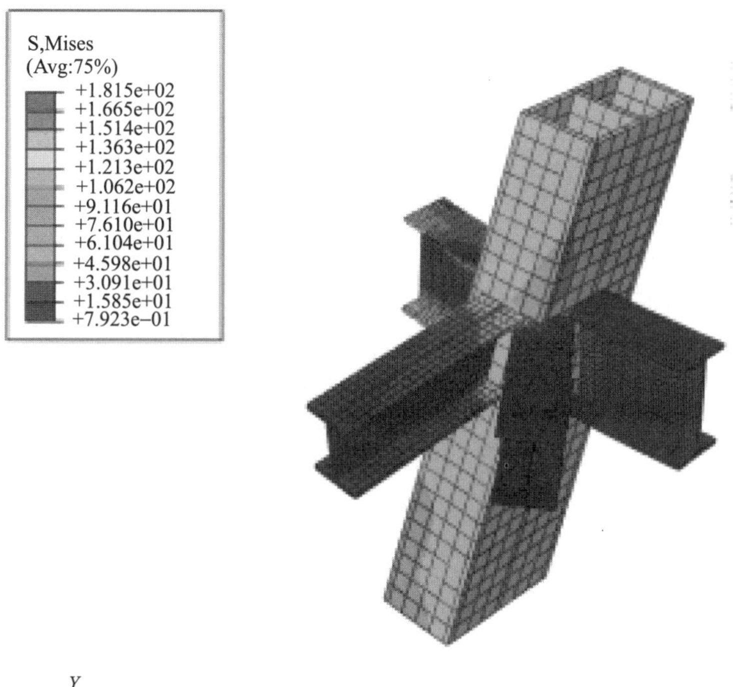

图 2.45　Mises 应力云图（单位：MPa）

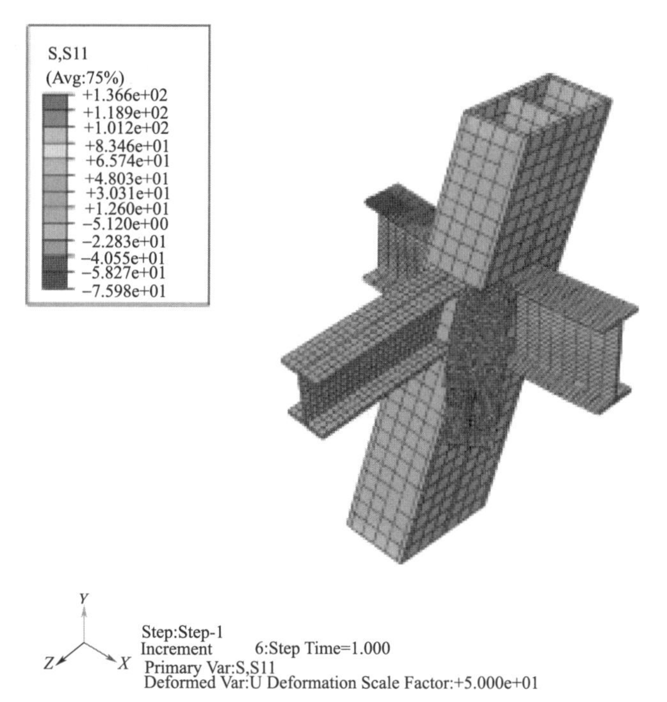

图 2.46　第一主应力云图（单位：MPa）

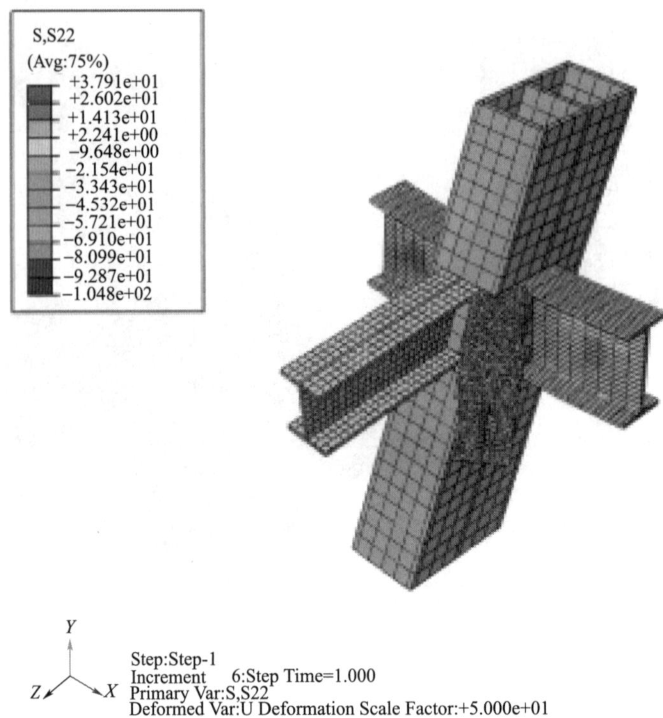

图 2.47 第二主应力云图（单位：MPa）

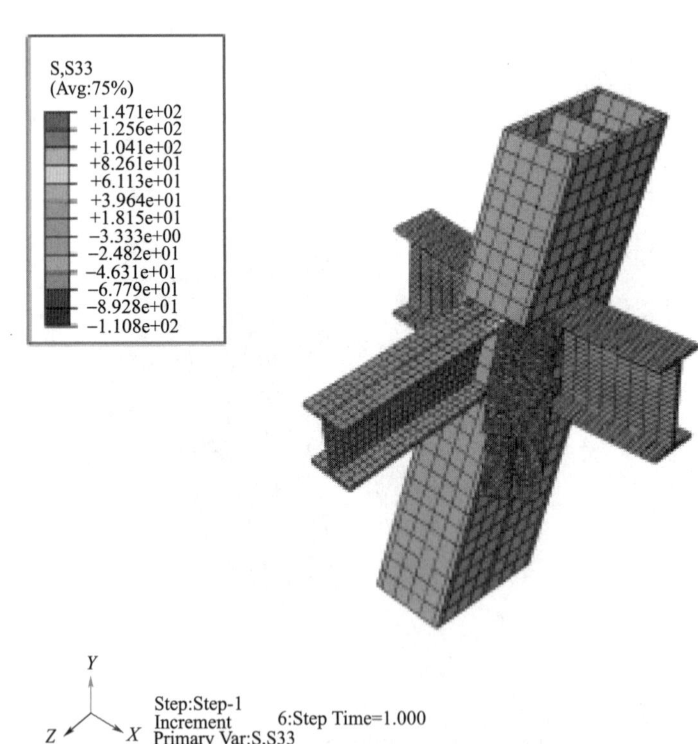

图 2.48 第三主应力云图（单位：MPa）

2.7.2.4 结果分析

计算结果表明，等效应力（Mises应力）最大点为181.5MPa，最大变形为2.468mm。可以判定节点在工作状态是安全的。

2.7.3 肋根部转换节点应力分析

2.7.3.1 计算简图

有限元几何模型如图2.49所示。

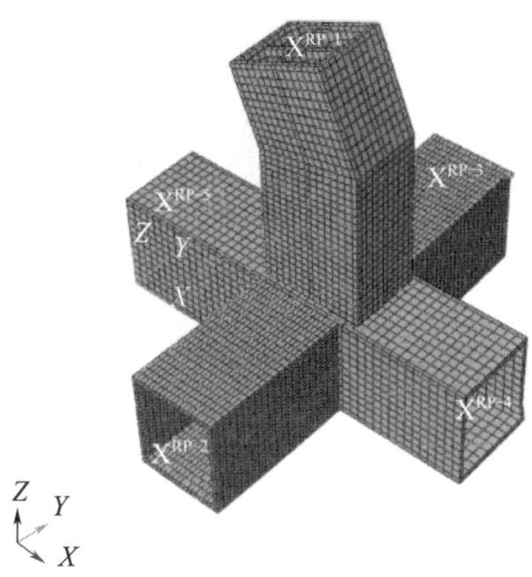

图2.49 肋根部转换节点受力有限元模型

2.7.3.2 材质

模型中型钢材质均为Q345，弹性模量为$E=2.06\times10^5$MPa，泊松比取0.3。

2.7.3.3 有限元计算结果

对肋根部转换节点进行有限元分析（图2.50～图2.55）。

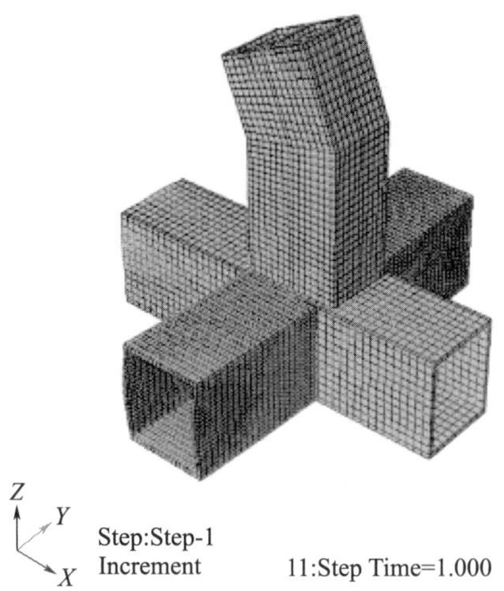

图2.50 肋根部转换节点有限元模型示意图

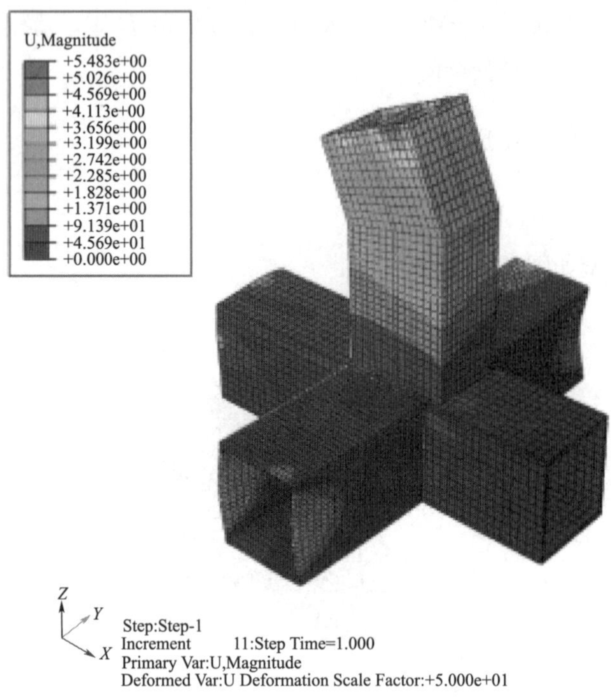

图 2.51 整体位移云图（单位：mm）

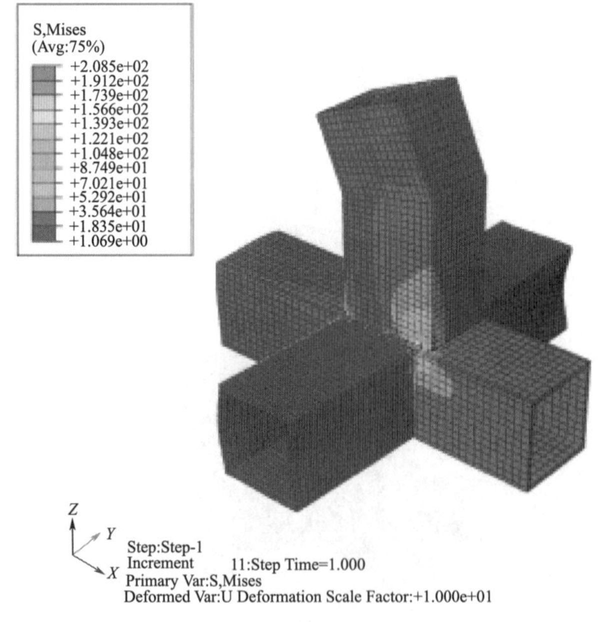

图 2.52 Mises 应力云图（单位：MPa）

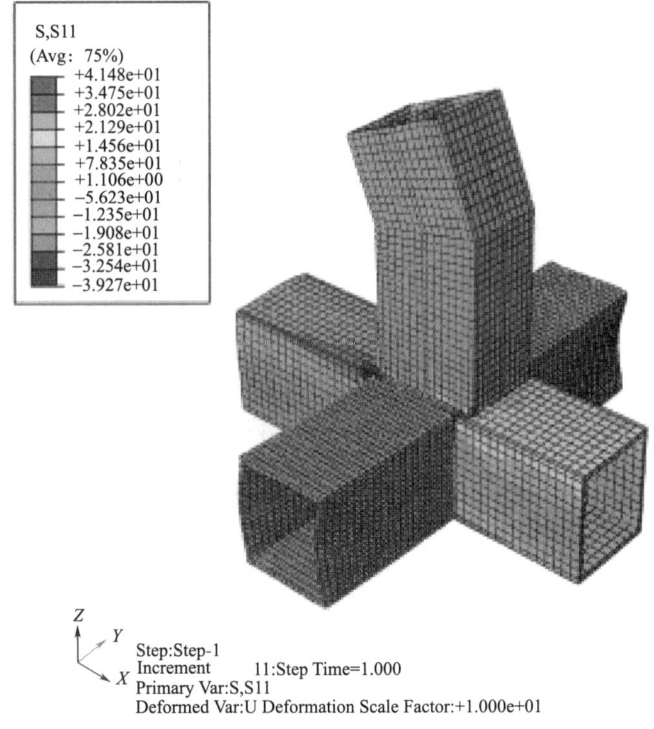

图 2.53 第一主应力云图（单位：MPa）

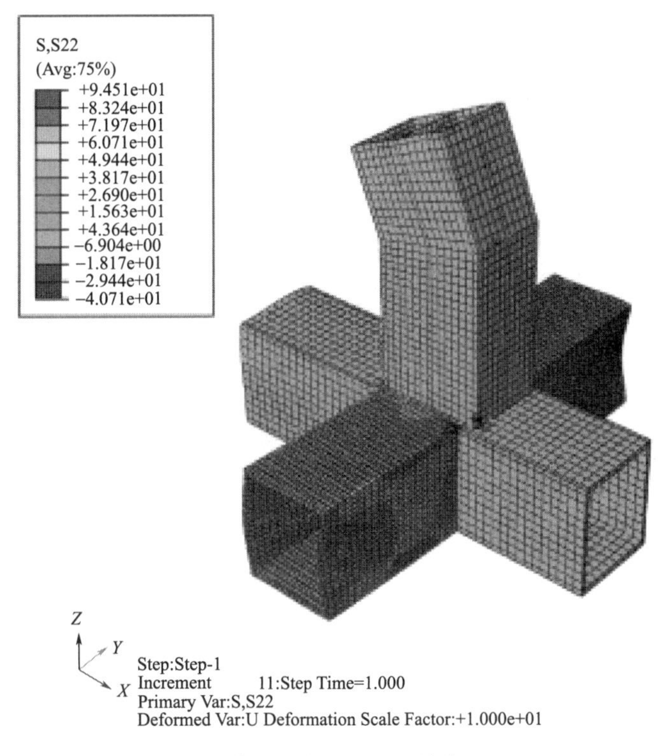

图 2.54 第二主应力云图（单位：MPa）

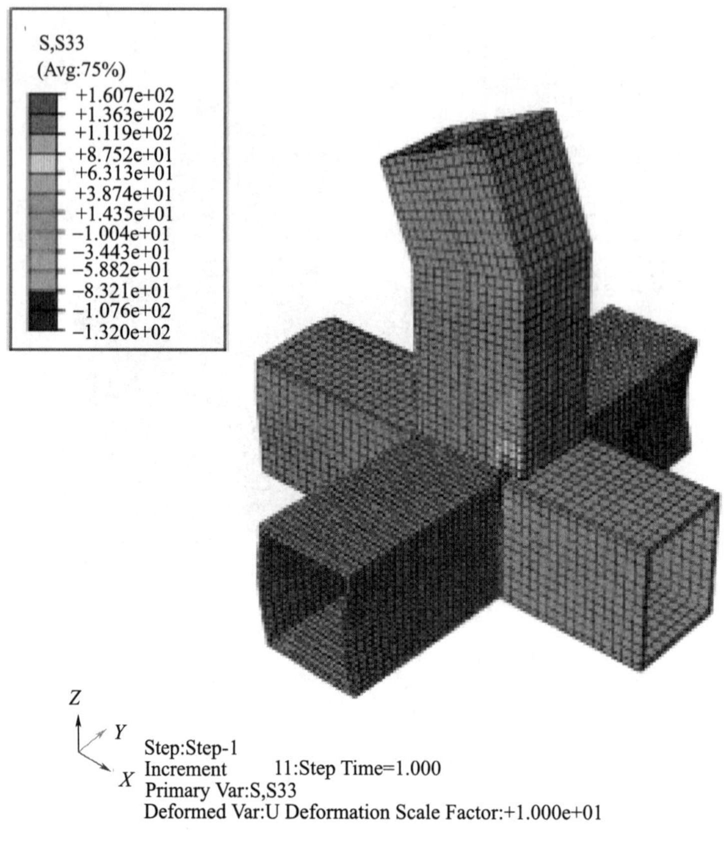

图 2.55 第三主应力云图（单位：MPa）

2.7.3.4 结果分析

计算结果表明，肋根部转换节点等效应力（Mises 应力）最大点为 208.5MPa，最大变形为 5.483mm。可以判定节点在工作状态是安全的。

2.7.4 计算结果分析结论

综合以上多种计算程序的分析比较结果：本工程主体结构体系成立，结构选型可靠。本工程的结构选型、结构计算、结构构造均控制在现行规范标准及现有结构技术条件内。结构的承载力及位移均满足规范要求，结构主要构件具有较好的承载力和延性，已按照相关规范及法规的要求对关键部位和重要构件采取相应的抗震性能设计和技术加强措施。

3 钢结构加工及安装

3.1 钢结构深化设计

近年来，现代建筑材料、施工技术较之前相比获得显著发展，钢结构工程凭借一系列优势在各种高层、超高层、大跨大空间与大型公共建筑中获得广泛的应用，如强度高、自重轻、标准化加工、造型美观以及施工周期短等。在现实生活中，钢结构建筑有很多，如北京鸟巢、水立方、天津体育场等。由于钢结构构件节点数量多、种类多，再加上造型、受力都比较复杂，因此每个构件都需要详细的施工图做依托，换言之即需要钢结构深化设计。深化设计在钢结构施工中始终都扮演着至关重要的角色，其设计质量的高低在一定程度上会直接关系到能否对设计图纸进行严格、有效的贯彻与执行，能够进一步补充与完善施工图纸，因此会直接关系到整个工程的施工进度、施工质量。

钢结构建筑最重要的组成部分是各种钢结构构件，钢结构构件的加工质量和效率决定了钢结构的性能和钢结构工程的进度与成本。钢结构深化设计是构件加工制作的重要一环，大型钢结构工程复杂节点的深化设计应充分考虑工厂的加工工艺水平和施工现场条件、施工方案，使之能有效指导作业。钢结构的加工制造还应分析构件的特点，不断改进加工工艺和技术水平，采用程序控制自动机具，缩短加工制造过程，保证产品质量，提高生产率。

3.1.1 钢结构深化设计概述

（1）深化设计的内容

如今，随着时代的发展与社会的进步，人们越来越追求建筑设计理念，要求除了满足最基本的功能需求还需要确保其外观美、形式美，再加上现代建筑设计的发展方向日趋多元化、智能化、高精尖，因此对结构外观所提出的要求更为严谨、更高。由于钢结构工程比较复杂，受力复杂、节点烦琐等，因此有必要详细拆解每个复杂构件，如此才能更好地进行制作与施工。基于此，在钢结构施工之前进行深化设计十分有必要，如此一来能够对原设计图进行仔细的检索与核校，通过对图纸的补充与完善，从而取得理想的设计效果。

目前大型的钢结构工程设计一般采用两个阶段设计法，即钢结构设计图和钢结构详图两个阶段。长期的建设经验表明，两个阶段出图做法分工合理，有利于保证工程质量并方便施工。在原有设计图纸上开展深化设计工作，需要结合相关施工工艺流程与专业配合做好二次优化设计工作，即项目特点、构件加工、现场施工条件、运输与安装等。具体内容较多，如绘制加工详细图、优化钢结构节点、解决混凝土结构碰撞、穿筋孔预留、结合型钢桁架相互配合屋面桁架和装饰幕墙结构。同时，还包括优化处理节点、分段长度与质量合理，确保能够更加方便地加工、运输构件，为现场施工提供极大便利。

深化设计是根据业主提供的设计蓝图、技术要求及图纸会审答疑为依据，结合工厂制作条件、运输条件，并考虑到现场安装的方案及土建施工条件进行钢结构部分的详图深化。通过精心的深化设计，将结构设计、加工工艺、施工安装技术集成、融合为一体，将设计意图和理念体现于深化设计的同时又尽可能地减小复杂钢构件的加工难度。

深化设计涉及工厂制作，过程运输，现场安装，同时在现场安装时还应考虑与土建，机电设备、给排水、暖通等多个专业的交叉配合。为保证构件的加工制作、长途运输、现场安装的顺利进展，保证钢结构的施工质量，本工程在钢结构安装项目部下专门设置钢结构深化设计部，钢结构安装项目部协调监督，对钢结构进行深化设计与深化管理。

(2) 深化设计的原则

一般来说，大型复杂钢结构工程深化设计的重点是其中复杂节点的深化设计。对空间曲面肋梁结构中的曲面肋梁和转换节点，其汇交杆件多而使得深化设计的难度加大不少，且节点深化设计时必须首先考虑强度和刚度的设计要求，节点的深化设计在分析节点的连接工艺和条件的基础上，合理地确定连接节点的形式、连接方法和具体的构造。

为了在复杂工程背景下能更好地完成钢结构深化设计，深化设计工作可以按照以下原则进行：

首先，严格按照施工设计蓝图、会议纪要与图纸答疑，在维持原设计结构布局与形式、原构件截面、材料等级与节点类型等都不变的情况下，放样处理各个细部节点，二次深化设计标注尺寸与分段杆件标号等，且确保符合工程作业计划高效实施要求。在深化设计中应确定好所涉及构件的尺寸规格，提高它们的安装质量。其次，对每个零部件进行分类编码，合理地选择装配节点、焊缝坡口形状。最后，完成加工细节的绘制，并将生产工艺确定下来。总之，深化设计能够有效地补充施工图纸，在建筑外观造型美观、结构安全的情况下能够制定更加科学且合理的施工方案，且能够将施工工艺联系起来，确保能够顺利地开展后续施工，确保工程任务保质保量的完成。

3.1.2 钢结构深化设计的方法

当前，辅助建模系统计算程序如 AutoCAD、MST 等软件被广泛应用到钢结构计算与详图设计中。在 AutoCAD 等软件的帮助下，在对设计图纸进行放样、建模操作时必须严格按照 1∶1 的比例，密切观察各梁柱节点钢柱、钢筋等，充分考虑施工中可能出现的问题。在设计软件的帮助下，完成深化设计加工图的制作，按照 1∶1 的比例可以完成实体建模，在三维模型中方便检查人员及时发现钢构件与钢构件、钢构件和混凝土之间的空间位置关系，且能够将加工详图向 AutoCAD 格式转换，并在这一格式下做好标注、整理工作，最终有助于深化设计图的形成。通过软件细化，能够将二维视图转化为三维视图，如此可以更加直观地展现各个构件的空间关系，及时发现碰撞问题的有无。在建成整体建模和节点处理以后，可以借助软件本身的功能导出 DWG 格式，然后借助 AutoCAD 软件更好地进行标注、调图、套图、签出图等操作。软件配备针对本工程特点，主要采用 AutoCAD 软件进行深化设计、配合设计软件采用 SAP2000、midas、ANSYS 等设计软件，分别进行建模绘图、节点计算、有限元分析。

AutoCAD 是现在较为流行、使用很广的计算机辅助设计和图形处理软件。在 CAD 绘图软件的平台上，本项目根据多年从事本行业设计、施工经验自行开发了一系列详图设计辅助软件，能够自动拉伸各种截面进行结构的整体建模；对构件设计能够自动标注尺寸、出具详细的材料表格；对节点设计能够自动标注焊接形式、螺栓连接形式、统计出各零件尺寸及质量等。本工程出图最终电子存储备案文件以 CAD 图纸为主，采用灵活性能比较好的 CAD 绘图软件进行详图辅助设计。本工程的典型节点设计首先采用手工计算、ANSYS 有限元计算分析，然后采用 CAD 进行设计节点出图。CAD 工作环境如图 3.1 所示。

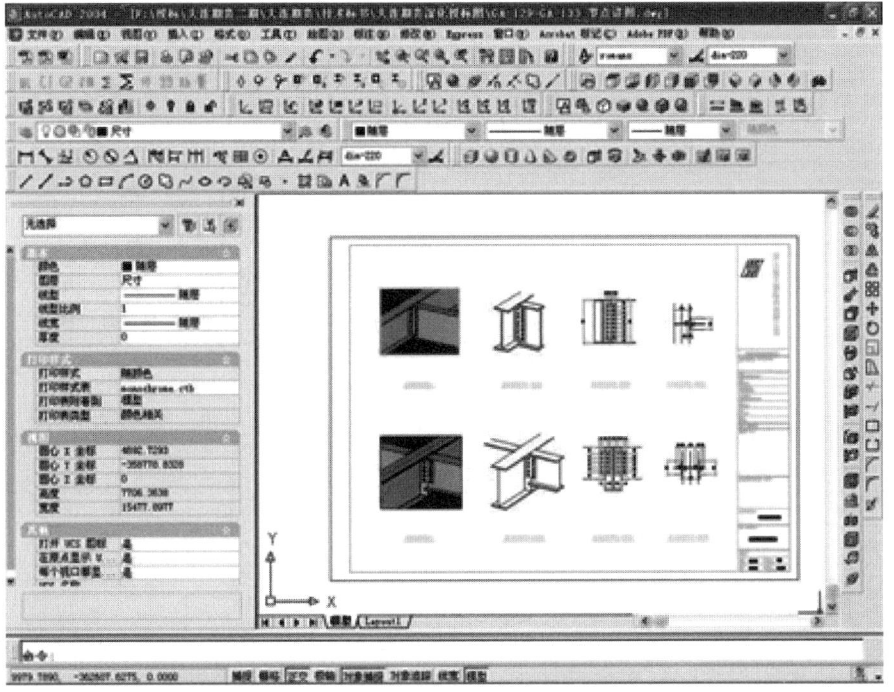

图 3.1　CAD 工作环境

3.1.3　钢结构深化设计的步骤

钢结构详图深化设计的基本思路一般为建立结构整体模型→现场拼装分段（运输分段）→加工制作分段→分解为构件与节点→结合工艺、材料、焊缝、结构设计说明等→深化设计详图。深化设计流程如图 3.2 所示。

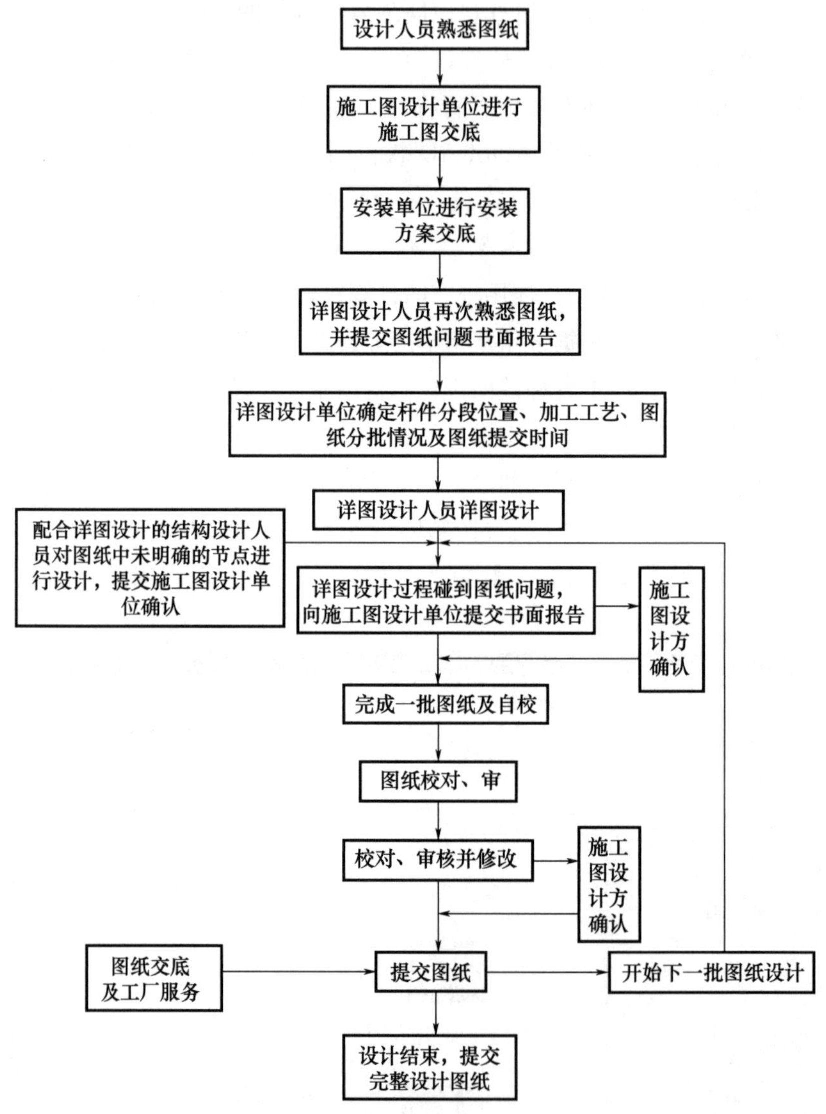

图 3.2　深化设计流程

具体步骤如下：

（1）初步整体建模。

按图纸要求在模型中建立统一的轴网；根据构件规格在软件中建立规格库；定义构件前缀号，以便软件在自动编号时能合理区分各构件，使工厂加工和现场安装更合理方便，更省时省工；校核轴网、钢柱及钢梁间的相互位置关系。

（2）深化设计图的审批。

深化设计部提交深化图和文件，由钢结构安装项目部总工提交总包及设计初审，如初审不合格，退回重新送审。初审合格的深化图和文件，由总包签章发送原设计审批。审批结果分为A、B、C、D四个等级。

A——同意，不需再送审：图纸和文件正确无误，可以实施。

B——同意，需按意见修改：图纸和文件原则上可以接受，但须稍加修改，经总包复审后方可交付施工。

C——再送审，需按意见修改：图纸和文件存在问题，不予接受，须按整改意见重新设计，再经总包初审后发送原设计审批。

D——不同意：图纸存在问题较大，不予以接受，需重新设计并重新送审。

（3）深化设计进度管理。

由深化设计部根据工程总体进度计划编制统一的钢结构深化设计出图计划，编制步骤如下：

依据现场施工总计划和构件进场计划编制详细的深化设计钢材提料计划、建模、出图及深化图送审、图纸下发计划。钢结构安装项目部技术总工按期进行对口督促和检查；深化设计部及时与钢结构项目部等部门协调，并及时调整落实图纸下发计划。深化设计部按时认真填写出图计划的实施记录。

（4）深化设计质量管理钢结构加工安装质量的好坏，在一定程度上与深化图设计质量有关，如果图纸不能保证应有的质量，必然影响构件的加工与安装质量，并导致不必要的返工现象。

钢结构安装项目部为提高深化图的设计质量，可采用的具体做法是：根据原设计师要求，统一深化图的格式、表达方式及送审份数。认真初审深化图及文件，严格遵循原设计意图。坚持深化设计图纸的会签制度，只有深化设计图纸准确无误、各工种都满意会签后才出图交付施工。

（5）深化设计成果。管理本项目深化设计工作量与深化图纸的数量较大，所以，对深化图设计的文档和信息管理十分重要。应借鉴以往工程的管理经验，运用计算机信息管理系统，高效、准确地管理钢结构深化图设计信息。

1）深化图设计信息输出文件的管理。

深化设计过程中，向设计、监理、业主报送各种有关深化设计图纸、模型、报表等信息，将由深化设计部统一对此类信息进行管理，所有输出文件由深化设计负责人审批签发，统一输出，同时原稿装订成册，录入输出时间、输出对象、输出意图等信息，以便备查。

2）深化图设计信息输入文件的管理。

深化图设计过程中，收到业主、设计、各专业分包商发来的有关深化设计的各种信息，由钢结构安装项目部统一登记，并签发深化设计部，再由深化设计部转发制作的有关部门。最终处理意见和文件原本返回信息收发处集中转发和归档备案。

3.1.4 深化设计实施细则

深化设计工作为工程设计与工程施工的桥梁，需要准确无误地将设计图转化为直接供施工用的制造安装图纸。同时，还需考虑与各相关专业的施工措施，并绘制在深化图中，以便与各专业之间能很好地协调配合。深化设计需严格以设计规定的规范、行业标准、规程作为依据；依据合理的计算规则进行相关验算。从节点构造、构件的结构布置、材质的控制等方面对设计进行合理优化，使设计更加完善。为了便于施工管理，应编制详细的零部件编号规则及深化设计流程。

3.1.4.1 深化施工详图的表达内容

(1) 标准的、经业主许可的图框。

(2) 图纸目录，至少应包含以下内容：

1) 深化设计图号；

2) 构件号、构件类别；

3) 图纸的版本号以及提交的日期；

4) 其他临时要求的相关信息。

(3) 钢结构深化设计总说明，主要应包含以下内容：

1) 工程概况及设计依据（主要遵照设计、施工规范、规程）；

2) 钢材、焊接材料、螺栓、涂料等材料选用说明、依据及建议；

3) 结构钢材的交货状态；

4) 加工、制作、安装的技术要求和说明；

5) 焊接、除锈等工艺的质量要求；

6) 构件的几何尺寸以及允许偏差；

7) 焊接剖口形式、焊接工艺、焊缝质量等级及无损检测要求；

8) 深化设计图视图方向说明、构件编号原则等；

9) 其他需要说明的内容。

(4) 典型节点与焊缝通用图。

(5) 布置图（包括剖面布置图）至少应包含以下内容：

1) 完整的平、立、剖面表达图；

2) 构件编号、安装方向、标高、安装说明、所安装构件编号列表；

3) 现场连接节点大样（表示出具体的工艺做法）等一系列安装所必须具有的信息。

(6) 构件加工图，至少应包含以下内容：

1) 构件三维轴测图及完整的平、立、剖面表达图；

2) 构件细部、材料表、材质说明、构件编号、焊接标记、连接细部、过焊孔、索引图等；

3）螺栓与栓钉统计表、标记、规格；

4）轴线号及相对应的轴线位置；

5）加工、安装所必须具有的尺寸；

6）构件方向标记；

7）图纸标题、编号、改版号、出图日期；

8）加工厂及安装所需要的必要信息、说明等；

9）零件详图。

3.1.4.2 深化设计建模、出图步骤

本项目拟采用 AutoCAD 软件进行深化设计。具体设计时一般按以下 7 个步骤进行。

（1）结构整体定位轴线的确立

按图纸要求在模型中建立统一的轴网；根据构件规格在软件中建立规格库；定义构件前缀号，以便软件在自动编号时能合理区分各构件，使工厂加工和现场安装更合理方便，更省时省工；校核轴网、钢柱及钢梁间的相互位置关系。这样可以保证 AutoCAD 软件深化出来的模型与图纸上完全吻合，从而保证构件拼装的精度。

（2）创建完整的截面、螺栓等参数

根据施工图、构件运输条件、现场安装条件及工艺等方面创建适合本工程所用到的所有截面、螺栓。

（3）整体三维实体模型杆件的建立，并由专人对模型的准确性、节点的合理性及加工工艺等各方面进行校核，运用软件中的校核功能对整体模型进行校核，防止各钢构件间相碰。

（4）节点的建立

在整体模型建立后，需要对每个节点进行装配，结合工厂制作条件、运输条件，考虑现场拼装、安装方案及土建条件。

（5）零部件编号

模型校核后，运用软件中的编号功能对模型中的构件进行编号，软件将根据预先设置的构件名称进行编号归并，把同一种规格的构件编号统一编为一类，把相同的构件合并编同一编号，编号的归类和合并更有利于工厂对构件的批量加工，从而减少工厂的加工时间。

（6）生成图纸

编号后生成布置图、构件图、零件图等。在图纸列表对话框中可以修改要绘制的图纸类别、图幅大小、出图比例。

（7）生成相关报表用钢量等资料统计

可以统计选定所有构件的用钢量，并按照构件类别、材质、构件长度进行归并和排序，同时还输出构件数量、单重、总重及表面积等统计信息。软件还能把表格内的统计信息转换为多种格式的文件，以便于制作各种材料统计报表。

3.1.4.3 钢结构节点的计算与分析

(1) 概述

节点作为连接梁柱、梁梁组成结构的重要连接部分，其安全关系到结构整体性能，故节点设计是深化设计中的一个很重要的环节，尤其是本工程节点复杂，是本工程的关键工序，故对本工程中主要的梁柱节点进行有限元分析。

(2) 有限元计算分析方法

1) 计算分析软件。

以下所有节点均采用国际通用的有限元分析软件 ANSYS 11.0 对其各节点进行弹性分析。

2) 单元的选取。

根据节点实体分析和形状极其不规则的要求，选取了可以适应于发展塑性、蠕变、应力刚化、大变形和大应变的 SOLID 92 进行有限元分析。每个单元有 10 个节点，每个节点有 3 个自由度，单元位移模式为二阶。

3) 材料的基本参数。

材料的基本参数见表 3.1。

表 3.1 材料的基本参数

材料	弹性模量 E	泊松比 υ	密度 ρ
钢材	2.06×10^5 N/mm^2	0.3	7.85×10^3 kg/m^3

4) 边界条件与荷载。

以对各节点的约束形式确定其边界条件。

5) 分析准则。

有限元分析主要考虑了 Mises 应力分布（图 3.3），并根据应力分布结果对节点安全性进行评价。

3.1.5 重难点和深化过程中需考虑的因素

空间曲面肋梁结构主要钢构件包括预埋件、十字形劲性柱、箱形劲性柱、日字形钢肋梁、箱形劲性柱、H 形劲性钢梁，节点类型包括空间交会节点、钢肋传力转换节点、截面转换节点等。结构杆件种类多，而且截面形式相较于一般钢构件更加复杂，多种节点构造复杂，多数构件具有唯一性，建模精度要求高，使得深化设计工作难度上升。通过对空间曲面肋梁结构特点的分析，结合实际工程特点，日字形钢肋梁及钢肋传力转换节点、截面转换节点是此类工程钢结构构件深化设计的重点和难点。

在钢结构深化设计中，还有一项重要的内容是确定钢构件的分段长度和分段点位置。对肋梁结构，分段点设置在肋梁受力较小处，肋梁与劲性柱的连接节点汇交杆件多，焊缝多，为了避免焊缝的重叠，翼缘板要与节点边缘相距150mm以上。通过深化设计，使该节点构造简单，传力合理，焊缝重叠少，更好地满足加工和现场施工的需要，保证结构的安全可靠。确定构件分段时应充分分析施工现场的场地条件，结合考虑工程的运输条件、安装方案和吊装设备的平面布置及性能指标。

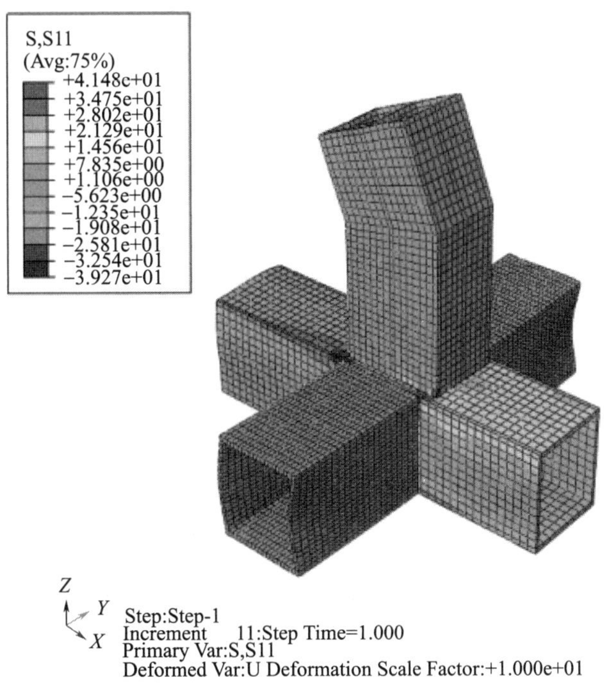

图 3.3 某节点有限元分析模型

(1) 深化设计前进行工艺评审

制作工艺图是钢结构加工制作的直接指导文件，钢构件加工制作前需要对制作工艺评审，得出可实施的具体方案。深化设计前，深化人员应和工艺人员熟悉图纸，对图纸中的信息进行整理，开展工艺评审，物资、商务、生产、检测等相关部门共同参与，对重难点部位的制作工艺进行分析，对特殊的板材、板幅要求、检测要求等予以明确，并提出相关建议，对暂时不明确的问题由深化设计负责人与设计、现场、业主等进行沟通，在深化设计前形成合理的工艺评审文件，在深化设计图中得以体现。

(2) 深化建模、出图时要考虑工艺制作方案

深化建模过程中应紧密结合制作工艺方案。深化设计人员要了解零部件的工厂加工方法，车间施工所用器具的使用方法，零部件的工厂组装顺序，厚板的焊接处理方法、季节变化对加工制作的影响。对这些内容的了解使建模时在依据原设计意图的前提下，结合工艺方案，对节点进行构造设计与处理等。

深化图纸中应提供工艺方案所需的所有信息，图纸是对模型的直观表现，是制作工艺的基本资料，所以深化出图工作尤为重要。这就要求深化人员在图纸中明确地表示构件组装所需的尺寸、零部件编号、数量、材质，各种孔洞的尺寸规格，特别是焊缝的形式，除深化总说明之外对特殊构件的要求、说明。

构件在制作过程中，应考虑消除应力集中问题，除了要做好焊前预热、焊后保温等措施外，在深化设计阶段，同样需对各个部件的相关部位在构造上进行处理，以达到削弱应力集中的目的。例如因板厚度、宽度不同的对接需按要求进行过度处理；工厂焊接、现场焊接的相关部位，需按照规范要求设计合理的弧形过焊孔；深化建模时应多和设计沟通，尽量避免焊缝交叉。

（3）构件分段分节的合理性

分段分节是深化设计建模前首先考虑的基本问题。深化设计前，应和运输、安装等相关单位沟通协调，充分考虑运输的方法、现场塔式起重机布置和吊重能力、现场条件，对安装的分段分节进行核对。检查构件是否超出吊装要求的范围，如果超重应及时和安装人员沟通，划分合理的分段分节以便进行图纸深化。本工程中钢柱构件应考虑竖向荷载作用下的累计沉降量的影响，根据施工情况对沉降量值做明确的说明，并反馈到深化设计，最终在工厂制作时将钢柱进行加长补偿，具体的沉降量值需事先得到原设计、业主、监理等各方的统一意见。

（4）对安装现场临时措施进行合理深化，并进行钢柱、钢梁吊耳的设置与计算，如图 3.4～图 3.6 所示。

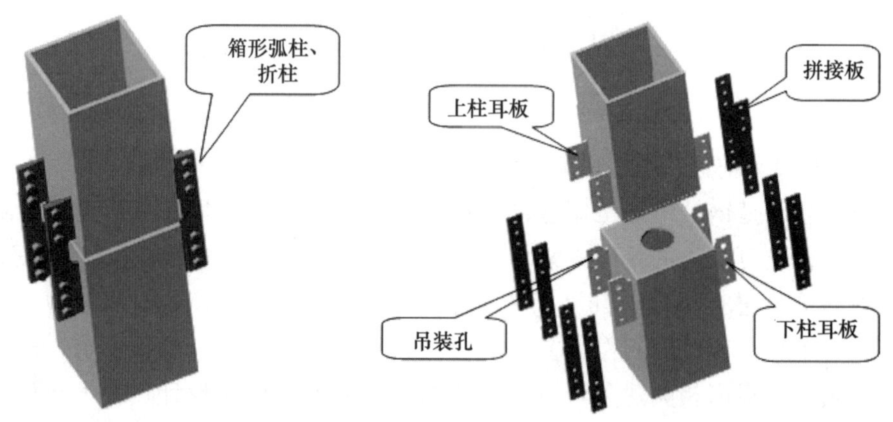

图 3.4　钢柱定位、吊装耳板设置

在深化设计前期，应和安装单位沟通协调，对每种构件吊装措施设计进行交底。钢柱、钢梁的吊耳板的设置和规格，应经各方同意后按规定设置。临时连接板件的设计应满足施工状态下受力的要求，不削弱主体构件的截面，并能便于施工完成后的割除、清理。

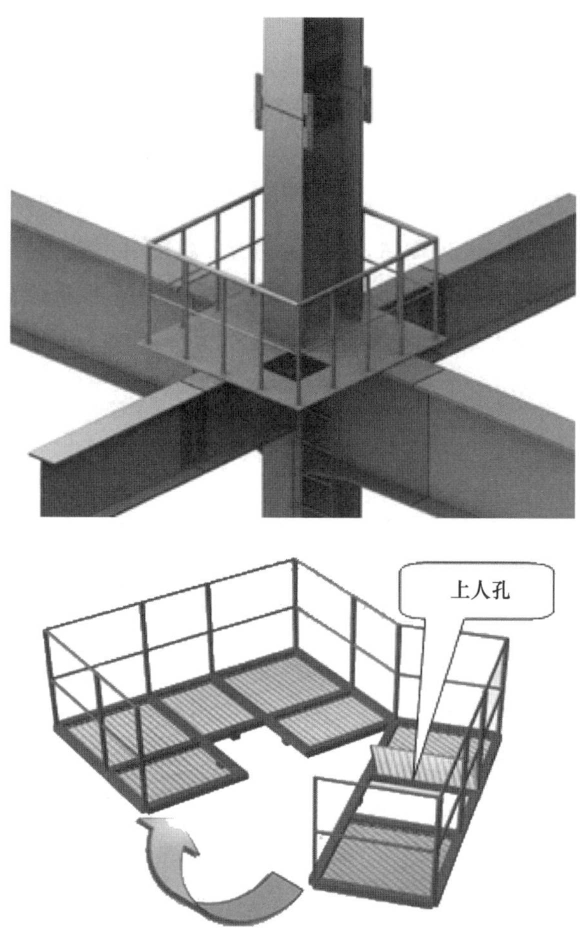

图 3.5 钢柱拼接时挂篮设置

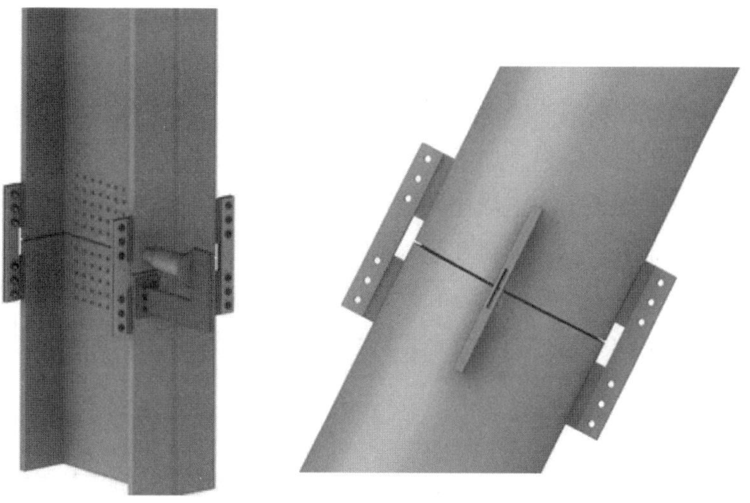

图 3.6 钢柱拼接节点

（5）深化设计与各专业协调配合

在劲性钢结构中，钢筋混凝土构件中钢筋与劲性钢构件之间的矛盾是比较突出的问题。为保证各专业深化设计单位之间紧密联系和有效协调，在深化过程中配备各专业的资深工程师，在项目总工程师的领导下，统一管理和协调各专业之间的矛盾。

钢结构与幕墙连接节点之间的矛盾也是一个非常重要的问题。需要在钢结构深化设计阶段就着手解决两者之间的界面协调问题，我们将在实际施工过程中与幕墙单位紧密联系，将矛盾消除在深化设计阶段，确保现场实施的顺利及保证质量。除此之外，给排水、暖通专业也是在深化设计时应该考虑的问题，要求对各专业图纸非常熟悉，对钢结构交叉并需要深化设计解决的问题，应在图纸中加以设计。

3.1.6　施工详图设计

一般设计院提供的设计图不能直接用来加工制作钢结构，钢结构详图是钢结构设计图转化为钢结构产品的桥梁，这就要求详图设计者必须熟读设计图纸，把蓝图上平面表现的各种线条在头脑里转化为空间的立体结构。要考虑加工工艺，节点放样尺寸、杆件装配、加工余量、焊接控制等因素，根据设计图纸以及发包文件中所规定的规范、标准和要求进行详图设计。应使构件形式、材料规格、连接形式清晰地反映在图纸中。施工详图是最后沟通设计人员与施工人员意图的详图，是实际尺寸、画线、剪切、坡口加工、制孔、弯制、拼装、焊接、涂装、产品检查、堆放、安装等各项工作的详细指导书。这中间一旦某个环节出了差错，就可能造成构件无法安装或者安装错误，给结构安全造成不良后果。钢结构详图供制作、安装和管理用，编制时要充分考虑安装工地的起重能力、运输界限尺寸以及钢材规格等因素，尽量加工装配成完整的大构件，减少类型，简化制造和安装工序。施工详图设计包括以下几个部分。

（1）深化设计总说明

总说明是整套图纸必不可少的一部分，其包含整个工程中的一些重要信息，包括材料的选用、焊接及螺栓的基本要求、防锈及防腐的做法、加工及运输安装的一些规定。这些信息对钢结构工程从备料、加工、安装、维护都起积极的指导作用。相关人员在理解原设计总说明的基础上，加入深化设计图中的一些基本原则，对深化设计的成果、编号规则等加以说明；更进一步明确工艺、制作、安装的相关信息；对总说明中理解不清、制作、安装等有矛盾冲突的地方和设计进行沟通协调并加以澄清，使总说明更加细化，更接近于操作实践。经过细化处理，再注入深化设计的相关信息后的原设计说明即为深化设计总说明。

（2）焊缝通图

本工程主要构件有十字形、H 形钢柱、H 形梁、箱形梁、箱形柱等几种构件类型。为此我们对每种构件形式加以总结，根据本工程的特点、重点、难点，依据原结构设计、制作及安装工艺方法，对各个构件不同部位的焊缝形式以及工厂或工地焊等信息进行详细的明确，形成一套完整的焊缝通用图纸，用来指导零部件、构件的加工安装等各个施工环节。

（3）零件图、构件图、布置图

零件图：主要用于材料采购和工艺排版，是对构件中的每一个小件单元的详细表示。图中给出每个零件的编号、几何尺寸、质量、数量等相关信息。

构件图：主要用于工厂零部件装配和现场构件的安装工作。图中需要标明构件的编号、几何尺寸、截面形式、定位尺寸；确定分段点、节点位置和几何尺寸，连接件形式和位置；焊缝、螺栓数量、连接形式等信息；构件的长度、质量、材料等信息。

布置图：是指导现场施工人员直接进行构件安装施工用图。因现场焊接等施工条件相对工厂较差，所以在深化布置图时要充分考虑现场条件，图中明确给出构件定位、构件编号及清单，并详细表示出焊接部位、施工措施等，以便工人拿到图纸后清晰明白、安全地进行构件安装。

（4）材料清单

除以上图纸之外，设计成果还包含施工过程中用到的其他相关报表与信息资料，以清单的形式统计工程使用材料的情况。

例如构件零件清单、螺栓清单（图 3.7）等。

构件零件清单

工程名称：　　　　　　　　　　　　年　　月　　日

图号	构件\零件名称	规格	单件重	数　量	总　重	备　注

制表：

螺栓清单

工程名称：　　　　　　　　　　　　年　　月　　日

A、高强螺栓部分（级别：　级）				B、普通螺栓部分（级别：　级）			
序号	规格型号	数量（套）	备注	序号	规格型号	数量（套）	备注
1				1			
2				2			
3				3			
4				4			
5				5			
6				6			
7				7			
8				8			
9				9			
10				10			
11				11			
12				12			
13				13			
14				14			
15				15			
16				16			
17				17			
18				18			
19				19			
20				20			

编制：　　　　校对：　　　　接收：　　　　采购：

图 3.7　清单样表

3.2　构件的加工制造

随着建筑业信息化脚步的加快，软硬件不断发展成熟，建筑业各方都在积极探索如何利用信息化手段指导、辅助实际工程施工。复杂造型的空间公共建筑不断出现使钢结构得到广泛应用，也使复杂异型空间钢结构不断涌现，对钢结构建造技术提出了更高的要求。复杂空间异型钢构件数字化建造加工技术解决了异型钢构件加工难度大、精度差等问题。

3.2.1 构件及节点模型确定

在进行结构加工之前，首要的工作任务便是做好模型和确定编号。在具体应用中，需要保证以下设计资料齐全：原设计图纸或其他与原设计图纸性质等同的文件、项目交底文件。交底文件中需包含运输尺寸、质量、构件分段原则、编号原则、现场起重机起吊质量等。起始建立模型的时候，由一位（唯一性）建模人员负责添加轴网、新截面和新材质，模型完成后经详图审核人员报安装人员审核。深化设计模型应包括所有结构杆件、构件零件编号、连接节点、细部构造、工艺措施及与其他专业协调的内容等。类似大型多腔体项目，加工及现场施工时不可避免需要开设部分人行孔及排烟孔。人行孔及排烟孔的开设需要与加工人员和现场施工人员沟通确认，建模人员需要在三维模型中按照行走路线漫游是否可行，从而确保加工后构件的实用性。

本工程的工程量大，构件的结构形式主要有 H 形、T 形和箱形，焊接工作量大，对焊缝的质量要求高，熔透焊部位多，焊接变形大；箱形构件内隔板少，焊接易扭曲变形；采取合理的焊接工艺参数和工艺措施来保证焊接质量以及控制焊接的变形，保证构件尺寸精度，防止厚板出现层状撕裂，是本工程加工制作的难点。通过对信息化时代发展要求及钢结构功能特性的综合考虑，在计算机三维空间中对其进行建模处理，并通过对设计图纸内容的思考，确定好相应的模型。在此基础上建模相关混凝土结构配件，从中将结构结合碰撞点及时找出来，并做好准备来优化下一步节点。在曲面肋梁、牛腿建模时，在编辑导入 AutoCAD 软件并生成线模时需严格按照设计所提供的节点坐标、杆件标号，然后按照线模向实体模型转换。由于原设计标示的控制坐标点比较关键，以折代弧的情况会出现在生成的线模中，且很难满足设计意图，从而会直接影响后期装饰幕墙施工。在优化模型时必须进行深化设计，在增加中间控制点时需严格按照杆件端点，确保杆件向弧形过渡，并取得良好效果。

该工程涉及的结构比较复杂、节点较多，在搭建模型和绘制构建图时工作量大，为更快、更好出图，就需要依赖一个团队。模型搭建工作完成以后需重点检索碰撞问题，在认真处理节点的基础上对原设计图纸中那些比较模糊、不方便现场施工的节点进行不断优化，结合工程特点，需重点处理以下节点：型钢对接节点，型钢梁柱和混凝土纵向钢筋节点，劲性柱和曲面梁交叉梁点，肋梁双向变截面、地下室柱脚转换节点等。深入剖析与论证极具代表性的钢结构项目，根据现场实际施工情况将型钢混凝土组合结构、曲面肋梁结构连接等节点确定下来，也能够提供有力的技术支撑来更好地开展后期构件的加工制作，做好现场安装工作。

不同的建筑工程项目对曲面肋梁的尺寸要求也不同。例如，在本工程施工过程中，所需要的肋梁结构尺寸相对较大，截面尺寸种类较多，而且这些结构内部隔板数量较多，需要在结构不同位置处进行加强肋设计。为了满足后续运输实际要求，在对其进行处理时，需要根据实际情况将节点划分为若干段，如一些大尺寸曲面肋梁，可以将其分为三到五段，然后进行加工，同时还要确保每个衔接节点之间能够顺利连接在一起。

3.2.2 加工工艺

本工程钢结构建筑构件的结构形式主要有 H 形、T 形和箱形，且相当一部分构件造型为曲面，焊接工作量大，对焊缝的质量要求高，熔透焊部位多，焊接变形大；箱形构件内隔板少，焊接易扭曲变形；采取合理的焊接工艺参数和工艺措施来保证焊接质量以及控制焊接的变形，保证构件尺寸精度，防止厚板出现层状撕裂，是我国钢结构加工制作的难点，钢结构加工制作流程如图 3.8 所示。

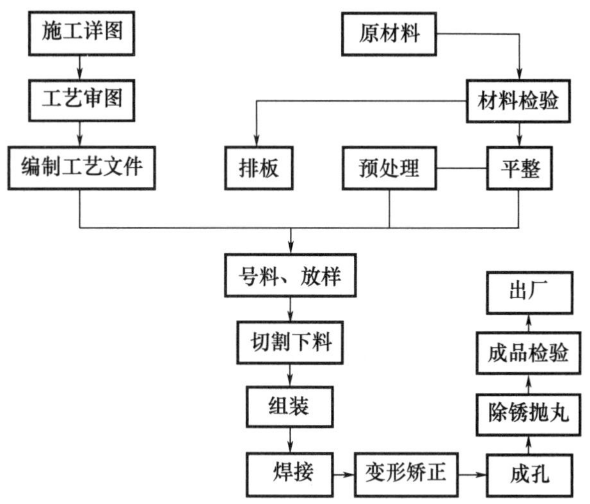

图 3.8 钢结构加工制作流程

在加工过程中，对这些复杂节点，在处理过程中还要控制好焊接顺序，尤其是一些隐蔽位置处，需要做好隐蔽焊缝处理工作，焊接质量满足要求之后，做好防腐涂装工作，从而确保材料运输环境的安全性。

钢结构加工制作过程中，切割下料和焊接是影响钢结构构件质量的主要两道工序，下面主要对钢结构气割下料和焊接进行详细介绍，为钢结构工程提供详细的加工理论和方法。

3.2.2.1 手动切割下料

我国国内大部分钢结构公司板材的气割下料主要有多头切割机、数控切割机、半自动小车切割机和手工气割下料。气割材料为氧气和燃气。气割的工艺参数主要包括预热火焰的性质与功率，切割燃气压力与纯度，气割速度，割嘴与工件的相对位置。以上这些参数由操作者根据氧气、燃气的性质实际调整，表 3.2、表 3.3 是相关数据，供操作者参考使用。

表 3.2 氧气、燃气预热火焰功率与割件厚度关系

割件厚度（mm）	火焰功率（L/h）
3～12	320
>12～25	340
>25～40	350
>30～50	840
>50～100	900

表 3.3 普通割嘴切割氧压力与割件厚度关系

割件厚度（mm）	切割氧压力（MPa）
2～10	0.2
>10～20	0.25
>20～30	0.30
>30～50	0.35
>50～100	0.5

气割工艺及一般操作技能的主要操作过程如下。

（1）气割准备

检查工作场地是否符合要求，工作场地附近不准放易燃易爆等物品，不准直接在水泥地上气割；清除割料表面的氧化铁皮和污物；根据图纸尺寸要求，画线号料；点火检查风线。

（2）基本操作

1）选择起割位置。

① 割零件的外轮廓线时，选择钢板的边缘做起割点；

② 割零件内的孔时，必须从丢弃的余料内开始气割。

2）预热。预热的关键是保证割件起割处，沿厚度方向上下温度一致，要加热至燃点。

3）起割。根据普通割件工件厚度选定割嘴号码和工作压力，按表 3.4、表 3.5 范围进行匹配，并通过观察切割氧射流的形状和长度最后确定。

4）保持割嘴与工件间合适的相对位置。

① 气割薄件时，工作角为 90°，行走角为 45°～90°，工件越薄，行走角越小。

② 气割中厚板时，工作角和行走角都是 90°，割嘴中心线正好是切割点的垂直线。

③ 无论割什么工件，都应使气割表面与焰心的距角为 3～5mm，绝对不能让焰心与工件接触，预防回火。

④ 收尾，气割完毕后，应关闭氧气和燃气阀。

⑤ 清理溶渣，并写下零件所属工程及材质，并放在指定的位置；几何尺寸标注为厚度×宽度×长度。

耗氧量与割件厚度的关系见表 3.4。切割氧气压力见表 3.5。

表 3.4 耗氧量与割件厚度的关系

割件厚度（mm）	割口亮度（mm）	被燃烧铁量（L/m）	理论耗氧量（L/m）	实际耗氧量（L/m）
5	1.8	0.07	20	35
10	2.0	0.16	43	60
15	2.0	0.24	65	100
20	2.1	0.33	90	140
30	2.2	0.53	140	270
40	2.4	0.75	205	390
50	2.6	1.00	270	390
60	3.0	1.40	385	510

表 3.5 切割氧气压力

板厚（mm）	切割氧气压力（MPa）
0～4	0.3～0.4
>4～10	>0.4～0.5
>10～25	>0.5～0.6
>25～50	>0.6～0.7
>50～100	>0.7～0.8

3.2.2.2 数控切割下料

（1）气割准备

根据图纸要求，选择与图纸相符合的钢板，将钢板吊至割床，并对准位置，根据放样图图纸尺寸进行画线号料，按照图纸要求编写程序，调整氧气、燃气的参数，直至达到要求，点燃可用的切割嘴，准备气割。

（2）气割下料

调整好气割速度，气割时，随时调整切割速度与火焰能率，以保证切口质量，控制气割的尺寸偏差。气割允许尺寸偏差见表 3.6。气割结束后，清除溶渣等附着物；自检合格后在零件端头部用记号笔写上该零件的尺寸，标注为厚度×宽度×长度，将零件堆放在指定的位置。

表 3.6 气割允许尺寸偏差 mm

零件宽度、长度	切割面平面度	割纹深度	局部缺口深度
±3.0	0.05t，且≤2.0	0.3	1.0

注：t 为切割面厚度。

(3) 下料零件的质量检验

第一点：剪切面无裂纹、夹渣、分层和大于1mm的缺棱。第二点：根据图纸要求，几何尺寸偏差应符合表3.6的要求。

3.2.2.3 机械剪切下料

钢结构剪切下料的构件主要有天沟、檩托、加肋板（≤12mm）的零部件。

1）下料员根据图纸要求，选择合适的下料钢板。

2）根据图纸要求，在钢板上进行画线号料。

3）将下料板移至设备上放好，进行机械剪切。

4）机械剪切的尺寸偏差满足要求。

① 剪切面无裂纹、夹渣、分层和大于1mm的缺棱。

② 剪切零件的几何尺寸应符合表3.7的规定。

表3.7 机械剪切的尺寸允许偏差 mm

加肋板零件长、宽	一般零件长、宽	边缘缺棱	型钢端部垂直度
+0.0 −3.0	±3.0	1.0	2.0

3.2.3 焊接工艺

根据国内大部分钢结构公司的设备情况，焊接方法主要有手工电弧焊、CO_2气体保护焊、埋弧焊（半自动和全自动）三种。

3.2.3.1 手工电弧焊

根据国内大部分钢结构公司工艺流程，手工电弧焊适用于钢板对接，二次加工角焊缝焊接，焊接接头形式主要有对接、角接、丁字三种接头。

(1) 手工焊的各种坡口形式和坡口尺寸详见《气焊、焊条电弧焊、气体保护焊和高能束焊的推荐坡口》(GB/T 985.1—2008)。不同板厚对接时，若板厚差不超过表3.8的规定时，则按厚板选定坡口形式。当对接接头板厚差超过上述规定时，应将厚板按图3.9要求加工成斜面。

表3.8 允许板厚差 mm

较薄的板厚	允许板厚差
≥2～5	1
>5～9	2
>9～12	3
>12	4

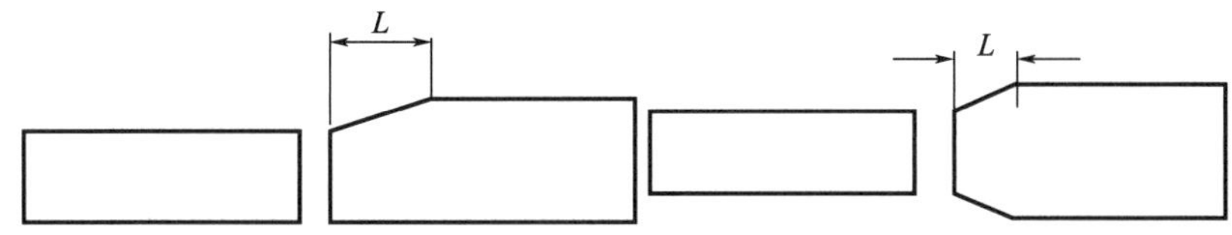

图 3.9　不等厚板对接的加工要求

(2) 焊接材料的选择与烘焙

常用的钢板材质为 Q235B、Q345B，网架钢管为 20、Q235B、Q345B，钢材用 E43××系列焊条，Q345B 钢板选用 E50××系列焊条。

焊条使用前应在 350℃温度中烘焙 1h，然后在恒温箱中储放。储放时间不得超过 4h，焊条烘焙次数不得超过 3 次。

(3) 焊条直径

为了提高生产效率，应尽可能运用直径较大的焊条，对打底焊应运用 ϕ3.2 的焊条，进行仰焊或管子与封头，封板以及对接全位置焊时，选用小直径焊条，一般选用 ϕ3.2 的焊条。根据工件厚度，焊道层次和焊缝空间选用焊条直径（表 3.9）。

表 3.9　焊条直径　　mm

焊件厚度	焊条直径
2	2
3	2～3.2
4～5	2.5～4
6～12	2.5～5
＞13	3.2～6

(4) 焊接电流

焊接电流是手工电弧焊最重要的工艺参数，主要影响焊缝的熔深，焊接电流越大，溶深越大，焊条熔化越快，焊接效率越高。

焊接电流值的选择由设计图纸与工艺条件决定，焊接电流工艺参数见表 3.10。

表 3.10　不同焊接位置的焊接工艺参数

焊条直径（mm）	焊接电流（A）		
	俯焊	立焊	仰焊
ϕ3.2	110～130	100～200	90～110
ϕ5.0	220～260	200～240	180～220
ϕ4.0	180～200	160～180	140～160
ϕ5.0	220～260	200～240	180～220

(5) 其他参数

电弧电压、焊条角度、焊接速度以及焊接层次与焊缝道数由焊工根据实际情况决定。

3.2.3.2 CO_2气体保护焊

（1）焊接材料的选择。

20号钢材质选用焊丝为ER49-1，Q345钢材质选用ER50-6。

（2）CO_2保护焊的坡口形式及坡口尺寸详见《气焊、焊条电弧焊、气体保护焊和高能束焊的推荐坡口》(GB/T 985.1—2008)。

（3）焊接工艺参数。

1）焊丝直径。

焊丝直径影响熔深、焊丝熔化速度及溶滴过渡形式。细丝用于焊接薄板，板材厚度增加，焊丝直径相应增加。表3.11为焊丝直径的使用范围。

表3.11　焊丝直径的使用范围

焊丝直径（mm）	熔滴过渡形式	板厚（mm）	焊缝位置
1.0～1.4	短路过渡	2～8	全位置
	细颗粒过渡	2～12	水平
1.6	短路过渡	3～12	全位置
>1.6	细颗粒过渡	>6	水平

2）焊丝的伸长度。

焊丝干伸长度是CO_2气体保护焊的一个重要参数。干伸长度将影响焊接质量好坏，焊丝直径与干伸长度对应关系见表3.12。

表3.12　焊丝直径与干伸长度对应关系　　mm

焊丝直径	焊比干伸长度
0.8	6～12
1.0	7～13
1.2	8～15
1.6	10～20

3）焊接电流、电压及气体流量。

焊接电流、电压以及气体流量的要求见表3.13。

表3.13　焊接参数

焊丝直径 (mm)	短路过渡		颗粒过滤		气体流量 (L/mm)
	电流（A）	电压（V）	电流（A）	电压（V）	
1.2	90～150	19～23	160～400	25～28	5～15
1.6	140～200	20～24	200～50	26～40	15～25

3.2.3.3 埋弧焊

1）埋弧焊的坡口形式与尺寸详见《埋弧焊的推荐坡口》（GB/T 985.2—2008）且符合设计图纸和工艺文件的要求。

2）焊接材料及焊接材料烘焙。

Q235B 钢材选用 H08A、HJ431 焊材，Q345B 钢材选用 H08MnA、HJ431。HJ431 烘焙干温度 250℃、烘焙 2h、(烘焙次数不应超过 3 次）后在恒温箱中保温，在过 4h 后须重新烘焙。

3）焊接工艺参数。

焊接电流主要影响焊缝熔深，电弧电压主要影响焊缝宽度，二者匹配关系是影响焊缝的质量关键，表 3.14、表 3.15 给出相关值。

表 3.14 焊接电流和相应的电弧电压

焊接电流（A）	电弧电压（V）
350～450	28～32
>450～600	32～36
>600～700	36～38
>700～850	38～40
>850～1000	40～42
>1000～1200	42～44

表 3.15 不同直径的焊丝所采用的电流值

焊丝直径（mm）	焊接电流（A）
2	200～400
3	350～600
4	400～750

3.2.3.4 焊接操作步骤

（1）焊前准备

焊前必须清理坡口及坡口附近 30～50mm 范围内的表面污物，焊丝表面也需要进行污物清理，焊条、焊剂需要进行烘焙，并置于恒温箱中储存。

（2）焊接工艺参数

根据工件的厚度，焊接后应选择合理的焊接方法、焊接工艺参数，使焊缝成型和内部质量符合设计和规范要求。

（3）定位焊

（4）引弧板及熄弧板

所有对接焊缝及角焊缝的两端应设置引弧板及熄弧板，且其坡口形式、材质均与工件相同，施焊后用气割去除，不得捶击断。

(5) 焊接引弧应在坡口及焊接范围内进行，不得在坡口及焊缝外母材上进行引弧，焊条引弧点应距焊接头转角 10mm 以上。

(6) 焊接

(7) 焊接后应对焊缝清渣，应对焊缝飞溅物进行打磨

(8) 焊接检查

(9) 焊缝质量检验要求

对接焊缝超声波检测质量符合设计，外观质量符合设计与规范的要求。

(10) 焊接施工管理

3.2.4 构件加工制作

3.2.4.1 日字形截面拱架加工制作

(1) 日字形截面拱架加工制作内容

本工程钢结构主要受力构件为拱架，平面上呈径向放射形布置（图 3.10～图 3.13），钢架采用日字形截面构件，规格为“日 700×500×35×35×32”。

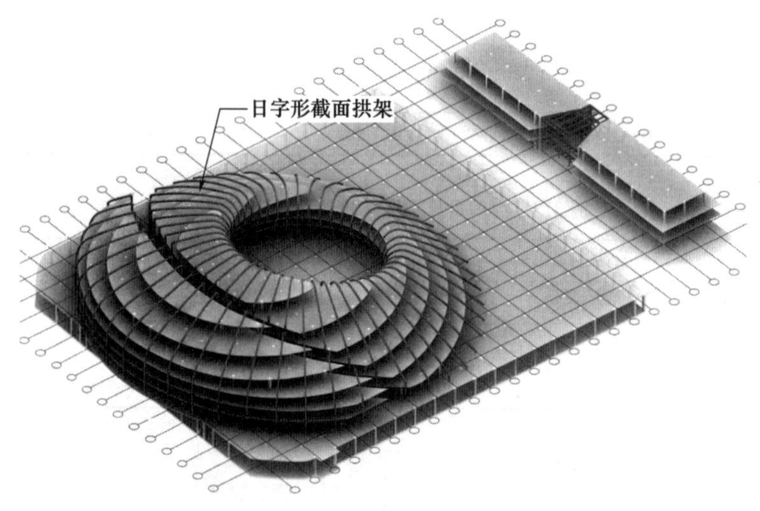

图 3.10 拱架结构轴测图

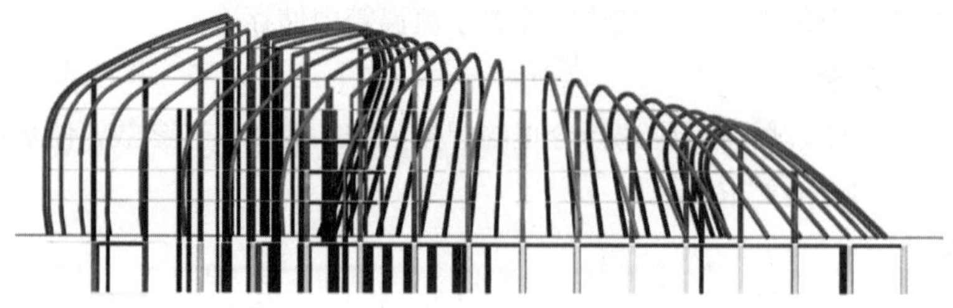

图 3.11 拱架结构立面图

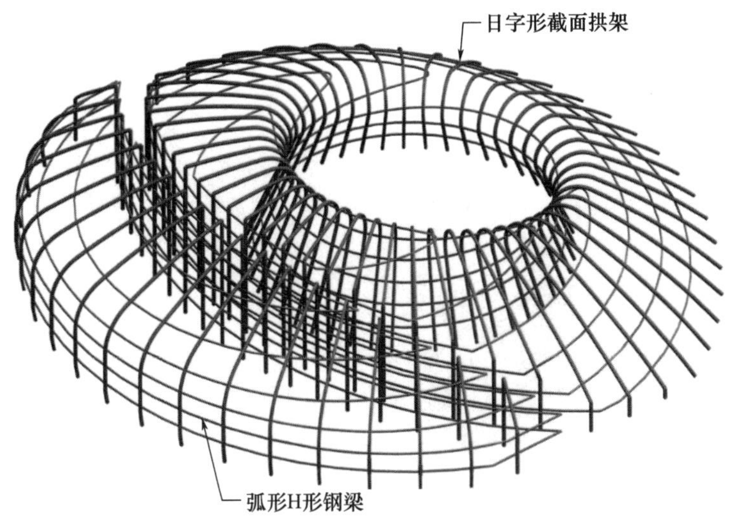

图 3.12 钢结构整体效果图

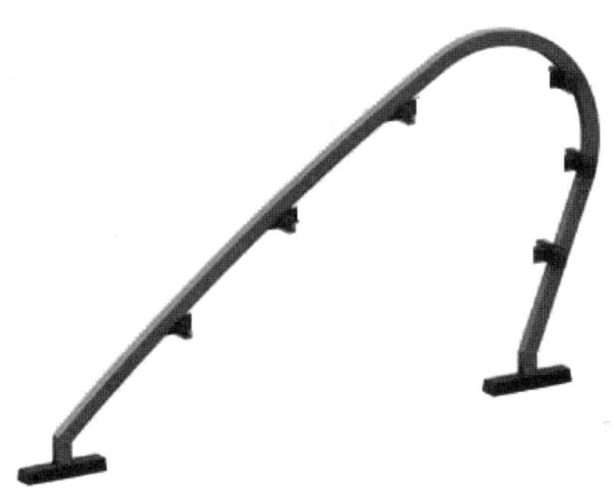

图 3.13 单榀拱架示意图

拱架采用日字形截面构件，规格为“日 700×500×35×35×32”，如图 3.14～图 3.16 所示。

(2) 日字形截面拱架梁加工制作基本思路

日字形截面拱架加工可以分为两部分：拱架本体加工和拱架节点加工（图 3.17）。拱架本体采用日字形截面梁，日字形截面梁中有一道纵向通长加劲板，纵向加劲板位于箱体腹板中间，与普通箱形梁加工相比，其难度在于纵向通长加劲板位于箱体内部，不易组装和焊接。针对此特点我们采用的工艺措施是：制定合理的装配顺序，以保证纵向加劲板的每条焊缝都能方便焊接。装配顺序是：先将纵向加劲肋和腹板组装成 H 形结构，然后在 H 形结构的基础上组装两块翼缘板，横隔板和翼缘板之间的焊缝采用电渣焊焊接，详细步骤见表 3.16。

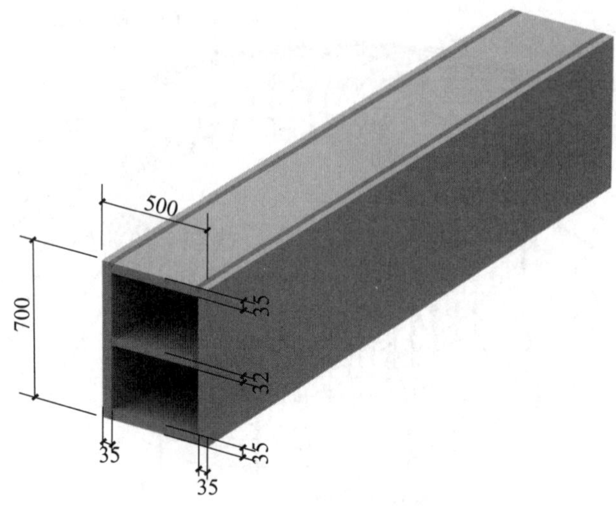

图 3.14　拱架截面示意图

图 3.15　拱架柱脚与劲性梁连接节点示意图

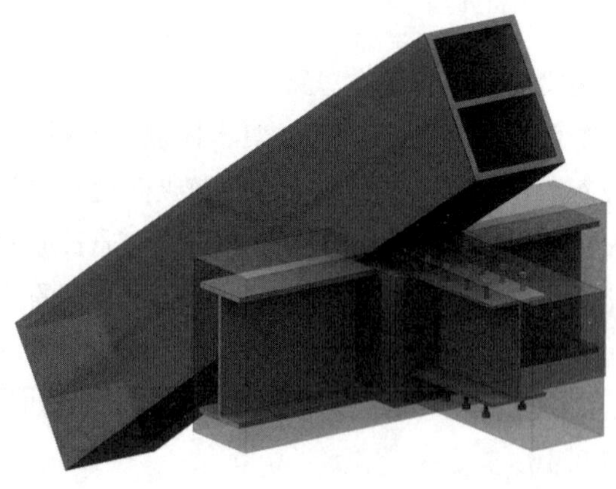

图 3.16　拱架节点

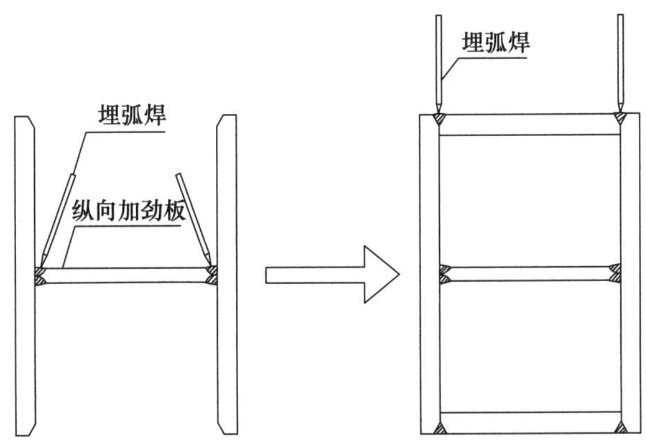

图 3.17 日字形截面拱架加工

表 3.16 日字形截面拱架加工工序

序号	工序	图示及说明
1	纵向加劲板组装	纵向加劲板 电渣焊孔
		将纵向加劲板与两块腹板组装成一个 H 形结构，加劲板与翼缘板之间的垂直度不得大于 1mm
2	装配横隔板	横隔板
		节点区域装配横隔板
3	工艺板装配	电渣焊衬板 腹板定位卡板
		非节点区域装配工艺板即腹板定位卡板
4	箱体组装	埋弧焊
		盖上盖板即腹板，焊接四条主焊缝，采用埋弧焊或手工焊焊接

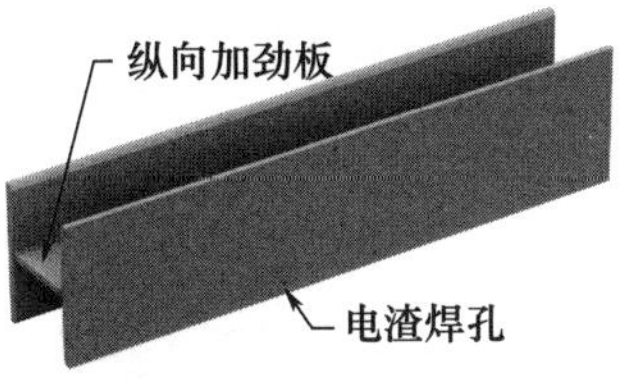

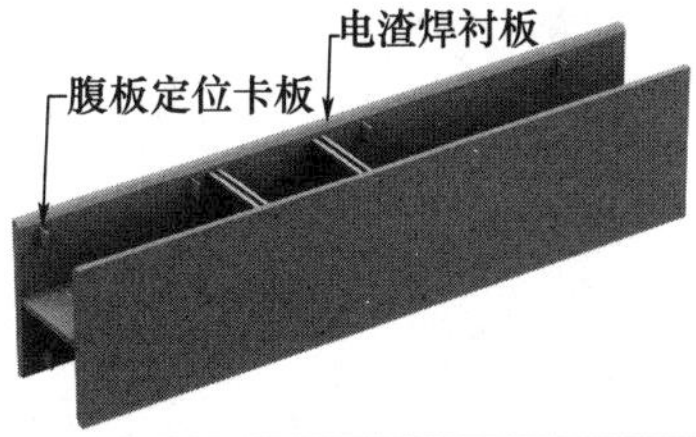

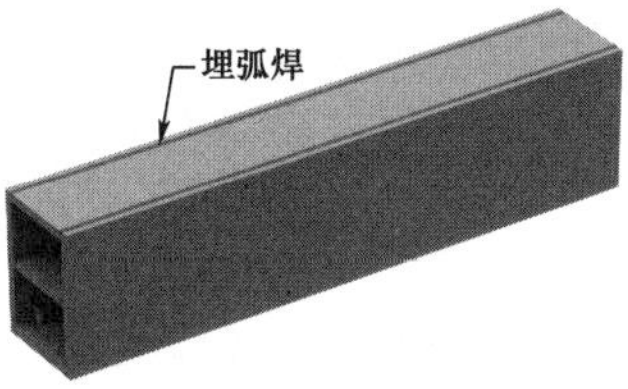

(3) 日字形截面拱架本体加工制作

1) 钢板下料。拱架翼缘板根据设计尺寸下料成弧形板（图 3.18），腹板下料成直条板，然后采用卷板机弯弧。

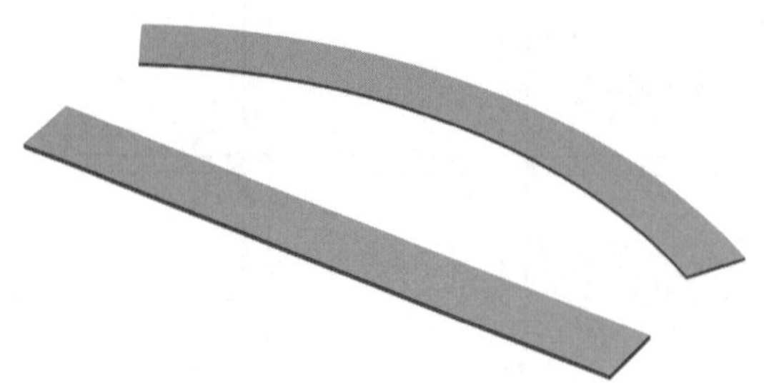

图 3.18 弧形板

2) 钢板弯弧。拱架两块腹板及纵向加劲板下料成直条板，然后按照设计尺寸弯弧。弯弧采取冷弯，加工采用“三辊卷板机卷制成型为主，局部配以油压机整形”的加工方案（图 3.19、图 3.20）。弯曲设备采用全自动微控水平下调式三辊卷板加工设备弯曲，该设备通过调节上辊位置来控制弧形钢板矢高，以致控制弧形钢板的弧度大小。

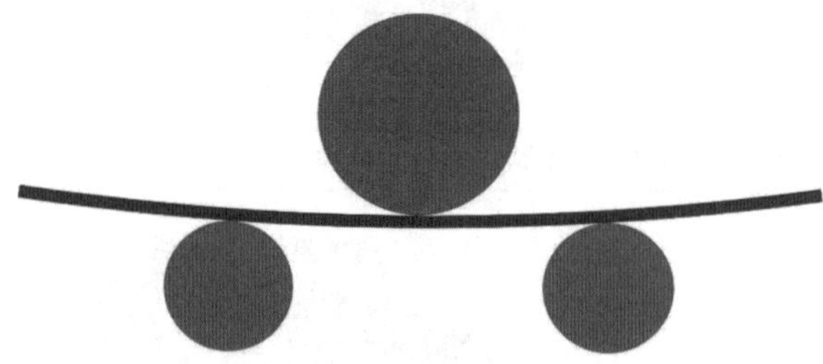

图 3.19 钢板弯弧加工

图 3.20 卷板机弯弧成型

钢板主要由三辊卷板机卷制成型，由于卷板机辊轴直径较大，钢板端头无法卷圆，因此端头采用油压机压制（图 3.21）。

3）弯弧钢板加工质量的检验。弯弧钢板加工质量要求较高，其检验过程要综合考虑检验精度、工作效率和可操作性，同时还应特别注意对检验过程的全程跟踪检验。因此工厂计划采用综合效率较高的样箱检验法（图 3.22）对弯扭钢板加工质量进行检验。

图 3.21　油压机局部整形

图 3.22　样箱检验法

4）画线。翼板下料后应标出翼缘板宽度中心线和纵向加劲板、腹板组装的定位位置线、边缘加工线，作为安装检验的基准（图 3.23），其中纵向加劲板定位线直线度要求 1/1500，且≤2.0mm。画线工具主要有钢针、钢尺、卷尺等。

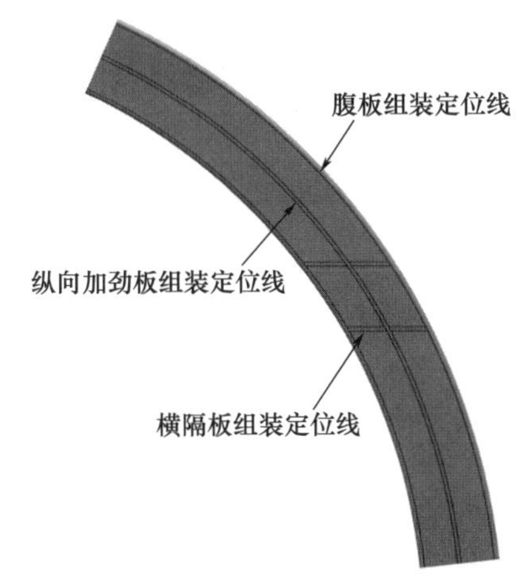

图 3.23　组装定位线

5）组装纵向加劲板。组装纵向加劲板（图 3.24），调节加劲板与翼缘板之间的垂直度不得大于 1mm；然后将纵向加劲板与腹板进行定位焊接。定位焊接主要采用手工焊施焊，定位焊间距 500～600mm，焊缝长度宜大于 40mm；焊缝厚度不宜超过设计焊缝的 2/3，且不应大于 8mm。定位焊检验合格后再进行埋弧焊或手工焊焊接。

6）组装节点区域的横隔板。在整个隔板组件装配前，必须对垫板端面用铣边机将端面铣平，然后与隔板在胎架上进行装配，并进行焊接，保证规方且几何尺寸在允许范围内。

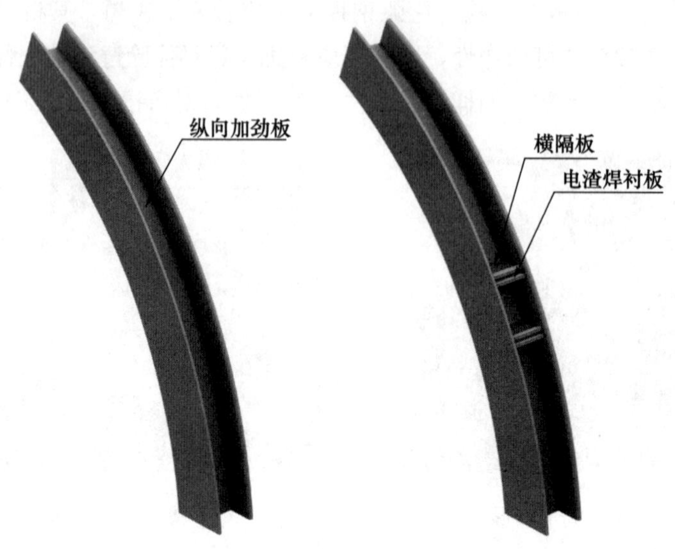

图 3.24 加劲板及横隔板示意图

7）非节点区域由于设计上无横隔板，加工时，增设临时工艺板，便于盖板的就位和固定。

8）组装腹板，进行局部整体焊接：由质检员对前面工序进行检验，并记录；合格后方可进行上腹板的盖板。利用液压千斤顶上下的腹板顶紧，然后焊接四条主焊缝，采用埋弧焊或手工焊焊接。卡板及焊缝示意图如图 3.25 所示。

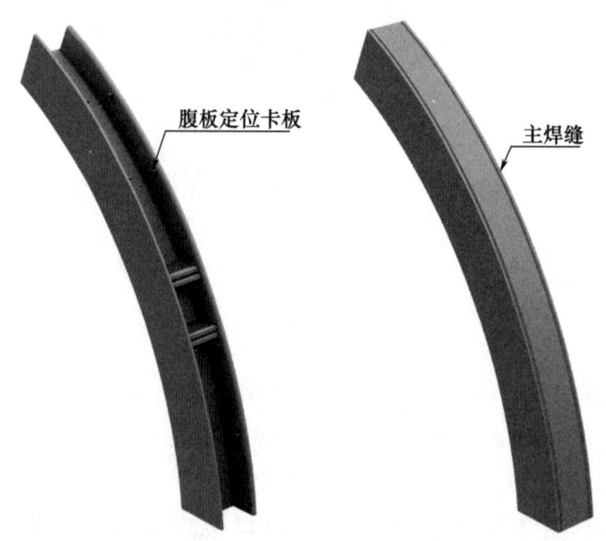

图 3.25 卡板及焊缝示意图

9）电渣焊。

① 电渣焊接准备：

工程隔板电渣焊主要采取非熔嘴电渣焊接，电渣焊丝选用 ϕ1.6mm 的 H10Mn2，焊丝质量符合《熔化焊用钢丝》（GB/T 14957—1994）规定。

钻电渣焊孔应采用摇臂钻，钻孔过程中应使用空气冷却，不允许采用水冷却；孔加工好后，清除残余污物或油污等杂质，可以采用高压气体清除或火焰加热烘烤的方法。

电渣焊需要准备的工具：千斤顶、玻璃目镜、引弧铜块（两片对半环）、引出铜块、火焰哄枪和砂轮机等。

② 电渣焊操作：安装引出装置，引出装置用黄铜制成，放置于焊道上端。焊接时渣液不易外流。

安装引弧装置：安装引弧装置为引弧铜帽，将其孔中心对准焊孔中心，焊前在引弧装置的凹部撒放一定量的碎丝引弧剂；再撒放一定量的焊剂，对准中心后放于焊口下端；用千斤顶顶紧。

③ 为确保由于单边焊接产生的焊接变形，在单面电渣焊接时需要在相对电渣焊的部位进行加热，加热方法主要采取火焰加热；确保两边受热相近；避免单面电渣焊接时箱形钢柱的旁弯变形。电渣焊接如图 3.26 所示。

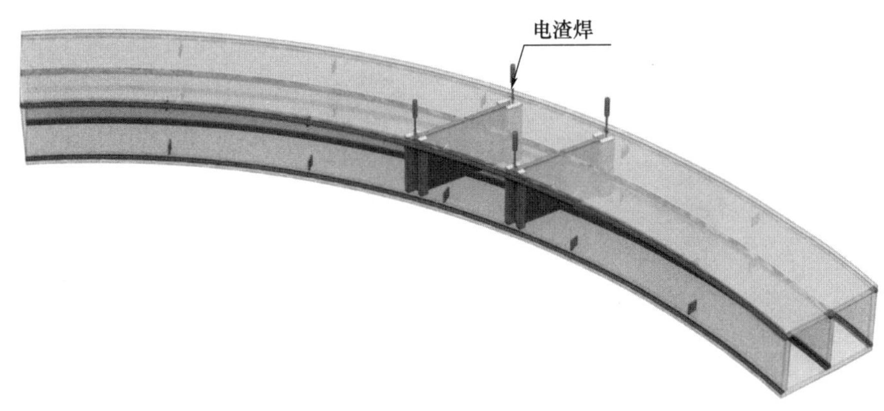

图 3.26　电渣焊接示意图

（4）拱架节点组装

拱架本体与节点分两部分进行制作，制作完成后再组装焊接成整体。原因是为节点段的焊接翻身创造条件，便于调整段与段的对接。

拱架上节点制作主要是节点箱体和 H 形钢牛腿制作，为常规构件，加工工艺成熟，在此不再详述，这里主要说明节点与拱架的组装。

拱架节点的组装分两个步骤，首先组装箱体，然后再组装 H 形钢牛腿，其具体步骤如下。

第一步：首先在拱架箱体外表面画出节点箱体的组装定位线。

第二步：组装节点箱体（图 3.27），节点箱体先电焊固定，然后检验拼装尺寸，合格后再焊接，采用 CO_2 气体保护焊焊接。

第三步：在节点区域画出H形钢牛腿组装定位线。

第四步：组装H形钢牛腿（图3.28）。

图3.27 组装节点箱体

图3.28 组装H形钢牛腿

（5）拱架拼接措施

拱架加工制作时，出于对加工工艺的考虑，拱架需要分段加工，各段加工好后再拼接成整体。

1）拱架拼接难点。

拱架采用日字形截面，各段拱架拼接（图3.29）时，纵向加劲肋的拼接焊缝被封在箱体内部，无法焊接，而且下翼缘板拼接焊缝需要仰焊，焊缝质量难以保证。

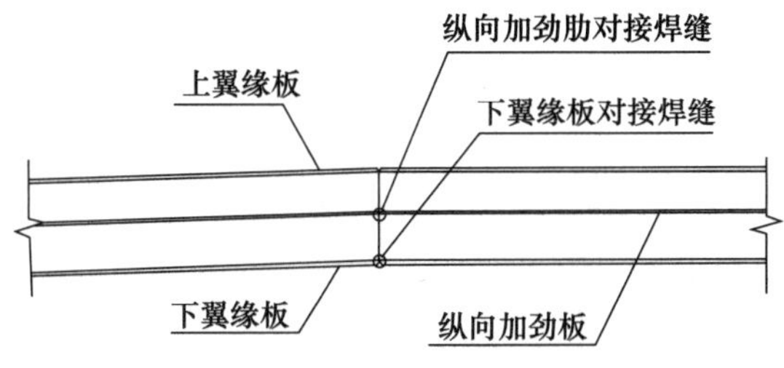

图 3.29 拱架拼接

2）解决措施。

为了解决纵向加劲肋拼接焊缝无法焊接的问题，同时避免下翼缘板对接焊缝的仰焊，采取以下措施：

在拱梁对接处，上翼缘板 1000mm 范围内开洞，纵向加劲板 800mm 范围内开洞。拱梁对接施焊时，先焊接下翼缘板对接焊缝，再将纵向加劲板 800mm 长开口补缺，最后补缺上翼缘 1000mm 的开口。拼接焊缝全部采用全熔透焊，焊缝下加垫板。

以下分三步说明拱梁对接时的焊接方法（图 3.30～图 3.32）。

第一步：焊接下翼缘板拼接焊缝，焊缝下加衬板，采用全熔透焊。

第二步：纵向加劲肋拼接焊缝焊接。补缺纵向加劲板上 800mm 长的开口，焊缝下加垫板，采用全熔透焊。

第三步：上翼缘板拼接焊缝焊接。翼缘板上 1000mm 长的开口，焊缝下加垫板，采用全熔透焊。

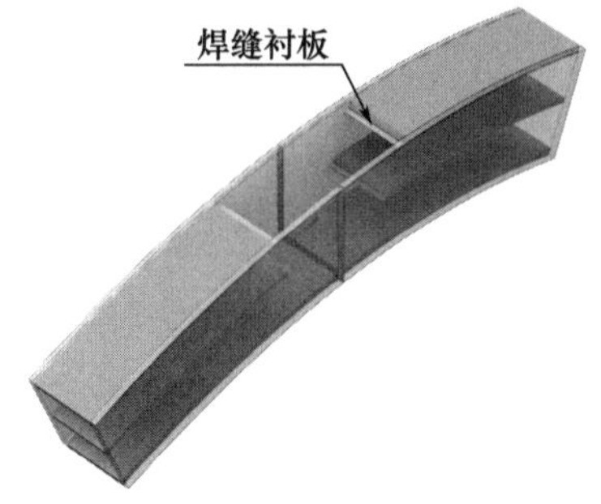

图 3.30 焊接下翼缘板拼接焊缝

图 3.31 纵向加劲肋拼接焊缝

图 3.32 上翼缘板拼接焊缝

3.2.4.2 H形钢梁及桁架加工制作

(1) 焊接H形杆件制作工艺流程如图3.33～图3.34所示。

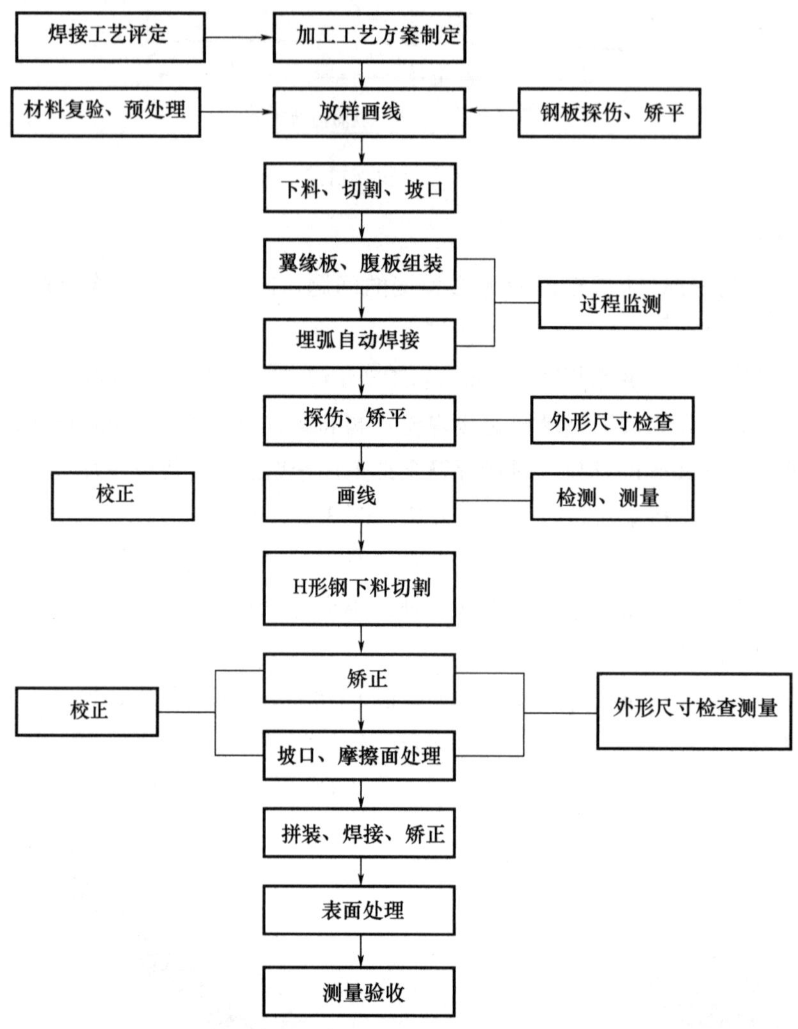

图3.33 焊接H形杆件制作工艺流程(一)

(2) 焊接H形杆件制作程序。

1) 放样、下料:钢板放样采用计算机进行放样,放样时根据零件加工、焊接等要求加放一定机加工余量及焊接收缩补偿量;钢板下料切割前用矫平机进行矫平及表面清理,切割设备主要采用数控等离子、火焰多头直条切割机等。

2) 零件加工:腹板两侧焊接边缘采用刨边机进行加工,杆件组装焊接完后采用矫正机或火工进行矫正,以确保杆件外形尺寸及孔群钻孔精度要求。

3) H形杆件的组装:H形杆件的翼板和腹板下料后应标出翼缘板宽度中心线和与腹板组装的定位线,并以此为基准进行H形杆件的拼装。H形杆件拼装在H型钢拼装机上进行自动拼装。为防止在焊接时产生过大的角变形,拼装可适当用斜撑进行加强处

理，斜撑间隔视 H 形杆件的腹板厚度进行设置（图 3.35）。

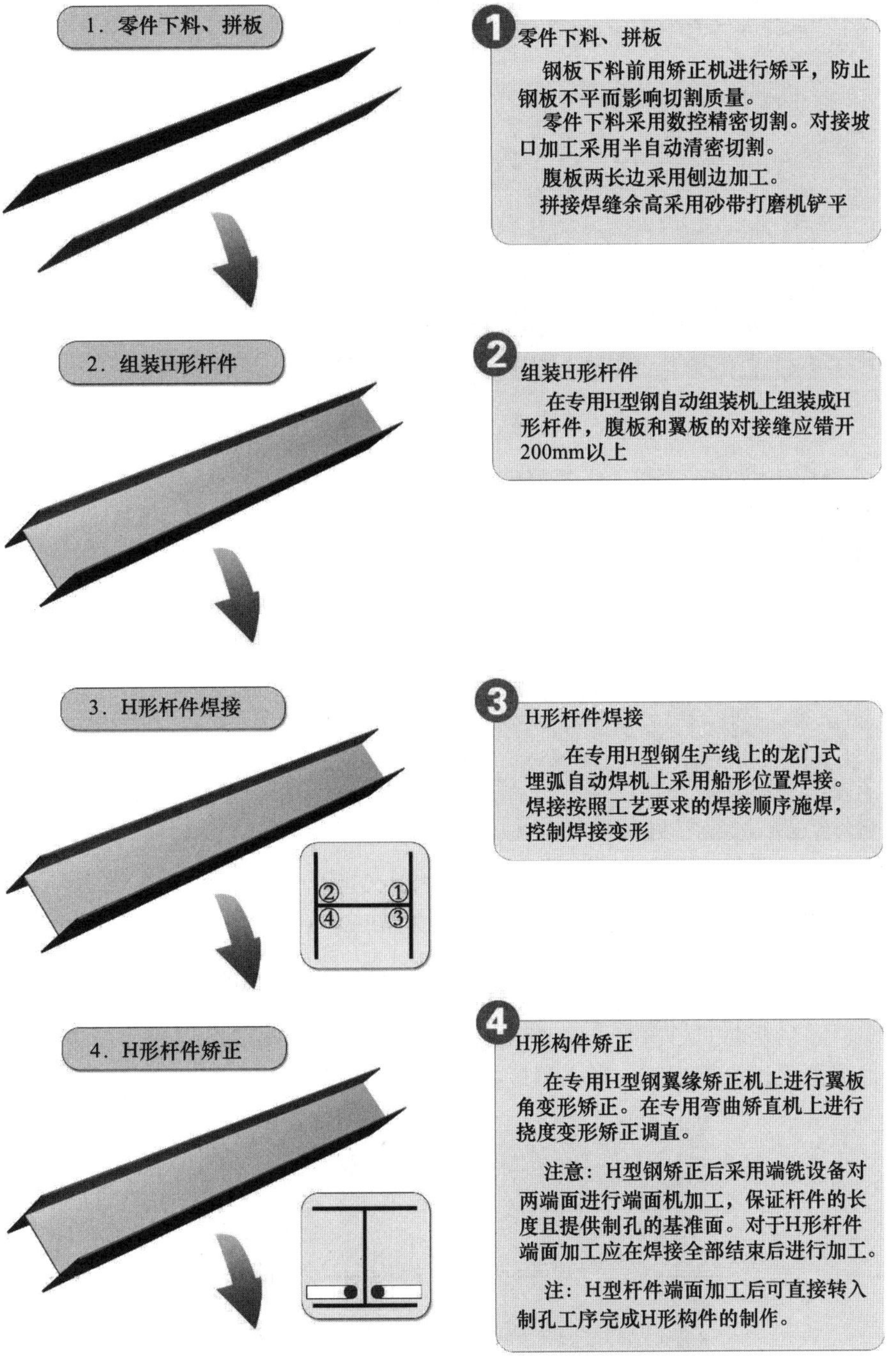

1．零件下料、拼板

❶零件下料、拼板

钢板下料前用矫正机进行矫平，防止钢板不平而影响切割质量。

零件下料采用数控精密切割。对接坡口加工采用半自动清密切割。

腹板两长边采用刨边加工。

拼接焊缝余高采用砂带打磨机铲平

2．组装H形杆件

❷组装H形杆件

在专用H型钢自动组装机上组装成H形杆件，腹板和翼板的对接缝应错开200mm以上

3．H形杆件焊接

❸H形杆件焊接

在专用H型钢生产线上的龙门式埋弧自动焊机上采用船形位置焊接。焊接按照工艺要求的焊接顺序施焊，控制焊接变形

② ①
④ ③

4．H形杆件矫正

❹H形构件矫正

在专用H型钢翼缘矫正机上进行翼板角变形矫正。在专用弯曲矫直机上进行挠度变形矫正调直。

注意：H型钢矫正后采用端铣设备对两端面进行端面机加工，保证杆件的长度且提供制孔的基准面。对于H形杆件端面加工应在焊接全部结束后进行加工。

注：H型杆件端面加工后可直接转入制孔工序完成H形构件的制作。

图 3.34　焊接 H 形杆件制作工艺流程（二）

4）H 形杆件的焊接：H 型钢拼装定位焊所采用的焊接材料须与正式焊缝的要求相同。H 形杆件拼装好后吊入龙门式埋弧自动焊机上进行焊接，按规定的焊接顺序及焊接规范参数进行施焊（图 3.36）。对钢板较厚的杆件，要求焊前预热，采用陶瓷电加热器

进行，预热温度按对应的要求确定。

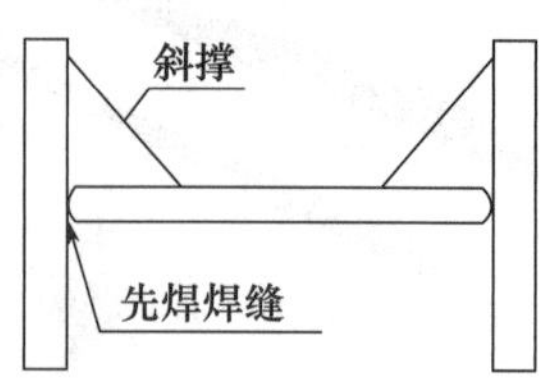

图 3.35　H 形杆件的组装

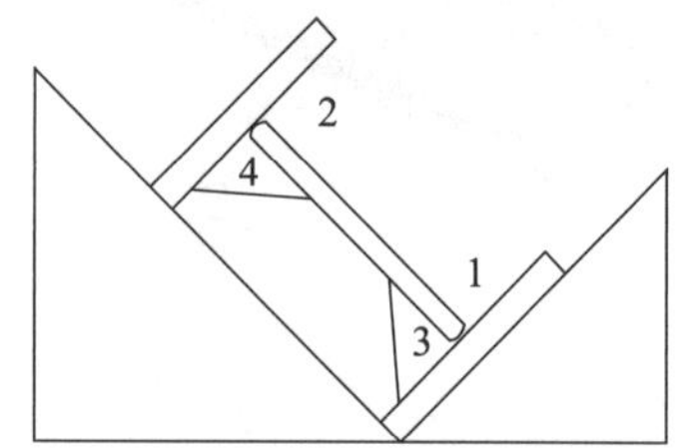

图 3.36　H 形杆件的焊接

注：1～4 为焊接顺序。

5）H 形杆件的校正：H 形杆件组装焊接完后进行校正。校正分机械矫正和火焰矫正两种形式。H 形杆件的焊接角变形采用 H 型钢矫正机进行机械矫正（图 3.37）；弯曲、扭曲变形采用火焰矫正，矫正温度控制在 650℃以下。

图 3.37　H 形杆件的校正

6）H形杆件的钻孔：为了保证钻孔的精度，所有需要钻孔H形杆件必须全部采用三维数控锯钻流水线（图3.38）进行钻孔、锁口，以保证杆件长度和孔距的制度。

图3.38 数控三维锯钻流水线

7）为保证H形杆件的冲砂涂装质量和涂装施工进度，必须采用专用涂装设备以流水作业方式进行涂装施工。本工厂拟采用H型钢抛丸除锈机（图3.39）进行杆件的冲砂涂装，以保证涂装质量和涂装施工进度。

图3.39 H型钢抛丸除锈机

8）杆件制作完后采用挂标识牌的方法注明杆件编号、名称、杆件连接方向等。

9）焊接H形杆件制作精度要求见表3.17。

表 3.17　焊接 H 形杆件制作精度要求　mm

序号	项目		允许偏差
1	断面尺寸	高（H）	±1.0
		宽（B）	±2.0
		断面对角线（D）	±2.0
		扭转（δ）	±3.0
2	构件长度	上、下翼缘	±3.0
3	翼缘板对腹板的垂直度		0.5（有孔部位）
			1.5（无孔部位）
4	翼、腹板平面度		有栓孔处 ±0.5
			无栓孔处 ±1.5

（3）弧形 H 型钢加工

弧形 H 型钢属于非标构件，加工工艺和普通焊接 H 型钢大同小异，不同点在于：由于弧形 H 型钢加工时，钢板下料要下成直条形和弧形两种板。直条形板需要弯弧，焊接时，由于沿长度方向的焊缝为弧形，不能采用埋弧焊焊接，宜采用气体保护焊焊接。弧形 H 型钢将在弧形构件专用组装平台上加工完成。

1）下料切割。

弧形 H 型钢腹板采用数控自动火焰切割机下料成直条（图 3.18）。翼缘板采用数控多头等离子自动切割机下料切割成设计要求的弧形板，钢板弯弧在放样时应考虑 60～80mm 直端修边加工余量。

2）画线。

翼板下料后应标出翼缘板宽度中心线和与腹板组装的定位位置线、边缘加工线，作为安装检验的基准。同时在地上画出弧形 H 型钢的轮廓线、中心线以便于安装检验，如图 3.40 所示。

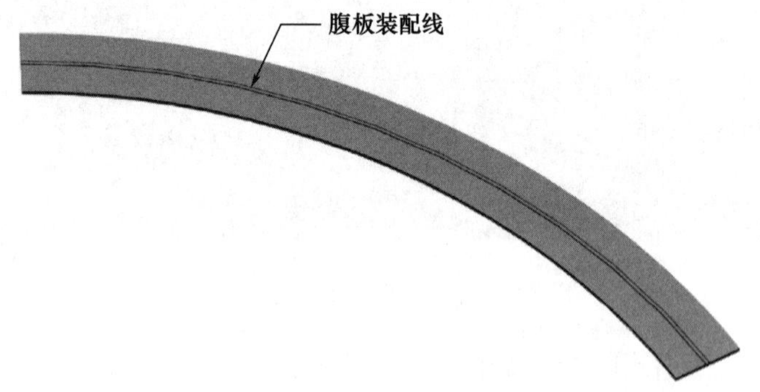

图 3.40　弧形 H 型钢画线

3）钢板弯曲加工。

钢板弯弧采取冷弯，弯曲设备采用全自动微控水平下调式三辊卷板加工设备弯曲。该设备通过调节上辊位置来控制弧形钢板矢高，以控制弧形钢板的弧度大小。弧度应符合设计翻样图要求，并应用预先制作的样板来进行随机检验。

4）弧形 H 型钢组立焊接。

按地面画线位置布设组装胎架，首先组装 T 形部件，确保 T 形组立腹板与翼缘板的垂直度达到设计要求，组立后进行临时固定。采用附加工艺板方法固定，组装时必须保证翼板和腹板的拼装尺寸到位（图 3.41）。T 形部件固定好后进行上翼缘板的组装，采用液压定位系统顶紧 H 型钢的上下翼缘板和腹板上进行定位；调节翼缘板的平行度和翼板、腹板的垂直度，然后固定，测量校正拼装尺寸无误后定位点焊。定位焊长度宜大于 40mm，间距为 300～600mm，且收弧处务必填满弧坑。

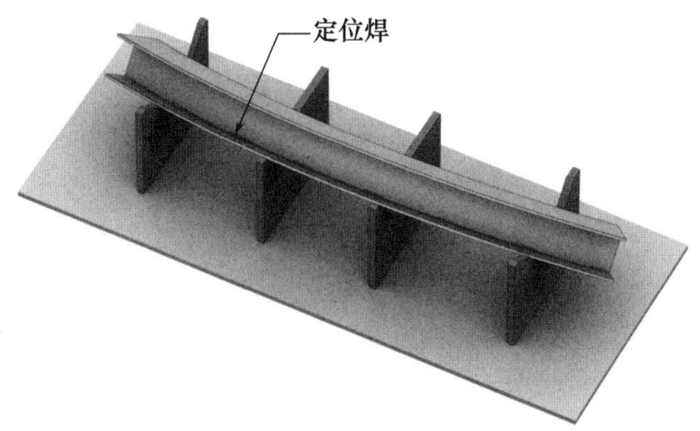

图 3.41　弧形 H 型钢组立焊接

5）弧形 H 型钢焊接。

弧形 H 型钢焊接采用半自动埋弧焊机焊接（图 3.42），焊接顺序为对称焊接。

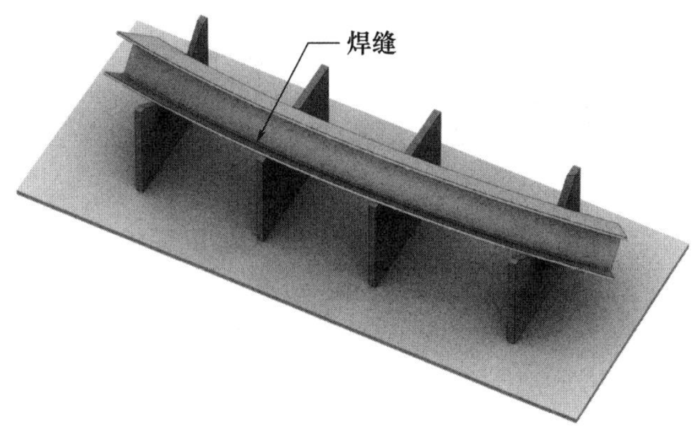

图 3.42　弧形 H 型钢焊接

3.2.4.3 钢柱加工制作

(1) 钢柱加工制作总体思路

本工程钢管柱采用 ϕ550mm×20mm 钢管，此钢管可以直接从钢管生产厂家采购成品钢管，车间加工主要是钢管的二次加工，即钢管的下料、洗面、开坡口、牛腿组装等工序。

(2) 圆管柱牛腿组装工艺

从工程钢结构分析，钢框架梁与钢柱之间通过牛腿节点焊接连接。所以工程钢柱牛腿的组装是工程钢构件制作的一大关键部分，下面对工程钢柱节点制作工艺进行说明。

1) 钢管柱牛腿组装前的准备。

① 钢管柱牛腿组装基准：

为确保工程钢柱牛腿组装精度能够满足设计要求，每根钢柱在进行牛腿组装前需要按施工详图标出的尺寸放出其 1∶1 地样，按照地样进行定位、检测；合格后方可进行固定焊接。

② 钢管柱牛腿组装平台要求：

地样的放置要求平台上有足够的刚性，能够满足承重要求。地样放置工具主要有卷尺、钢尺和钢针等。根据钢柱上牛腿组装的位置，精确放出每个牛腿的位置，并将其数据记录，作为钢管柱牛腿节点组装的测量、检验依据。

2) 钢管柱组装工艺方法。

第一步：牛腿组装测量画线。

将钢管柱吊上组装平台，然后固定在平台上的刚性支座上，在钢管柱上画出梁牛腿的组装定位线（图 3.43）。

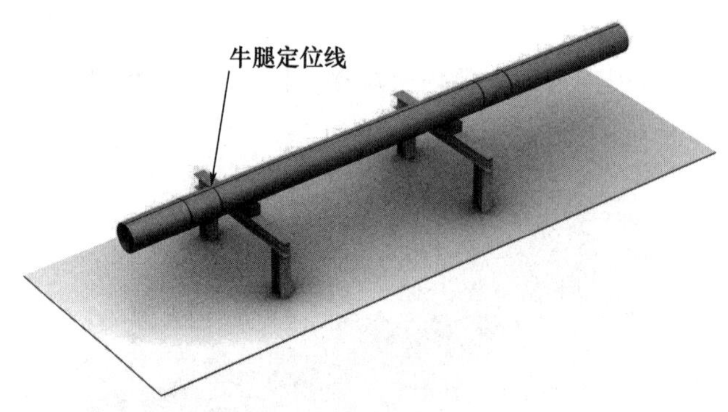

图 3.43 牛腿定位线

第二步：牛腿组装。

吊上制作合格的梁牛腿对准定位线进行组装（图 3.44），先定位点焊固定，然后复检尺寸。

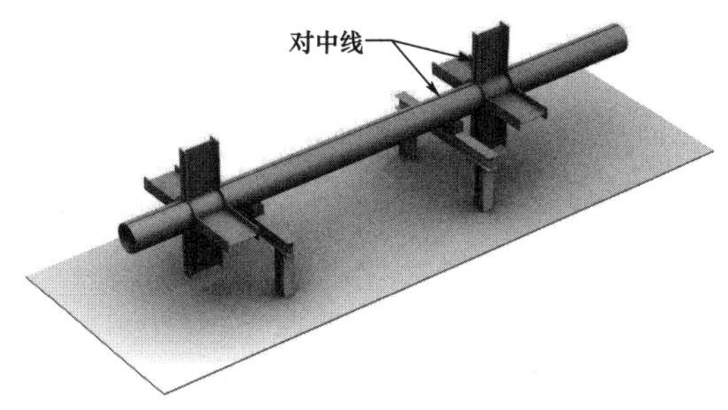

图 3.44 牛腿组装

第三步：牛腿组装的检测。

在进行牛腿定位组装后复检尺寸，包括牛腿组装的垂直度、位置等，检测组装是否符合设计要求。需要调整的应进行重新矫正，直至满足设计组装后方可进入下道工序。检测如图 3.45 所示。

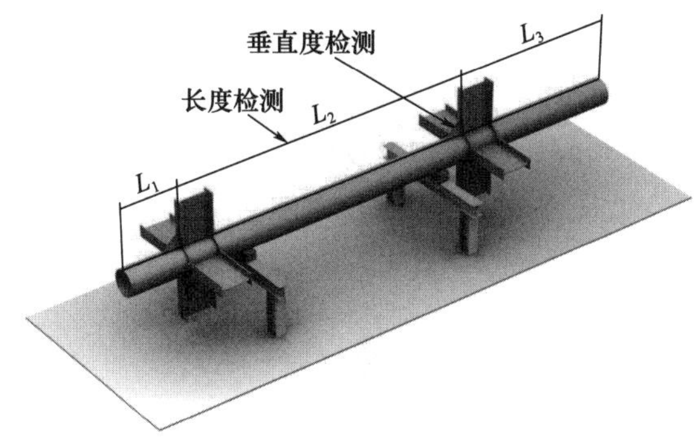

图 3.45 牛腿组装的检测

第四步：牛腿焊接。

牛腿组装尺寸检验合格后，再按照焊接工艺方法和要求按工厂标准工艺进行焊接(图 3.46)。焊接方法主要采用 CO_2 气体保护对称施焊。

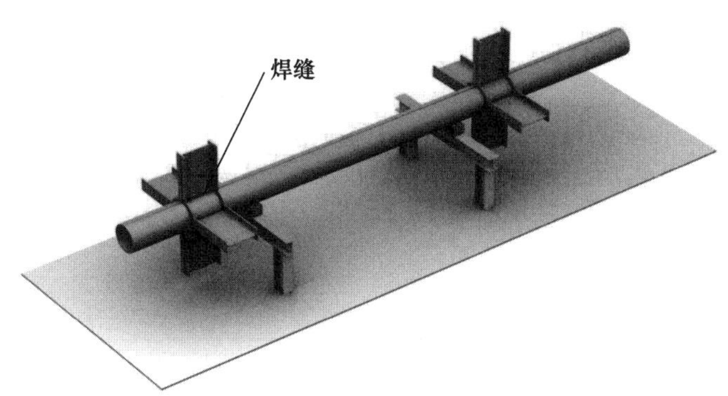

图 3.46 牛腿焊接

3.2.4.4 十字形钢柱加工制作

(1) 本工程十字形钢柱介绍

本工程劲性柱钢骨大量采用十字形钢柱（图 3.47），材质为 Q345B，主要规格为十字形 500mm×300mm×25mm×25mm。

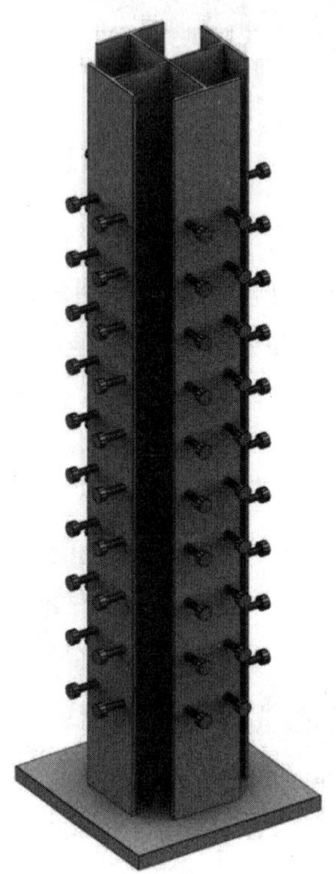

图 3.47 十字形钢柱

(2) 十字形钢柱组装方法

标准十字形钢柱是由一根 H 形钢柱与两根 T 形钢柱组装而成。十字形钢柱组装步骤见表 3.18。

表 3.18 十字形钢柱组装步骤

步骤	加工、组装方法
1	先制作两根 H 形钢柱，一根用于十字柱组装，一根用于加工 T 形钢柱
2	将其中用于制作 T 形钢柱的 H 形钢柱沿中线切开，制作两根 T 形钢柱
3	在 H 形钢柱生产线上和自制组装胎架上进行十字形组立
4	在船形胎架上焊接，焊接采用埋弧焊
5	各类节点组立加工主要采用自制组装胎架进行

1）先制作两根 H 形钢柱，其中用于 T 形钢柱加工的 H 形钢腹板预留 4mm 的切割余量（图 3.48）。

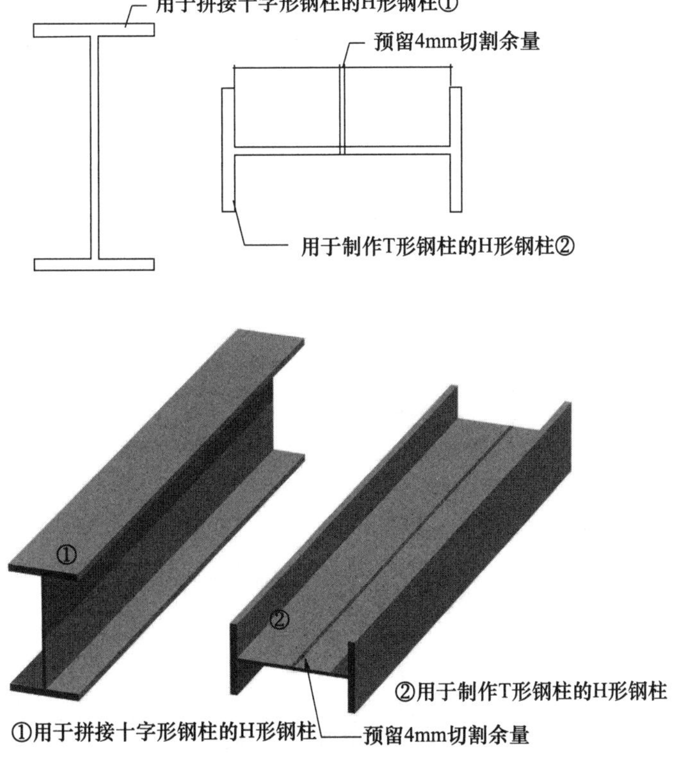

图 3.48 H 形钢柱制作

2）T 形钢柱制作。为防止用于加工 T 形钢柱的 H 形钢腹板在切割时产生翘曲变形，H 形钢腹板分两次切割。

第一次在切割时每 500mm 留 50mm 的未切割段；第二次再将 50mm 的未切割段切开，这样 H 形钢柱被切割成两个 T 形钢柱（图 3.49）。

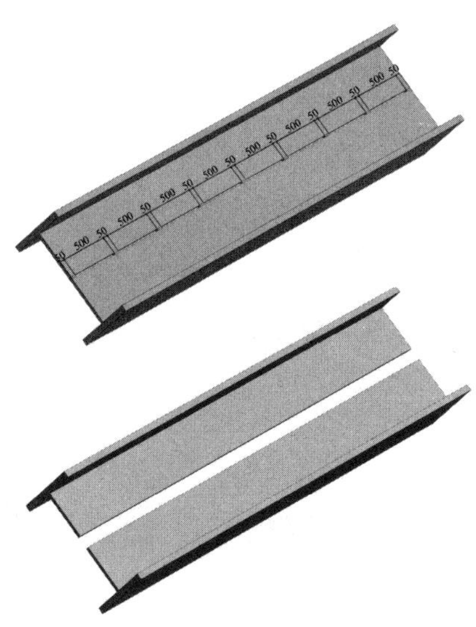

图 3.49 T 形钢柱制作

3）T 形钢柱加工。将 T 形钢柱打磨，开双面坡口，根据《多、高层民用建筑钢结构节点构造详图》（16G519），T 形钢柱坡口形式如图 3.50 所示。

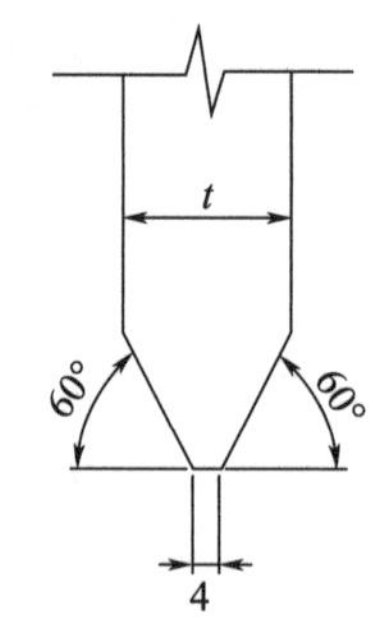

3.50　T 形钢柱坡口形式

4）十字形钢柱组装。

在专用组装模板操作台上首先将 H 形柱钢定位布置，其次利用定位块及千斤顶将 T 形钢柱对称定位布置，并用千斤顶顶紧，然后将 T 形钢柱和 H 形钢柱间断焊接固定，各部件间的定位点焊长度为 40～60mm，焊角为 6mm，间距为 300mm。最后将防焊接变形临时加强杆焊接固定在腹板处（图 3.51）。

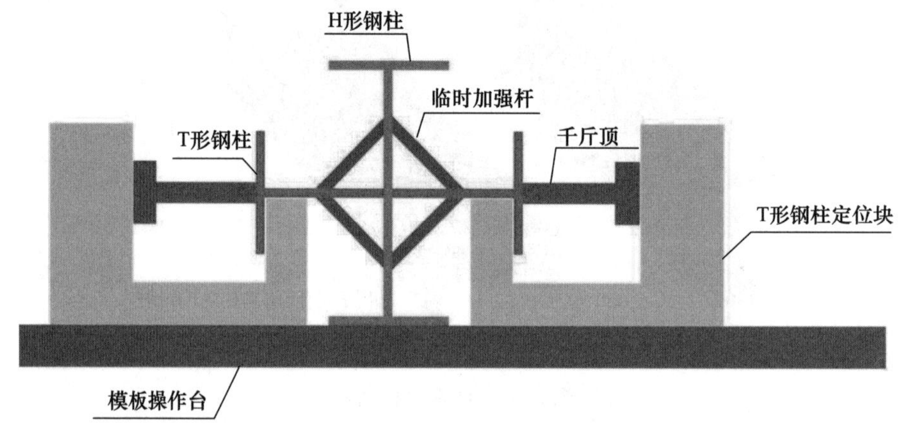

图 3.51　十字形钢柱组装示意图

5）十字形钢柱焊接。

将已经组装完毕的十字形钢柱吊运至专用焊接船形平台上，待调整定位完毕即可采用埋弧焊焊接。焊接完毕焊缝检测合格后即可将防焊接变形临时加强杆拆除掉，将拆除的割痕进行打磨，对弧坑用手工电弧焊进行补焊、抹修（图 3.52）。

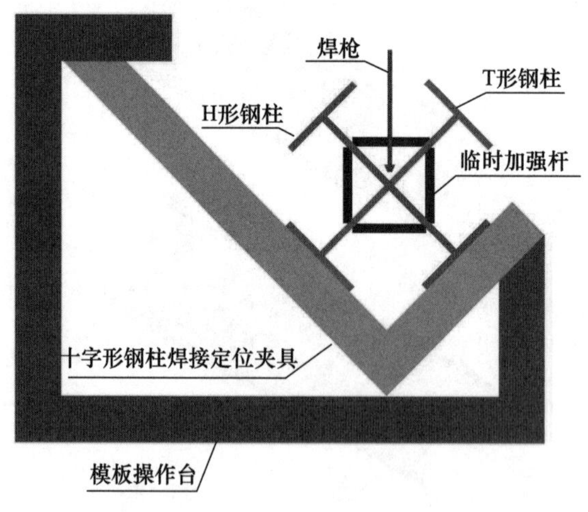

图 3.52　十字形钢柱焊接示意图

(3) 十字形钢柱的焊接工艺措施

1) 十字形钢柱十字位置焊接采用气保焊打底，埋弧焊盖面。

2) 做好焊前的准备工作：加设引熄弧板；清理焊接区；当采用小车埋弧焊时，必须调直轨道，且 1.2m 范围内必须有支架，保证小车行驶到两支架间轨道产生变形。

3) 十字形钢柱的十字位置的焊缝盖面采用小车式埋弧焊机焊接，并采用加长导电嘴。

4) 焊接参数的选择。气保焊焊接电流 I=240～280A，焊接电压 U=26～32V，焊接速度 v=120～150mm/min；埋弧焊焊接电流 I=650～750A，焊接电压 U=32～38V，焊接速度 v=20～22m/h，焊丝伸出长度为 30～40mm。

埋弧焊焊缝检验及质量控制应满足《埋弧焊焊接标准》（ZGGY-BZ-004）的相关规定。

5) 十字形钢柱端头设 150mm 引弧板（图 3.53），定位电焊的焊接长度 60mm 左右，焊角（焊接区焊缝尺寸）6mm，间距 300mm。

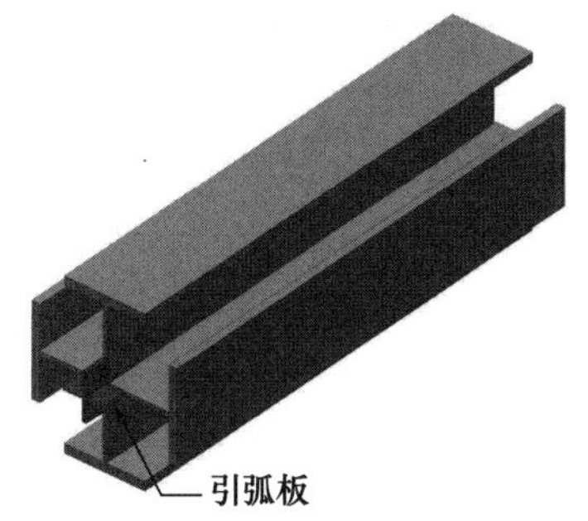

图 3.53 十字形钢柱引弧板示意图

6) 焊接顺序的选择。为合理控制焊接过程中产生的变形，焊接顺序按图 3.54 所示顺序进行，并在焊接过程中加强检查，以便随时进行相应调整。

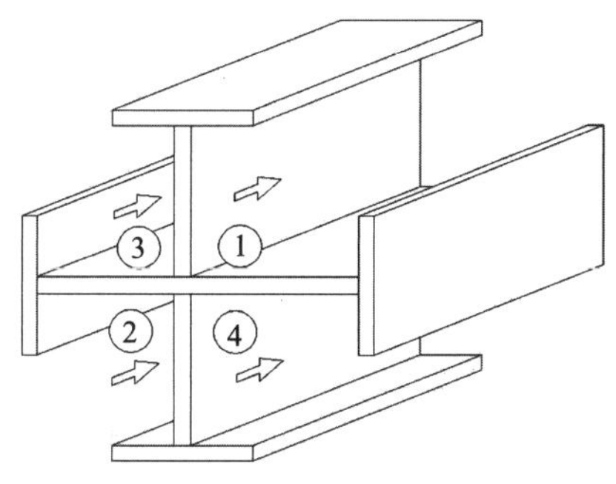

图 3.54 焊接顺序示意图

7) 十字形钢柱端铣。十字形钢柱矫正完毕并合格后方可按基准线进行端面铣削（图 3.55）。

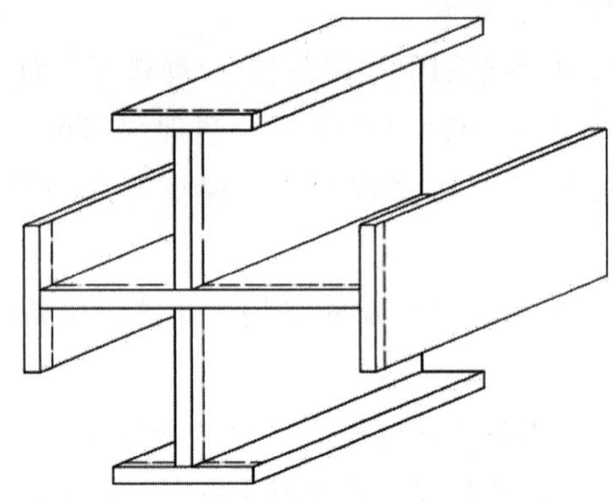

图 3.55　十字形钢柱端面铣削示意图

注：虚线代表铣削后端面所处的位置。

8）清理、矫正，并对组装后的十字形钢柱尺寸进行检验，确保满足规范要求。

（4）十字形钢柱组装尺寸过程控制允许偏差（表 3.19）

表 3.19　允许偏差　　mm

工序	检验项目		允许偏差	检验方法	图例
隔板的装配	隔板与梁翼缘的错位量	$t_1 \geqslant t_2$ 且 $t_1 \leqslant 20$	$t_2/2$	用直角尺检查	
		$t_1 \geqslant t_2$ 且 $t_1 > 20$	4.0	用直角尺检查	
		$t_1 < t_2$ 且 $t_1 \leqslant 20$	$t_1/4$	用直角尺检查	
		$t_1 < t_2$ 且 $t_1 > 20$	5.0	用直角尺检查	
十字形钢柱的组成	T 形连接的间隙	$T < 16$	1.0	用钢尺检查	
		$T \geqslant 16$	2.0	用钢尺检查	
	对接接头底板错位	$T \leqslant 16$	1.5	用直角尺检查	
		$16 < T < 30$	$T/10$	用直角尺检查	
		$T \geqslant 30$	3.0	用直角尺检查	
	对接接头间隙偏差	手工电弧焊	0～+4	用钢尺检查	
		埋弧焊、气保焊	0～+1.0	用钢尺检查	

续表

工序	检验项目		允许偏差	检验方法	图例
十字形钢柱的组成	对接接头直线度偏差		2.0	用直角尺检查	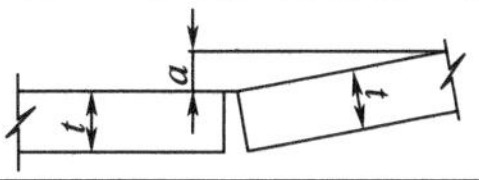
	加劲板或隔板倾斜偏差		1.0	用直角尺检查	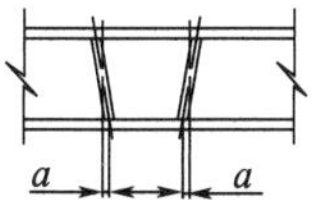
	连接板、加劲板间距或位置偏差		2.0	用钢尺检查	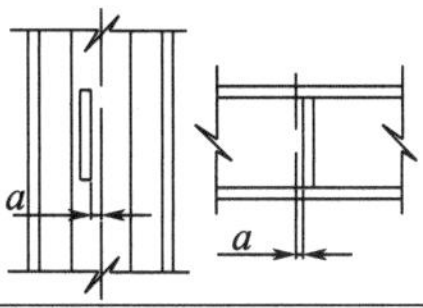
	翼缘板倾斜度	$b \leqslant 400$	1.5	用直角尺和钢尺检查	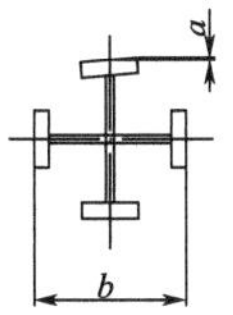
		$b > 400$	3.0	用直角尺和钢尺检查	
		接合部位	1	用直角尺和钢尺检查	
	柱截面尺寸偏差	$h \leqslant 400$	±1.0	用钢尺检查	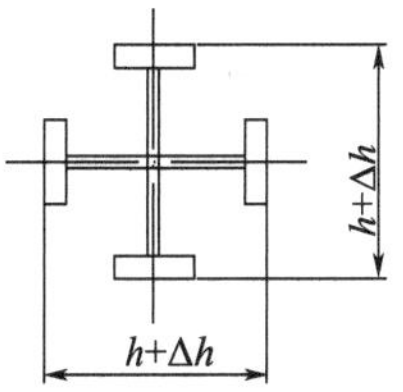
		$400 < h < 800$	±1.0	用钢尺检查	
		$h \geqslant 800$	±1.5	用钢尺检查	
	腹板中心偏移	接合部位	1.0	用钢尺检查	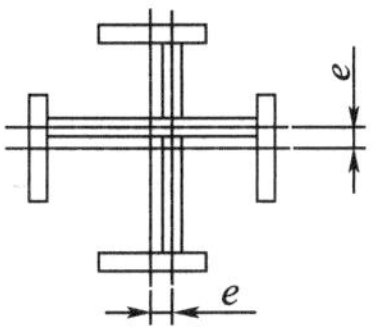
		其他部位	1.5	用钢尺检查	
端面铣	柱端面垂直度	端铣面	$h/800$ 且不大于1.0	直角尺塞尺	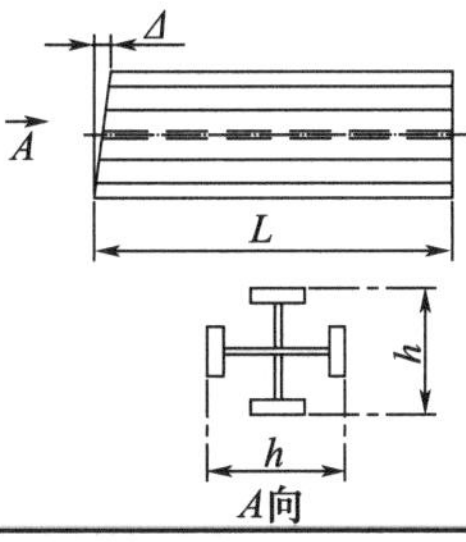
		非端铣面	$h/400$ 且不大于2.0	直角尺塞尺	

（5）十字形钢柱的大组立

1）钢柱装配前，应确认十字形钢柱的主体已检测合格，局部的补修及弯扭变形均已调整完毕。

2）将钢柱本体放置在装配平台上，确立水平基准；根据各部件在图纸上的位置尺寸，利用石笔在钢柱本体上进行画线，其位置线包括中心线、基准线等。各部件的位置线应采用双线标识，定位线条清晰、准确，避免因线条模糊而造成尺寸偏差。

3）待装配的部件（如牛腿等），应根据其在结构中的位置，先对部件进行组装焊接，使其自身组焊在最佳的焊接位置上完成，实现部件焊接质量的有效控制。

4）在装配平台上，按其部件在钢柱上的位置进行组立，如图 3.56 所示。

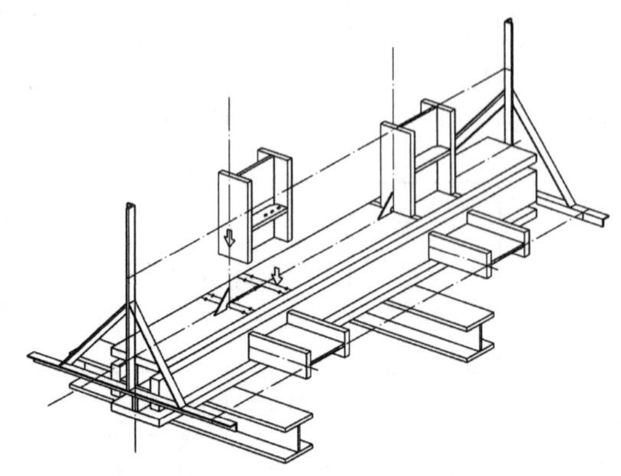

图 3.56　钢柱装配示意图

5）十字形钢柱大组立装配尺寸控制允许偏差见表 3.20。

表 3.20　允许偏差　　mm

工序	检验项目	允许偏差	检验方法	图例
十字形钢柱外围构件的拼装终检	一节柱长度的制造偏差	−2～+1	用钢尺检查	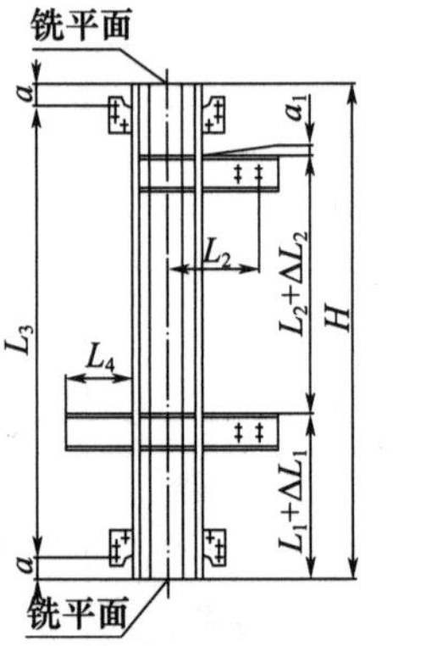
	柱底铣平面到牛腿支撑面距离 L_1 的偏差 ΔL_1	±2.0	用钢尺检查	
	楼层间距离 L_2 的偏差 ΔL_2	±3.0	用钢尺检查	
	牛腿端孔到柱轴线距离 L_2	±3.0	用钢尺检查	
	两端最外侧安装孔距离 L_3	±2.0	用钢尺检查	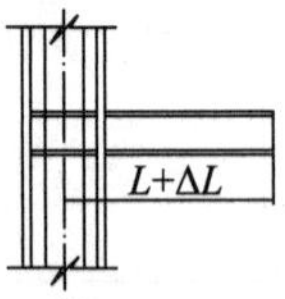
	铣平面到第一个安装孔距离 a	±1.0	用钢尺检查	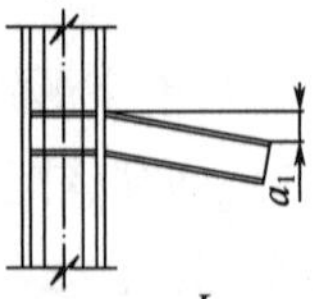
	悬臂梁长度偏差 ΔL	±3.0	用钢尺检查	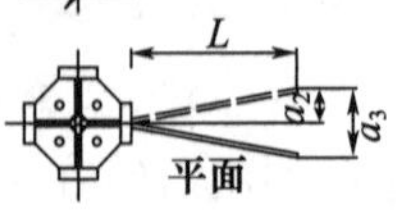

续表

工序	检验项目		允许偏差	检验方法	图例
十字形钢柱外围构件的拼装终检	悬臂梁牛腿面的翘曲或扭曲 a_1	$L \leqslant 600$	2.0	用拉线、直角尺和钢尺检查	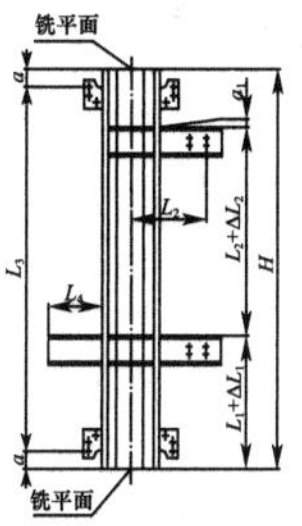
		$L > 600$	3.0	用拉线、直角尺和钢尺检查	
	柱身弯曲矢高 f		$L/1000$ 且$\leqslant 5$	用拉线、直角尺和钢尺检查	
	悬臂梁竖向偏差		$L/300$	用拉线、直角尺和钢尺检查	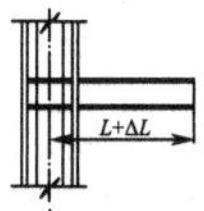
	水平偏差		3.0	用直角尺和钢尺检查	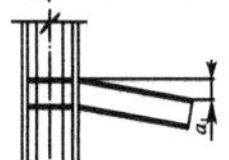
	水平总偏差		4.0	用直角尺和钢尺检查	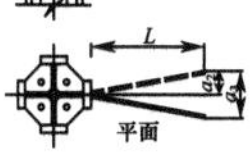
十字形钢柱成品终检	翼缘板倾斜度	$b \leqslant 400$	3.0	用直角尺和钢尺检查	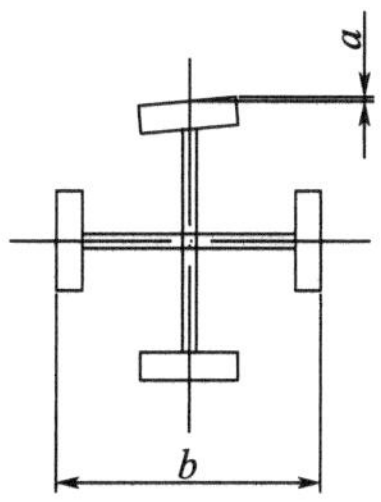
		$b > 400$	5.0	用直角尺和钢尺检查	
		接合部位	$B/100$ 且$\leqslant 1$	用直角尺和钢尺检查	
	柱连接处截面尺寸偏差	$h \leqslant 400$	±2.0	用钢尺检查	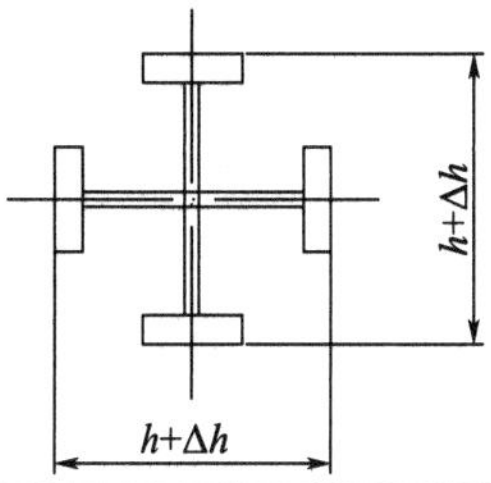
		$400 < h < 800$	±2.0	用钢尺检查	
		$h \geqslant 800$	±2.0	用钢尺检查	
	腹板中心偏移 e	接合部位	1.5	用钢尺检查	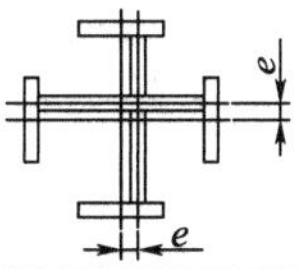
		其他部位	2.0	用钢尺检查	
	每节柱的柱身扭曲		$6h/1000$ 且不大于 5.0	用线坠、直角尺和钢尺检查	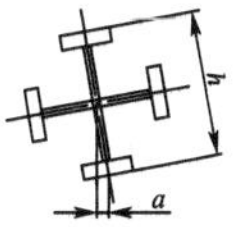
	柱脚底板翘曲和弯折		3.0	用直角尺和钢尺检查	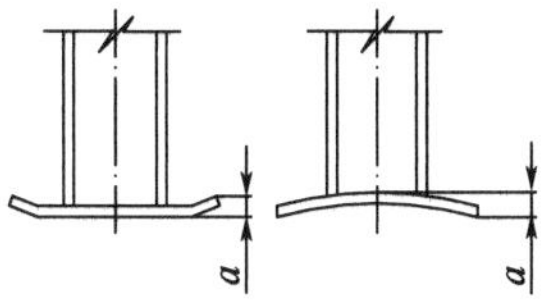

3.2.4.5 箱形梁柱加工制作

(1) 箱形梁柱加工思路

本工程箱形梁柱主要是劲性柱中钢骨柱，规格□650mm×350mm×20mm。箱形梁柱本体在焊接箱形钢生产线上进行，经过切割下料、腹板与翼缘板组立、埋弧自动焊接、电渣焊、机械矫形、制孔等工序而完成。

(2) 箱形梁柱加工制作工艺流程（图 3.57）

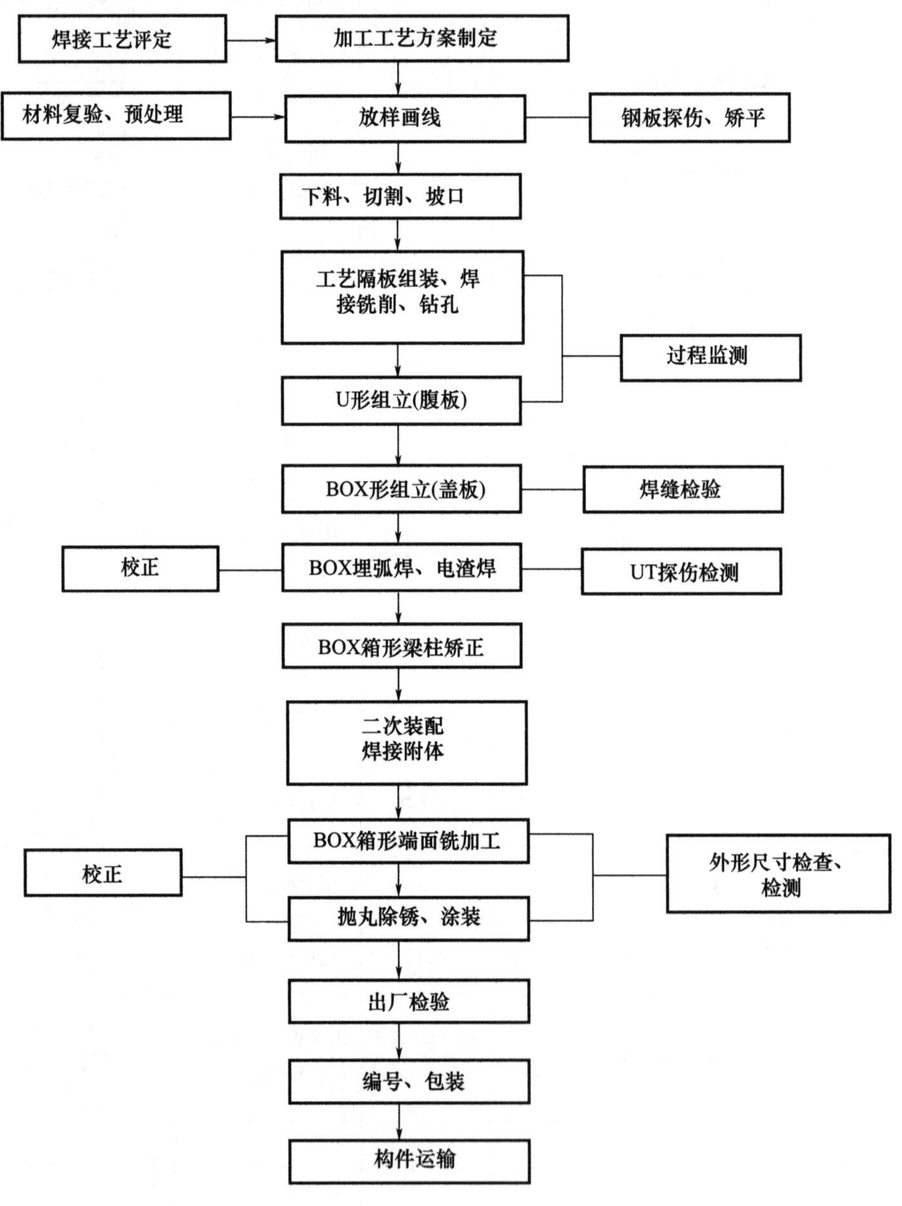

图 3.57 箱形梁柱加工制作工艺流程

(3) 箱形梁柱组装工序（表 3.21）

表 3.21 箱形梁柱组装工序

序号	工序	设备	工序简介
1	拼板	龙门埋弧焊或小车式埋弧自动焊机	 常规钢厂出厂的钢板长度都不够，应进行钢板对接。钢板对接应为整体对接钢板对接，只允许长度方向对接。拼缝的焊接一般采用龙门埋弧焊或小车式埋弧自动焊
2	钢板矫平	钢板矫平机	 钢板下料切割前需要对钢板进行矫平，矫平在专用设备上进行；矫平防止由于钢板的不平整影响加工质量，同时有利于提高钢板的致密性
3	下料切割	数控等离子-火焰数控切割机	 下料切割采用数控自动火焰或等离子切割下料；钢板还必须进行检验和探伤，确认合格后才准切割。为保证切割板材的边缘质量，防止产生条料的变形，不产生难以修复的侧向弯曲，从板两面同时垂直下料，使板的两边同时受热
4	钢板坡口	钢板坡口机或数控钢板铣边机	 钢板坡口在钢板坡口机或数控钢板铣边机上进行，对不同厚度的钢板应严格按照焊接工艺焊缝要求进行坡口
5	画线定位	直尺或经纬仪	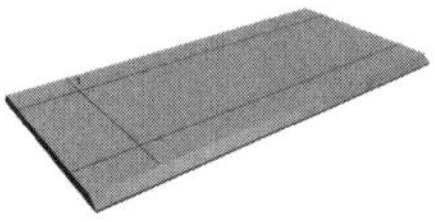 利用装配样板以顶端端面铣削位置作为基准，在下翼板及两块腹板的内外侧画出隔板等装配用线及电渣焊孔位置并打样冲眼，画出中心线、边缘加工线

续表

序号	工序	设备	工序简介
6	内隔板组装	箱形梁柱生产线	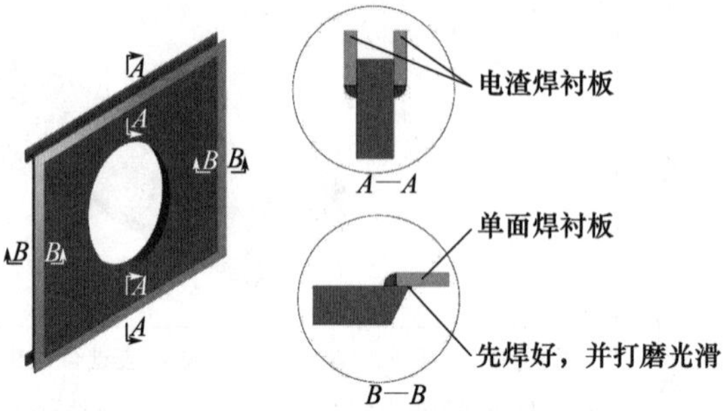 电渣焊衬板 A—A 单面焊衬板 先焊好，并打磨光滑 B—B 为保证箱形梁柱的截面尺寸在 h（b）±2.0 范围内采取内隔板组件的几何尺寸和正确形状来保证。在整个隔板组件装配前，必须对垫板端面用铣边机将端面铣平，然后与隔板在胎架上进行装配，并进行焊接，保证规范且几何尺寸在允许范围内
7	内隔板装配	箱形组立机	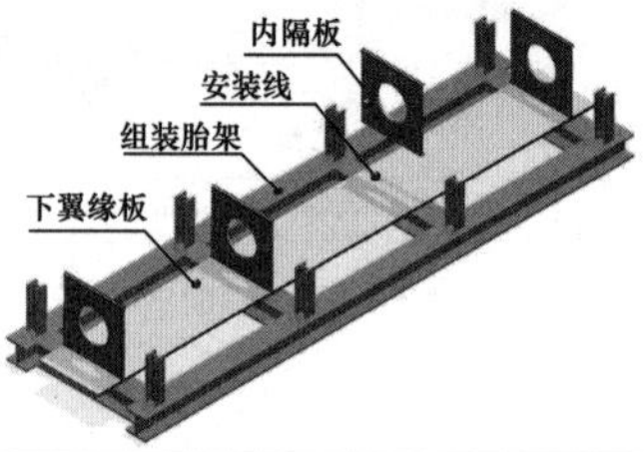 内隔板 安装线 组装胎架 下翼缘板 在组装胎架上把画好线的下翼板置于胎架上，把已装配好的内隔板定位在下翼板之间，装配间隙不得大于 0.5mm。定好位后，检验内隔板垂直度，内隔板与下翼缘板的外垂直度不得大于 1mm。内隔板安装采用分步退装法进行，从中间向两端对称安装进行，内间隔板每安装两块，即对称先进行内横隔板与下翼板之间的平焊
8	腹板装配	箱形组立机	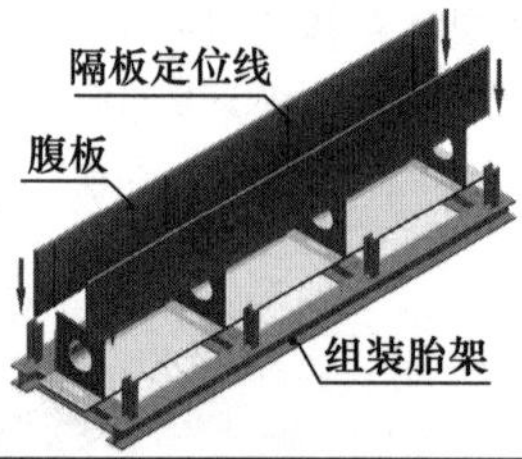 隔板定位线 腹板 组装胎架 装配两侧腹板，使隔板对准腹板上所画线的位置，翼板与腹板之间的垂直度不得大于 $b/500$（b 为板长）；装配形式如上图所示
9	腹板焊接	箱形组立机	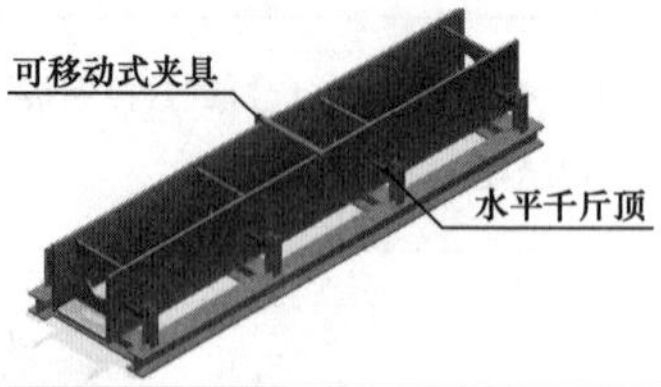 可移动式夹具 水平千斤顶 在进行 U 形组装时，要控制柱的弯曲和扭曲，同时控制柱总长和各层加劲板横隔板的位置。U 形组装在自制的胎架上进行，组装前，用中心线法检查各板的平直度，如果弯曲超差，则必须进行矫正。腹板焊接均采用 CO_2 气体保护焊，内隔板两侧开坡口与腹板为熔透焊，焊后 100%UT 探伤，合格后装上翼缘板

续表

序号	工序	设备	工序简介
10	上翼缘板组装	箱形组立机	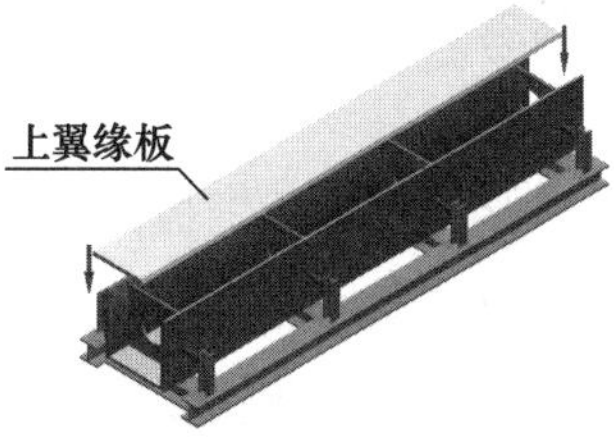 箱形柱U形组立后，按设计要求自检内隔板的尺寸、焊缝和电渣焊衬板的尺寸等进行全面检查，合格后填写“隐蔽工程记录”，同时还要检查箱形梁柱是否有扭曲变形，如发现有扭曲变形应立即调整。所有控制项目符合要求后，将最后一块翼板与槽组装
11	箱形梁柱埋弧焊	双头自动埋弧焊接机 CO_2气体保护焊打底机	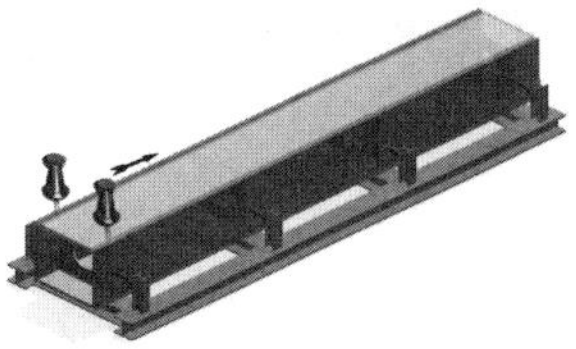 箱形梁柱焊接主要是四条主焊缝的焊接。焊接采用门式全自动埋弧焊，两条焊缝同时、同一方向、同一焊接电流施焊。焊接后需要对其进行矫正，由于构件钢板比较厚，主要采取焊后局部加热退火，消除产生的集中应力
12	箱形梁柱电渣焊	双头电渣焊机	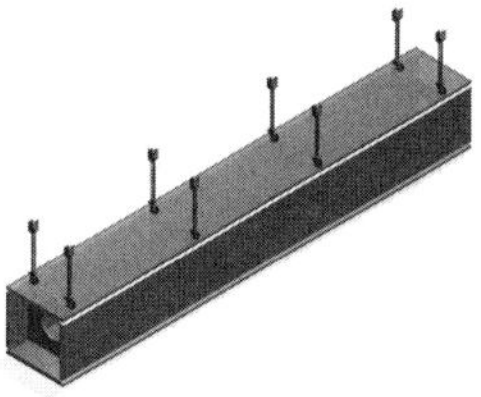 箱形梁柱内隔板与腹板之间有垂直夹角，将采用两面电渣焊来进行内隔板焊接，焊后UT检查
13	端面铣削加工	端铣机	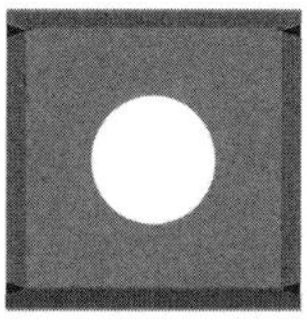 端面铣加工采用专用端面铣加工设备进行机加工，箱形端面铣加工主要是为下道拼接、焊接做基准加工
14	除锈涂装	抛丸除锈机	 整体箱形梁柱完成后进行除锈、涂装。除锈主要采用抛丸除锈工艺方法，在全自动、全封闭的抛丸除锈机中进行

(4) 箱形梁柱制作工艺要点

1) 钢板切割下料、开坡口。

箱形梁柱的下料切割主要是直板条加工，其主要过程为：

① 钢板拼板。

采购的钢板若长度不够，应进行钢板拼接。钢板拼接应为整体拼接。钢板拼接只允许长度方向对接，采用龙门自动埋弧焊或小车式埋弧自动焊。

② 厚钢板焊接坡口采用龙门刨刨削或用钢结构万能坡口切割机铣削而成，加工后用样板检查坡口尺寸。焊接前应对坡口及坡口边缘至少100mm处进行彻底检查，并采用超声波检查是否有夹层、裂纹、夹灰等缺陷。如发现有上述等问题应及时报有关人员进行处理。

③ 钢板对接在专用工作平台上进行，以保证对口错边$\Delta \leqslant t/25$且不大于2mm，t为钢板厚度。

④ 钢板的定位点焊采用CO_2气体保护焊，焊接前应对钢板进行预热。预热温度为150～200℃，焊缝尺寸为20mm（焊缝长度）×200mm（间隔长度），焊接参数如下：

CO_2气体保护焊焊接电流$I=240$～280A，焊接电压$U=26$～32V，焊接速度$v=120$～150mm/min。

⑤ 焊后立即用大功率火焰枪或陶瓷加热器进行焊后热处理，将焊缝两侧100mm的范围加热至200～300℃。加热完毕后采用保温棉等进行保温，恒温时间段按每30mm板厚恒温1h计算。当温度降至150℃时，揭开保温棉让其自然冷却。

⑥ 焊后进行外观检查，检查合格后做好记录。施焊24h后，对焊缝进行无损探伤，确认焊缝内在质量合格之后做好记录，转入下一道工序。若发现有缺陷，必须报告负责人，并由主任焊接工程师制定整改措施进行整改，整改后继续进行无损探伤。若再次不合格，则该工件进行报废处理或转为他用。

2) 放样下料。

箱形梁柱板材应经进厂复检，并经检查满足设计及规范要求后方可使用。放样下料应以保证加工质量和节约材料为目的。各施工过程如钢板下料切割、箱形梁柱组合、各部件和零件的组装，以及构件预拼件组装，都需有专业放样工在加工面上和组装大样板上进行精确放样。放样后须经检验员检验，以确保零件、部件、构件加工的几何尺寸，以及形位分差、角度、安装接触面等的准确无误。

3) 下料切割（含坡口）。

箱形梁柱翼缘（腹）板下料采用数控多头钢板切割机、伊萨-汉考克等离子、数控火焰多头切割机进行切割下料，加劲、连接钢板下料采用伊萨-汉考克等离子、数控火焰多头切割机和小车式火焰切割机进行下料切割。钢板切割前应用钢板矫正机对钢板或型材进行矫正。对箱形梁柱钢板还必须进行检验和探伤，确认合格后才准切割。加工的要求应按工厂内控标准检验切割面、几何尺寸、形状公差、切口截面、飞溅物等，检验合格后进行合理堆放，做上合格标识和零件编号。

为保证切割板材的边缘质量，同时使切割的板材两边受热均匀，不产生变形以及难以修复的侧向弯曲，即应采用数控多头等离子火焰切割机，从板两面同时垂直下料，使板的两边同时受热，切割下料（图 3.58）。

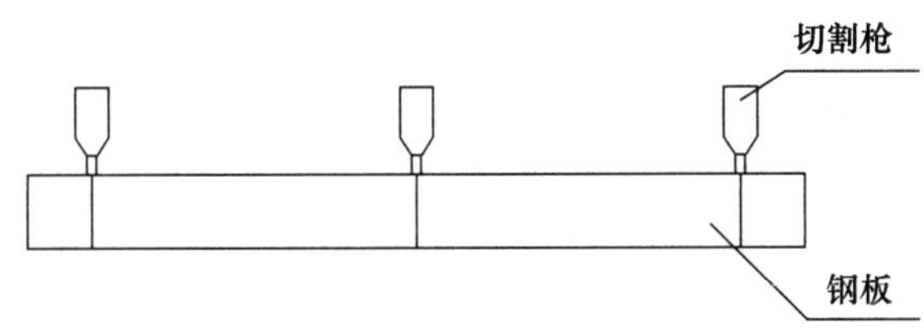

图 3.58 切割机切割下料示意图

箱形梁柱钢板下料长度以图纸尺寸为基础，根据柱、梁截面大小和连接焊缝的长度，考虑预留焊接的收缩余量和加工余量并结合以往施工经验，四条纵焊缝按每 1m 沿长度方向收缩 0.6mm，因此一般柱、梁翼缘及腹板下料长度的预留量为 50mm，允许误差见表 3.22。

表 3.22 下料后允许误差

项目	允许偏差
宽度和长度	±3.0mm
边缘缺棱	不大于 1.0mm
垂直度	不大于板厚的 5%不大于 2.0mm
型钢端部倾斜值	不大于 2.0mm
坡口角度	不大于±5°

钢板下料后质量应符合下列要求：

① 切割长度、宽度的尺寸公差：±3.0mm。

② 切割边缘缺棱：在 1mm 以内。

③ 不铣边的切割表面必须用磨光机或风砂轮打磨气割面和矫正。

④ 箱形截面构件每块板的直线度：不大于 1mm。

⑤ 切割表面与钢板表面的不垂直度：不得大于钢板厚度的 5%，且不得大于 1.5mm。

⑥ 放样号料要按定长尺寸的钢板对应进行，不得随意取短使用。

⑦ 下料完成后，施工人员必须将下料后的零件加以标记，并归类存放。

⑧ 检验画线的准确性并打印记。

4）梁柱的组装。

第一步：组装前准备。

① 焊工检查各待组装零部件标记，核对钢板材质、规格，发现问题及时反馈。

② 检验各组装件的图号及外观尺寸、坡口形状的正确性。对零件的焊接坡口不符合要求处用磨光机或砂轮打磨。

③ 画线：利用装配样板以顶端端面铣削位置作为基准，在下翼板及两块腹板的内外侧画出隔板等装配用线及电渣焊孔位置并打样冲眼，画出中心线，如图 3.59 所示。

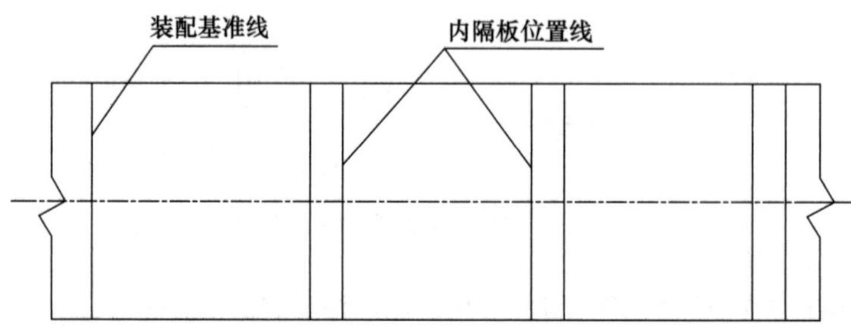

图 3.59　构件组装画线示意图

工具：平直尺、墨线斗，带状钢样板，直角尺，样冲，小锤，石笔等。

第二步：内隔板的装配焊接。

① 内隔板是腹板组装定位基准，为保证箱形截面构件电渣焊接质量；对内隔板夹板实行专用模胎组装、机加工成型；其下料由准备车间采用数控火焰切割机进行；下料后在专用组装模胎上进行组装。然后夹板的机加工在铣边机上进行，铣削完毕后应去除毛刺，并用记号笔编上零件号；保证其尺寸和形位公差。

② 对内隔板的非电渣焊侧应按详图设计要求进行坡口加工。

③ 内隔板的组装采用内隔板专用组装胎架进行，组装示意图如图 3.60 所示。

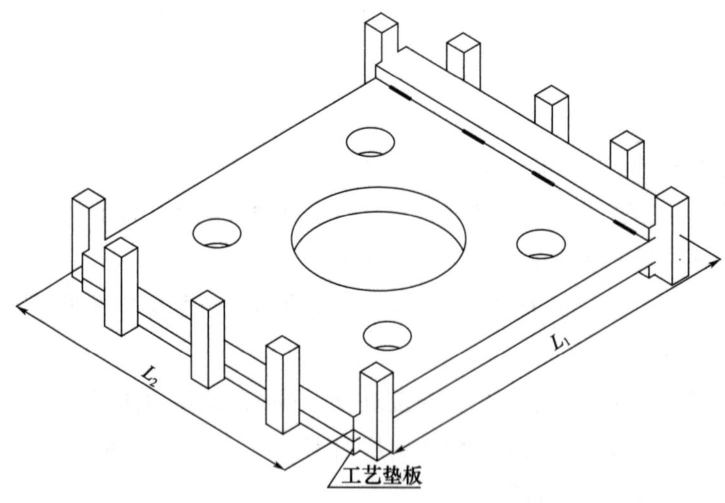

图 3.60　内隔板的组装示意图

④ 内隔板的组装应在车间做好内隔板的标识，对隔板规格尺寸加以标识，并检查其外形尺寸偏差，应符合的指标要求见表 3.23。

表 3.23 外形尺寸允许偏差

序号	项目	允许偏差（mm）	备注
1	内隔板长度	1	
2	内隔板宽度	1	
3	对角线差	1.5	

第三步：焊接箱形梁柱组装（图 3.61）。

① 焊接箱形梁柱组装设备为箱形钢构件自动生产线上的 BOX 组立机或 BOX 组立机，焊接设备为气体保护焊机。

② 以下翼板顶端基准线为基准，在下翼板及两块腹板的内侧画出隔板、顶板等装配用线，位置线应延伸至板厚方向。

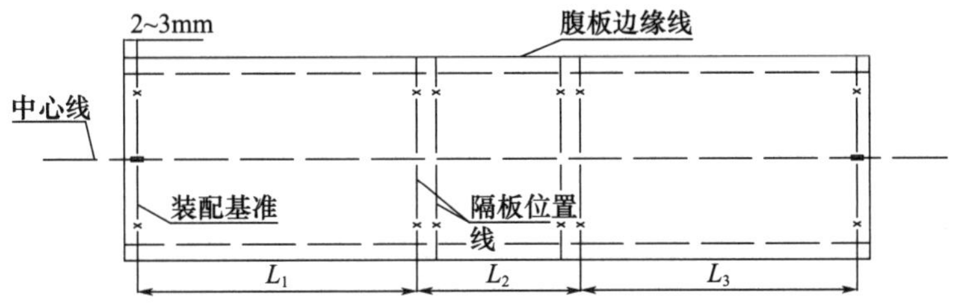

图 3.61 箱形梁柱组装示意图

在箱形截面构件的腹板上装配焊接衬板，进行定位焊并焊接，对腹板条料应执行中心画线，然后坡口加工；进行垫板安装的制作流程，在进行垫板安装时，先以中心线为基准安装一侧垫板，然后再以已安装好的垫板为基准安装另一侧垫板，应严格控制两垫板外缘之间的距离。定位焊缝采取气体保护焊断续焊接，焊缝长度 60mm，间距 300mm，如图 3.62 所示。

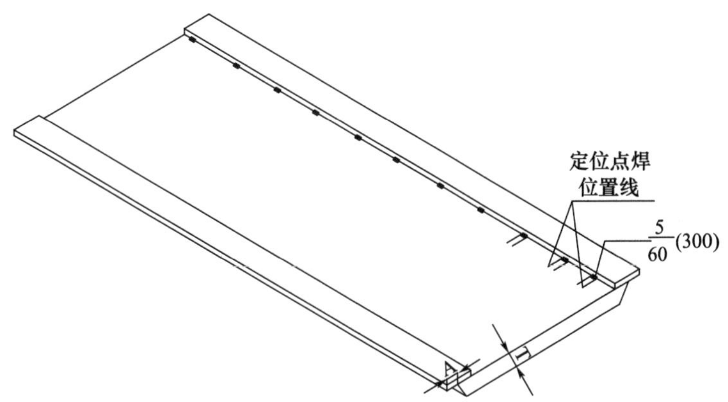

图 3.62 定位点焊位置线示意图

③ 在装配胎架上把画好线的下翼板置于组立机平台上，把已装配好的各隔板定位在下翼板上，隔板与下翼板之间的装配间隙不得大于 0.5mm。定好位后，检验隔板垂

直度，隔板与下翼板的垂直度不得大于 1mm，定位焊接要求如图 3.63 所示。

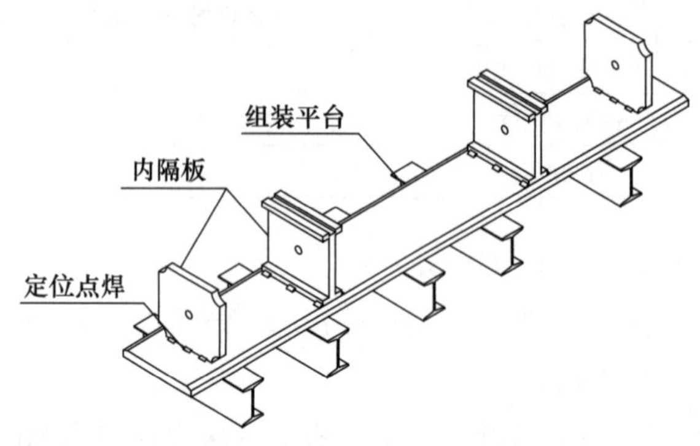

图 3.63　隔板与下翼板焊接示意图

④ 装配两侧腹板：将隔板对准腹板上所画的位置，翼板和腹板之间的垂直度不得大于 1mm。然后对腹板与隔板及腹板与翼板之间的焊缝进行定位，如图 3.64 所示。

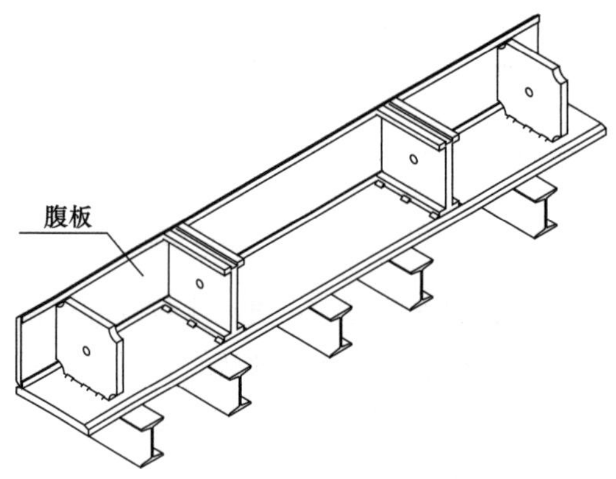

图 3.64　腹板焊接示意图

⑤ 利用 BOX 组立机的定紧及加紧装置，将箱形截面钢梁的面板与隔板紧密贴紧，BOX 组立机组装如图 3.65 所示。

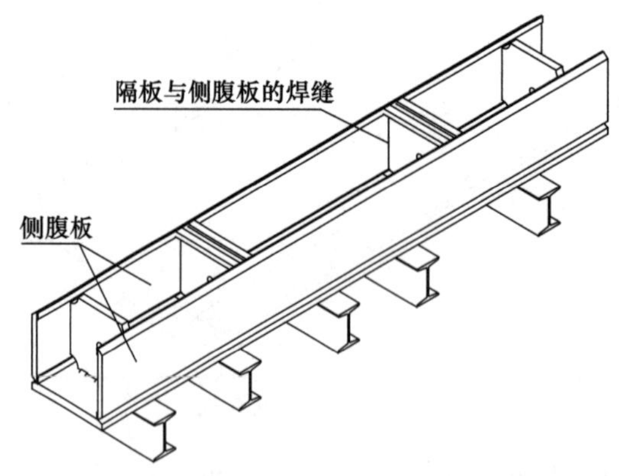

图 3.65　BOX 组立机组装示意图

将已形成U形的箱体吊上装配平台上进行隔板与腹板之间的全焊透焊缝焊接，焊接方法主要采取CO_2气体保护焊，并利用碳弧气刨进行反面清根，对焊缝进行100%UT检测，合格后方可进行盖板（图3.66）。

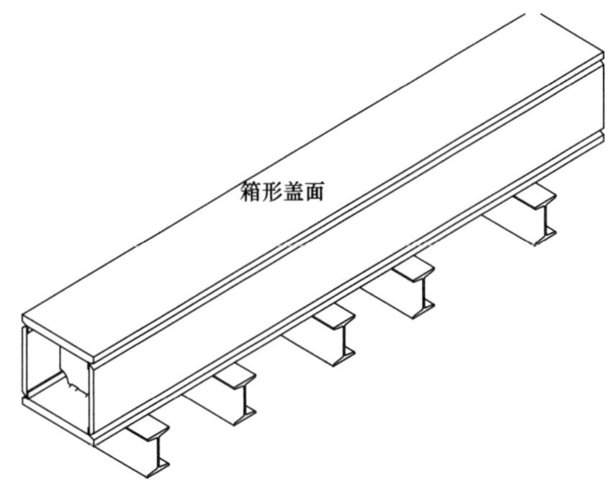

图3.66 U形箱形盖面示意图

将U形箱重新吊上组立机平台进行盖面；利用组立机上部压紧装置装配上翼板。

⑥ 装配埋弧焊接所需的引弧板及引出板，起始端引弧板长度为200mm，宽度为100mm；熄弧端引出板长度为30mm，宽度为100mm，焊缝熄弧端的坡口加工可利用碳弧气刨进行加工坡口。

⑦ 箱形截面杆件组立完毕后，在箱形截面钢柱的外侧面板上利用石笔画出采用电渣焊UT检测线（图3.67），同时做出100mm基准线。

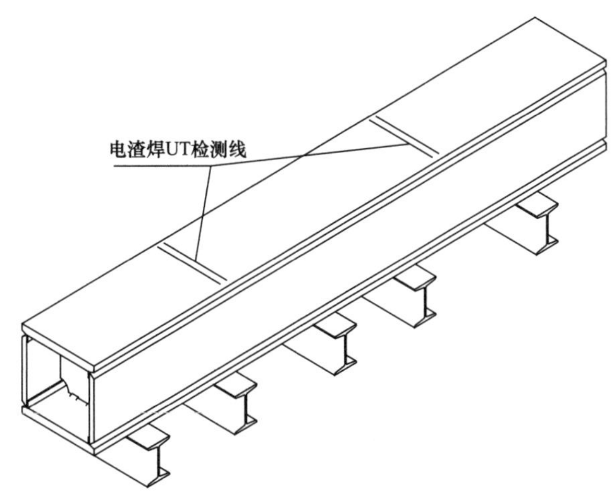

图3.67 电渣焊UT检测线示意图

第四步：箱形截面构件的焊接。

① 焊接方法的选择。

ⓐ 腹板与翼缘板采用全自动埋弧焊接；

ⓑ 加劲板与腹板采用电渣焊焊接；

ⓒ 加劲板与缘板采用 CO_2 气体保护焊焊接；

ⓓ 定位隔板与箱形构件焊接采用 CO_2 气体保护焊焊接。

② 箱形构件的埋弧焊。

ⓐ 焊接质量：根据设计要求为全熔透焊缝，质量等级为一级，坡口形式为内加衬垫的 V 形坡口。对半熔透焊缝，坡口形式为带钝边的 V 形坡口。

ⓑ 焊接方法：采用埋弧自动焊接，在焊接胎架上进行，由两台焊机沿同一方向同时施焊。

ⓒ 焊接工艺要求：打底焊缝的施焊非常关键，往往焊缝未熔透，在根部未熔合。因此首层焊缝焊接时焊丝一定要对正焊缝中心，防止对偏使根部熔合不好，造成焊缝质量达不到要求。

③ 焊接工艺参数的选用。

埋弧焊丝 $\phi4.0$mm；

焊接电流 I=550～650A；

焊接电压 U=36～40V；

焊接速度 v=320～380mm/min；

焊丝伸出长度 L=25～30mm。

④ 四条主焊缝埋弧焊接。

ⓐ 焊接设备：CO_2 气体保护焊采用一般的气体保护焊机，埋弧焊接在 BOX 流水线、门形埋弧焊焊接设备或半自动埋弧焊接设备上进行。

ⓑ 埋弧焊采用的焊丝：推荐选用 H10Mn2A＋SJ101。

ⓒ 引弧板的材质应与母材相同，其坡口尺寸形状与母材相同，埋弧焊焊缝引出长度应大于 60mm，引弧板的板宽不小于 100mm，长度不小于 150mm。

ⓓ CO_2 气体保护焊接时，其焊丝选用 ER50-6；焊接完打底后，须打磨或刨削接头根部，以保证在无缺陷的清洁金属上进行下道工序的焊接。

ⓔ 埋弧焊焊接：在埋弧焊焊接前，须用钢丝刷或砂轮机清除焊缝附近 20～30mm 范围内的铁锈、油污等杂物。

ⓕ 当采用埋弧焊填充和盖面时，焊接工艺参数见表 3.24。

表 3.24 焊接工艺参数

序号	板厚（mm）	焊道	焊丝直径（mm）	电流（A）	电压（V）	速度（m/h）	伸出长度（mm）
1	14～20	盖面	$\phi4.8$	630～670	33～36	19～22	25～30
2	＞20～30	盖面	$\phi4.8$	650～700	35～38	18～20	
3	＞30～50	填充层	$\phi4.8$	700～750	34～36	20～24	
		盖面	$\phi4.8$	650～700	32～34	21～24	

⑤ 电渣焊。

箱形构件的内隔板与腹板之间有垂直夹角，电渣焊孔是方形的，将采用两面电渣焊来进行内隔板焊接。为确保电渣焊的焊接质量，采用图 3.68 所示接头形式。

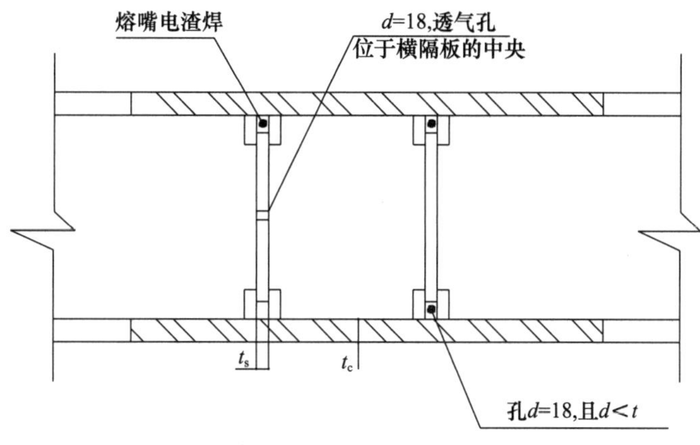

图 3.68 电渣焊接接头示意图

ⓐ 电渣焊接准备。工程隔板电渣焊主要采取非熔嘴电渣焊接，电渣焊丝选用 ϕ1.6mm 的 H10Mn2，焊丝质量符合《熔化焊用钢丝》（GB/T 14957—1994）标准的规定。

ⓑ 电渣焊工艺。

熔嘴采用 ϕ12mm×4 外涂焊剂的管状熔嘴；

焊丝为 H08A，ϕ2.4mm。

焊剂：HJ431，焊前经 350～400℃×1h 烘焙。

起弧电压 52V，电流 480A。

正常焊接电压 48V，电流 580A。

ⓒ 钻电渣焊孔应采用摇臂钻，钻孔过程中应使用空气冷却，不允许采用水冷却；孔加工好后，清除残余污物或油污等杂质（可以采用高压气体清除或火焰加热烘烤的方法）。

ⓓ 电渣焊需要准备的工具有千斤顶、玻璃目镜、引弧铜板、引出铜块、火焰烘枪和砂轮机等。

ⓔ 安装引出装置。引出装置用黄铜制成，放置于焊道上端。安装前应将圆孔周边约 ϕ150mm 范围打磨平，使焊接时渣液不易外流。

ⓕ 安装引弧装置。引弧装置为引弧铜帽，将其孔中心对准焊孔中心，焊前在引弧装置的凹部撒放一定量的引弧剂；撒放一定量的焊剂，对准中心后放于焊口下端；用千斤顶顶紧。

ⓖ 电渣焊过程中质量控制措施。

采用高压、低电流，慢送丝起弧燃烧。当焊缝焊至 20mm 以后，电压逐渐降到 58V，电流逐渐上升到 580A。随时观测外表母材烧红的程度并采取措施，以均匀地控制熔池的大小。熔池既要保证焊透，又要不烧穿母材，主要是根据外表的烧红程度来调节电流大小，用风管吹母材外表来达到降温和防止烧穿的目的，用电焊目镜观察熔嘴在熔池中的位置，使其始终在熔池中心部位。保证熔嘴内外清洁，焊剂、引弧剂干燥清洁，保证电源正常供电，保证焊缝收尾焊接质量。

⑥ 电渣焊焊接质量的检查。

焊缝质量首先是外观检验，无任何超标缺陷，特别是引弧、引出部位；然后进行超声波无损探伤检验，探伤比例为 100%。对电渣焊的焊接中断问题，要将不合格的焊缝重新钻通，重新焊接，直到合格为止，也可以将小范围的未熔合的不合格段刨掉。接着用 CO_2 气体保护焊补焊，同一位置返修不能超过两次。

第五步：焊接质量外观检验。

① 焊接焊缝应冷却到环境温度后进行外观检查，Ⅱ类、Ⅲ类钢材的焊缝应以焊接完成 24h 后的检查结果作为验收依据。

② 外观检查一般用目测，裂纹的检查应辅以 5 倍放大镜并在合适的光照条件下进行，必要时可采用磁粉探伤或渗透探伤，尺寸的测量应用量具、卡规。

③ 焊缝外观质量应符合下列规定。

ⓐ 一级焊缝不得存在未焊满、根部收缩、咬边和接头不良等缺陷，一级焊缝和二级焊缝不得存在表面气孔、夹渣、裂纹和电弧擦伤等缺陷。

ⓑ 二级焊缝的外观质量除应符合ⓐ的要求外，尚应满足相关规定。

第六步：端面铣削加工。

对箱形梁柱应进行铣平，铣平后端面与柱中心线的垂直度控制在 1.5h/1000mm 的范围内，具体做法是：

① 在端铣的铣头设置 2m×10m 经机械加工的平台，并将平台调整水平。

② 在铣削前，在距箱形构件顶面 50mm 的相邻两侧画出基准线（与箱形构件中心垂直）。

③ 将箱形构件放在平台上，在柱身下相距约 8cm 处垫两块等高垫块。

④ 对箱形构件进行找正，用铣头升降找正垂直方向，用立柱行走找正水平方向。

⑤ 找正后对柱进行夹紧，铣削；当定位准确、夹紧可靠时，可一刀铣成。经铣平的箱形构件可以作为自身长度方向组装其他零部件的基准面，其精度高，测量容易。

3.2.4.6 钢结构运输方案

结合工程结构特点，为保证构件加工精度，所有构件均按设计和安装要求分段进行工厂加工、运输到现场。构件工厂加工完成后直接由汽车运输至工地现场进行吊装，现场堆放 7d 左右吊装工作量的构件，其余加工、拼装好的构件均堆放在工厂内，随时运至现场待安装。

(1) 构件的运输分类

为适应公路运输的要求，对钢结构构件进行了工厂的分段制作，工厂制作完成后主要有三类构件，见表 3.25。

表 3.25 构件的类型

序号	类型	
1	第一类构件	在 2.8m×3.2m×17m 尺寸限制范围内的单根构件
2	第二类构件	较大尺寸的构件，如柱等
3	第三类构件	主要包括节点连接耳板、外挂节点、需要工厂代加工的现场定位靠板、制作范围内的螺栓等其他材料

（2）构件运输包装方案（表 3.26）

表 3.26 构件运输包装方案

序号	方式	适用类型	注意事项及示意图
1	捆装	第一、第二类构件	适用于质量、体积均较大且不适合装箱的产品，如带牛腿钢骨柱、钢梁等
2	包装箱包装	第三类构件	适用于外形尺寸较小、质量较轻、易散失的构件，如连接件、螺栓或标准件等； 包装依据安装顺序、分单元配套进行包装； 装箱构件在箱内应排列整齐、紧凑、稳妥牢固，不得蹿动，必要时应将构件固定于箱内，以防在运输和装卸时滑动和冲撞，箱的充满度不得小于 80% 箱子的顶面及 4 个侧面用漏字板喷字（红色），字体为 20mm×15mm。箱子的 4 个上角涂上蓝色三角标记。每边长 200mm

(3) 构件运输方案

1) 出货要领及出货计划：

根据工程的情况以及要求，结合自身的实际情况制定运输方案（表3.27），确保顺利、安全地运输。

表3.27 构件的运输方案

出货要领	内容
类 型	圆钢管柱、H形钢梁柱、箱形梁柱、弧形箱形梁、弧形H形钢柱等
捆扎要求	结合构件特点与装车要求进行捆扎
汽车运输计划	提前一周提供出货清单，根据钢结构出货清单安排车辆，一般在下午两三点钟到达工厂装货地点装车，按每车20t核算，每批拟发运6～9车构件
汽车运输计划	根据工厂的有关捆扎管理规定进行装车捆扎及捆扎后的检验
	超长、超宽件按国家交通管理规定办理相关运行手续，并进行开道运输，保证货物安全运输到现场
	由现场拼装作业组安排卸货人员、吊机、卸货场地，配合送货车辆在到达施工现场后尽快卸货

2) 运输过程中的质量保证措施（表3.28）

表3.28 运输过程中的质量保证措施

编号	质量保证措施	
1	装载要求	a. 钢结构运输时，按安装顺序进行配套发运。 b. 汽车装载不超过行驶证中核定的载重量。 c. 装载时保证均衡平稳、捆扎牢固。 d. 运输构件，根据构件规格、质量选用汽车。大型货车载物高度从地面起控制在4m内，宽度不超出厢，长度前端不超出车身，后端不超出车身2m。 e. 钢结构长度未超出车厢后栏板时，不准将栏板平放或放下。 f. 钢结构的体积超过规定时，须经有关部门批准后才能装车
2	加固	a. 加固材料：通常使用的加固材料有支架、垫木、挡木、方木、钢丝绳、钢丝绳夹头、紧线器、导链等。 b. 加固车时，钢丝绳（$\phi10\sim\phi18$）拉牢，形式应为八字形、倒八字形，交叉捆绑或下压式捆绑
3	注意事项	a. 在运输过程中，由工厂派专人负责汽车装运，对装卸的质量进行全面的负责与监控，发现问题及时解决并及时反馈给工厂总部，以便做出第一时间的处理。 b. 钢结构装载与加固的基本要求是必须能够经受正常的汽车运输中所产生的各种力的作用，以便保证钢结构在运输的全过程中不致发生移动、滚动和坠落等情况

(4) 运输中成品保护

工程生产过程中，制作、运输等均需制定详细的成品、半成品保护措施，防止变形及表面油漆破坏等，因此制定表 3.29 所示的成品保护措施。

表 3.29 运输中的成品保护措施

序号	成品保护措施
1	成品必须堆放在车间中的指定位置
2	成品在放置时，在构件下安置一定数量的垫木，禁止构件直接与地面接触，并采取一定的防止滑动和滚动措施，如放置止滑块等；构件与构件需要重叠放置的时候，在构件间放置垫木或橡胶垫以防止构件间碰撞
3	构件放置好后，在其四周放置警示标志，防止工厂其他吊装作业时碰伤
4	成品的吊装作业中，捆绑点均需加软垫，以避免损伤成品表面和破坏油漆
5	构件与构件间必须放置一定的垫木、橡胶垫等缓冲物，防止运输过程中构件因碰撞而损坏
6	钢构件之间放置橡胶垫之类的缓冲物
7	在整个运输过程中为避免涂层损坏，在绑扎或固定处用软性材料衬垫保护
8	散件按同类型集中堆放，并用钢框架、垫木和钢丝绳进行绑扎固定，杆件绑扎用钢丝绳

（5）构件现场交验

构件运输原则上以满足安装需要为主，本工程构件运输计划以招标文件安装计划为主，具体按实际调整。为保证该项目施工工期、安装顺序，使产品数量、质量达到安装现场的要求，特制定以下交货及验收标准：钢结构产品运抵到安装地后根据发货清单及有关质量标准进行产品的交货及验收；派专人在安装地负责交货及验收工作；交货工作由工厂和定做方的专职人员共同进行交货及验收工作；包装件（箱包装、捆包装、框架包装）开箱清点时由双方人员一起进行；交货依据“产品发货清单”和图纸逐件清点，核对产品的名称、标记、数量、规格等内容；交货产品的名称、标记、数量、规格等和发货清单相符并双方确认，然后办理交接手续。

3.3 钢结构安装

本工程主楼结构为地上七层、地下一层，采用全现浇钢-钢筋混凝土-型钢混凝土组合框架结构，其中钢结构主构件为十字形劲性柱和 H 形劲性钢梁，整体外观造型采用日字形钢肋梁。

本工程钢结构安装主要分为两部分：劲性钢梁柱安装和地上钢结构安装。

劲性钢梁柱主构件为十字形劲性柱和 H 形劲性钢梁，如图 3.69 所示。

外观造型径向采用日字形钢肋梁，环向采用 H 型钢混凝土劲性梁，如图 3.70 所示。

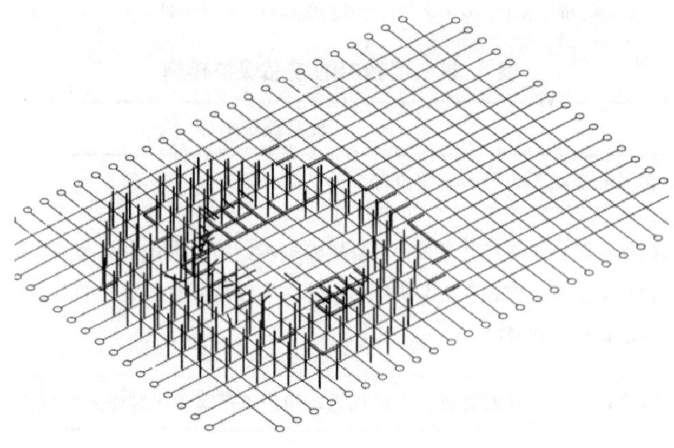

图 3.69　劲性钢骨位置示意图

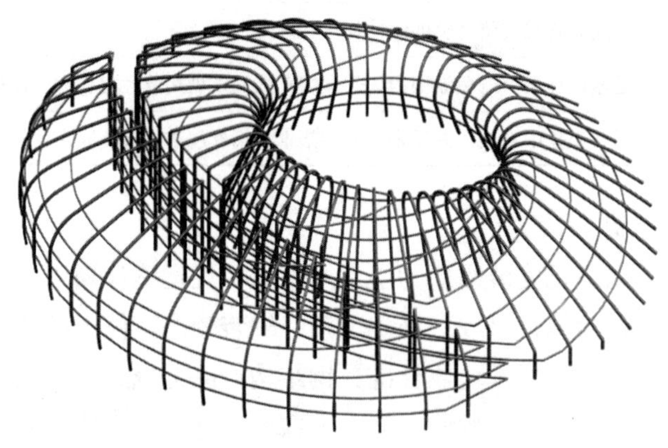

图 3.70　钢结构拱架及环梁结构示意图

3.3.1　劲性钢梁柱安装

（1）劲性钢梁、柱安装思路

劲性钢梁柱主构件为十字形劲性柱和 H 形劲性钢梁，钢柱位于地下一层至地上六层。

第一节钢柱吊装：地下室基础做好后，回填基坑垫层，钢柱基础留出安装空间，吊机在基坑垫层上行走并吊装钢柱。

第二节钢柱吊装：地下室混凝土浇筑后，在地下室顶板上铺设施工道路，吊机在地下室顶板上行走并吊装钢结构。吊机行走路线正下方需要采取加固措施，以保护地下室混凝土顶板。

钢柱最大质量约 20t，采用两台 KMK4070 型 70t 汽车式起重机吊装，臂长 20.4m，吊装半径 8m，吊装质量 25.2t，吊装高度 21m，满足要求。

（2）劲性钢梁柱安装顺序及流程

第一步：地下室基础做好后，回填基坑垫层，钢柱基础留出安装空间，吊机在基坑垫层上行走并吊装钢柱。先吊装中心区域钢柱（图 3.71）。

第二步：安装中心区域钢梁（图 3.72）。

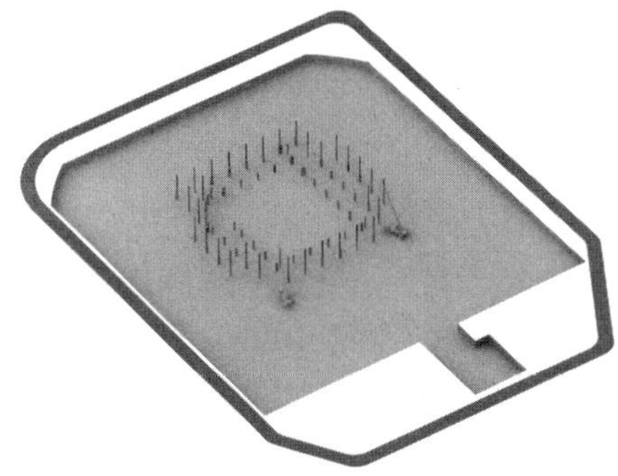

图 3.71 吊装中心区域钢柱示意图

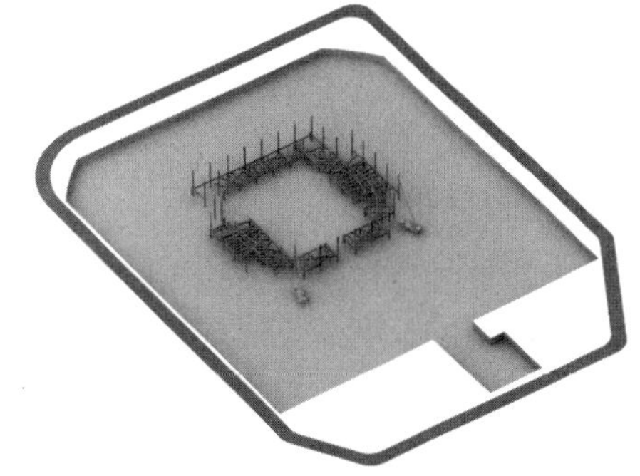

图 3.72 安装中心区域钢梁示意图

第三步：从中心向四周扩展安装钢梁柱（图 3.73）。

第四步：浇筑地下室混凝土，在地下室顶板上铺设施工道路，吊机在地下室顶板上行走并吊装钢结构。吊机行走路线正下方需要采取加固措施，以保护地下室混凝土顶板（图 3.74）。

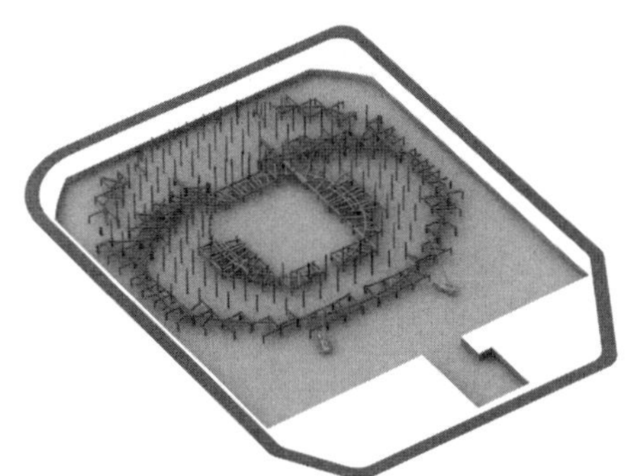

图 3.73 扩展安装钢梁柱示意图

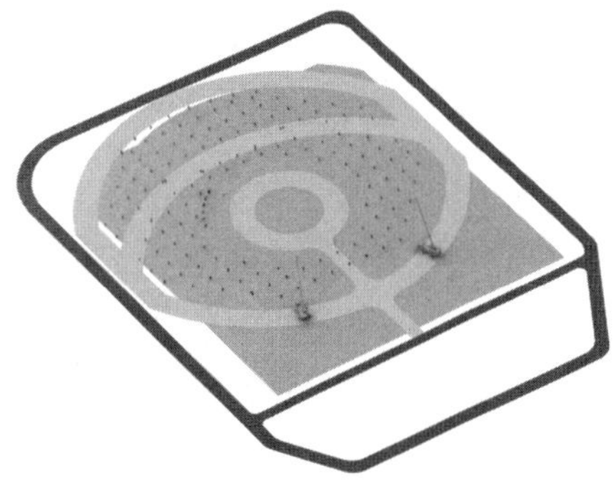

图 3.74 铺设施工道路示意图

第五步：在地下室顶板上吊装钢柱（图 3.75）。

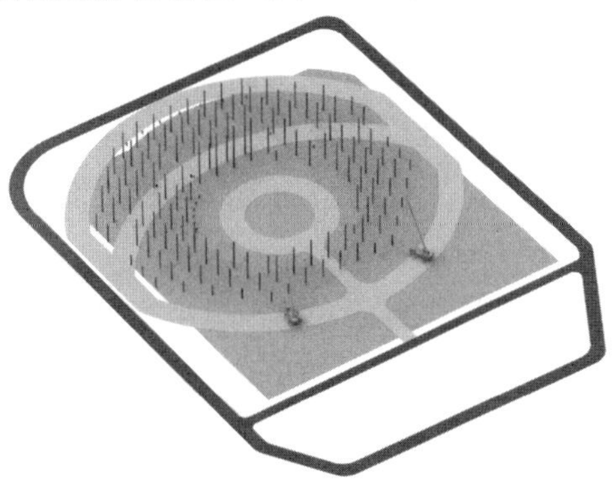

图 3.75 地下室顶板上吊装钢柱示意图

(3) 钢柱构件安装工艺

钢柱构件的具体安装顺序按照总体施工顺序分区进行，按先柱后梁、先主后次的顺序进行。柱梁吊装时，首先在中间形成一个标准刚性框架，然后再按节间依次往外扩展。钢柱构件吊装完成后，应尽量避免形成独立柱；同一楼层平面内钢梁的吊装依次跟随相应钢柱构件的吊装。

1) 吊装准备。

本工程钢柱构件包括焊接十字形截面柱，单件最大质量达到 20t；结构吊装时，需准备足够的不同长度、不同规格的钢丝绳以及卡环。在柱身上绑好爬梯，并焊接好安全环，以便于下道工序的操作人员上下、柱梁对接及设置安全防护措施等。

2) 钢柱的安装。

安装前要对预埋件进行复测，并在基础上进行放线。根据钢柱的底标高调整好螺杆上的螺帽。然后将钢柱直接安装就位，如图 3.76、图 3.77 所示。由于螺杆长度影响，螺帽无法调整时，可以在基础上设置垫板进行垫平，就是在钢柱四角设置垫板，并由测量人员跟踪抄平，使钢柱直接安装就位。每组垫板不宜多于 4 块。垫板与基础面和柱底面的接触应平整、紧密。

图 3.76　钢柱柱脚校正示意图

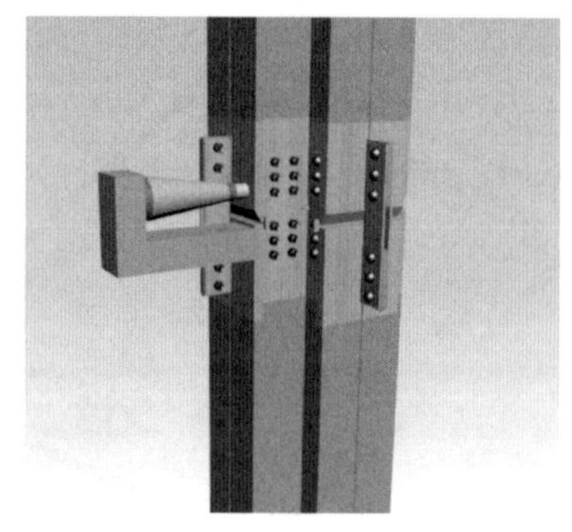
图 3.77　钢柱校正示意图

3) 吊点设置。

钢柱吊点的设置需考虑吊装简便，稳定可靠，还要避免钢构件的变形钢柱吊点设置在钢柱的顶部，直接用临时连接板，连接板至少 4 块（图 3.78）。为了保证吊装平衡，在吊钩下挂设 4 根足够强度的单绳进行吊运。为防止钢柱起吊时在地面拖拉造成地面和钢柱损伤，钢柱下方应垫好枕木，钢柱起吊前绑好爬梯（图 3.79）。下面以钢柱的吊装为例进行说明。

钢柱吊装到位后，首先将钢柱底板穿入地脚螺栓，放置在调节好的螺帽上，并将柱的四面中心线与基础放线中心线对齐吻合，四面兼顾，中心线对准或已使偏差控制在规范许可的范围以内时，穿上压板，将螺栓拧紧，即完成钢柱的就位工作。当钢柱与相应的钢梁吊装完成并校正完毕，及时通知土建单位对地脚进行二次灌浆，对钢柱进一步稳固。钢柱内需浇灌混凝土时，土建单位应及时插入。

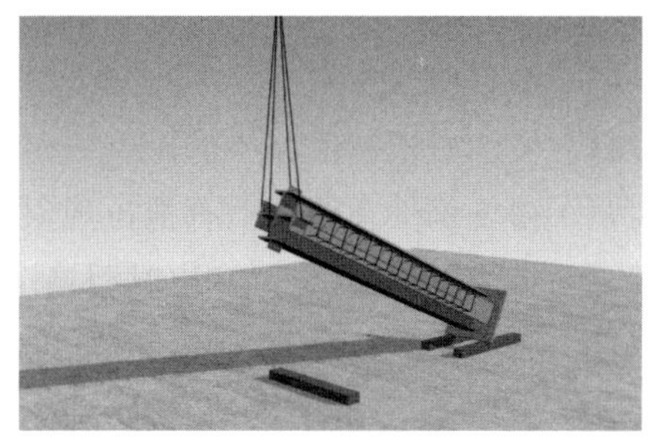

图 3.78 钢柱吊装示意图

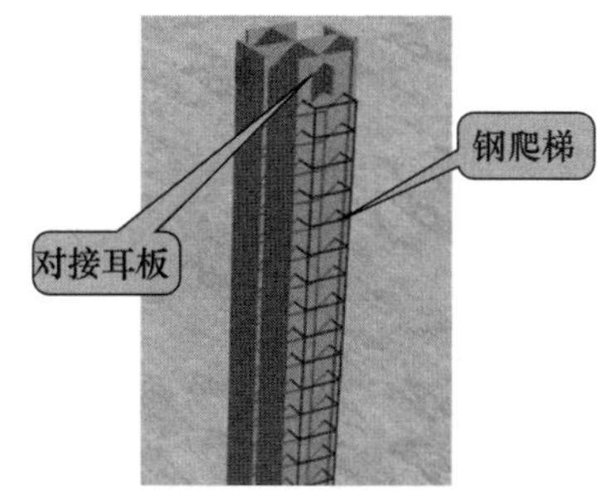

图 3.79 钢柱身焊钢爬梯示意图

4）钢柱校正。

钢柱吊装到位后，钢柱的中心线应与下面一段钢柱的中心线吻合，并四面兼顾，活动双夹板平稳插入下节柱对应的安装耳板上，穿好连接螺栓，连接好临时连接夹板，并及时拉设缆风绳对钢柱进一步进行稳固（图 3.80）。钢柱完成后即可进行初校，以便钢柱及斜撑的安装。

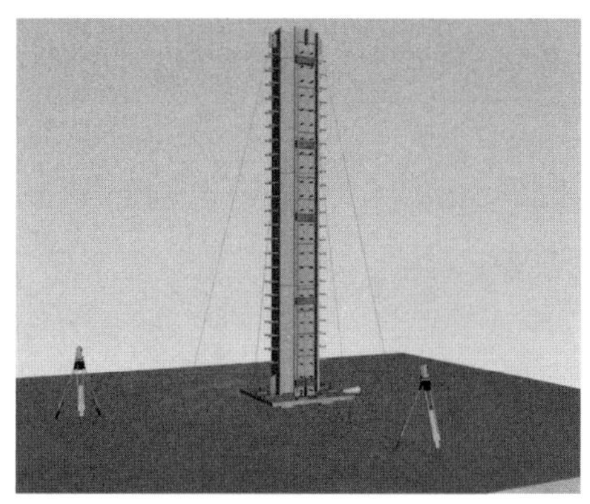

图 3.80 钢柱校正示意图

5）钢柱安装注意事项。

① 钢柱吊装应按照各分区的安装顺序进行，并及时形成稳定的框架体系。

② 每根钢柱安装后应及时进行初步校正，以利于钢梁安装和后续校正。

③ 校正时应对轴线、垂直度、标高、焊缝间隙等因素进行综合考虑，全面兼顾，每个分项的偏差值都要达到设计及规范要求。

④ 钢柱安装前必须焊好安全环及绑牢爬梯并清理污物。

⑤ 利用钢柱的临时连接耳板作为吊点。吊点必须对称，确保钢柱吊装时为垂直状。

⑥ 每节柱的定位轴线应从地面控制线直接从基准线引上，不得从下层柱的轴线引上。

⑦ 结构的楼层标高可按相对标高进行，安装第一节柱时从基准点引出控制标高在混凝土基础或钢柱上，以后每次使用此标高，确保结构标高符合设计及规范要求。

⑧ 在形成空间刚度单元后，应及时催促土建单位对柱底板和基础顶面之间的空隙进行混凝土二次浇灌。

⑨ 钢柱定位后应及时将垫板、螺帽与钢柱底板点焊牢固。

⑩ 上部钢柱之间连接的连接板待校正完毕，并全部焊接完毕后，将连接板割掉，并打磨光滑，并涂上防锈漆。割除时不要伤害母材。

⑪起吊前，钢构件应横放在垫木上，起吊时，不得使构件在地面上有拖拉现象，回转时，需有一定的高度。起钩、旋转、移动三个动作交替缓慢进行，就位时缓慢下落，防止擦坏螺栓丝口。

（4）钢梁安装工艺

钢梁吊装质量也比较大，所以选择安全快速的绑扎、提升、卸钩的方法直接影响吊装效率。钢梁吊装就位时必须用普通螺栓进行临时连接。钢梁的连接形式有栓接和栓焊连接。钢梁安装时可先将腹板的连接板用临时螺栓进行临时固定，待调校完毕后，更换为高强螺栓并按设计和规范要求进行高强螺栓的初拧及终拧以及钢梁焊接。

1）钢梁安装顺序。

钢梁总体随钢柱的安装顺序进行，相邻钢柱安装完毕后，及时连接之间的钢梁使安装的构件及时形成稳定的框架，并且每天安装完的钢柱必须用钢梁连接起来，不能及时连接的应拉设缆风绳进行临时稳固。按先主梁后次梁、先下层后上层的安装顺序进行安装（图 3.81）。

图 3.81　钢梁安装

2）钢梁吊点的设置。

为提高钢梁吊装速度，建议由制作厂制作钢梁时预留吊装孔，作为吊点。由于本工程钢梁的单件质量均比较大，所以工厂加工制作阶段均采用焊接吊耳的方法进行吊装，吊耳待钢梁安装就位完成后割除。

3）钢梁的就位与临时固定。

钢梁吊装前，应清理钢梁表面污物；对产生浮锈的连接板和摩擦面，在吊装前进行除锈。

待吊装的钢梁应装配好附带的连接板，并用工具包装好螺栓。

钢梁吊装就位时要注意钢梁的上下方向及水平方向，确保安装正确。

钢梁安装就位时，及时夹好连接板，对孔洞有偏差的接头应用冲钉配合调整跨间距，然后再用普通螺栓临时连接。普通安装螺栓数量按规范要求不得少于该节点螺栓总数的 30%，且不得少于两个。

为了保证结构稳定、便于校正和精确安装，对多楼层的结构层，应首先固定顶层梁，再固定下层梁，最后固定中间梁。当一个框架内的钢柱、钢梁安装完毕后，及时对此进行测量校正。

4）钢梁安装注意事项。

在钢梁的标高、轴线的测量校正过程中，一定要保证已安装好的标准框架的整体安装精度。

钢梁安装完成后应检查钢梁与连接板的贴合方向。

钢梁的吊装顺序应严格按照钢柱的吊装顺序进行，及时形成框架，保证框架的垂直度，为后续钢梁的安装提供方便。

处理产生偏差的螺栓孔时，只能采用绞孔机扩孔，不得采用气割扩孔的方式。安装时应用临时螺栓进行临时固定，不得将高强螺栓直接穿入（图 3.82）。安装后应及时拉设安全绳，以便于施工人员行走时挂设安全带，确保施工安全。

图 3.82 钢梁安装临时螺栓

3.3.2 地上钢结构安装

（1）地上钢结构安装思路

外观造型径向采用日字形钢肋梁，环向采用 H 型钢混凝土劲性梁。地下室混凝土浇筑后，在地下室顶板上铺设施工道路，吊机在地下室顶板上行走并吊装钢结构。吊机行走路线正下方需要采取加固措施，以保护地下室混凝土顶板。

钢架采用分段吊装法吊装，根据钢架跨度分成三段或四段，分段后最大构件质量为 16t。钢结构采用一台 QAY240 型 240t 汽车式起重机和一台 QAY350 型 350t 汽车式超重机吊装。

（2）地上钢结构施工分区

地上钢结构安装分为三个区施工（图 3.83）。

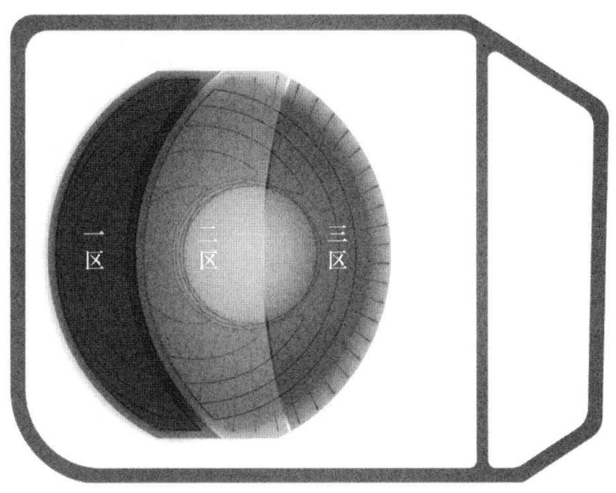

图 3.83 地上钢结构施工分区示意图

（3）一区钢架吊装方法

如图 3.84 所示，一区钢架分三段吊装，钢柱分两段吊装，分段位置为三层楼面以上 1.2m 位置。

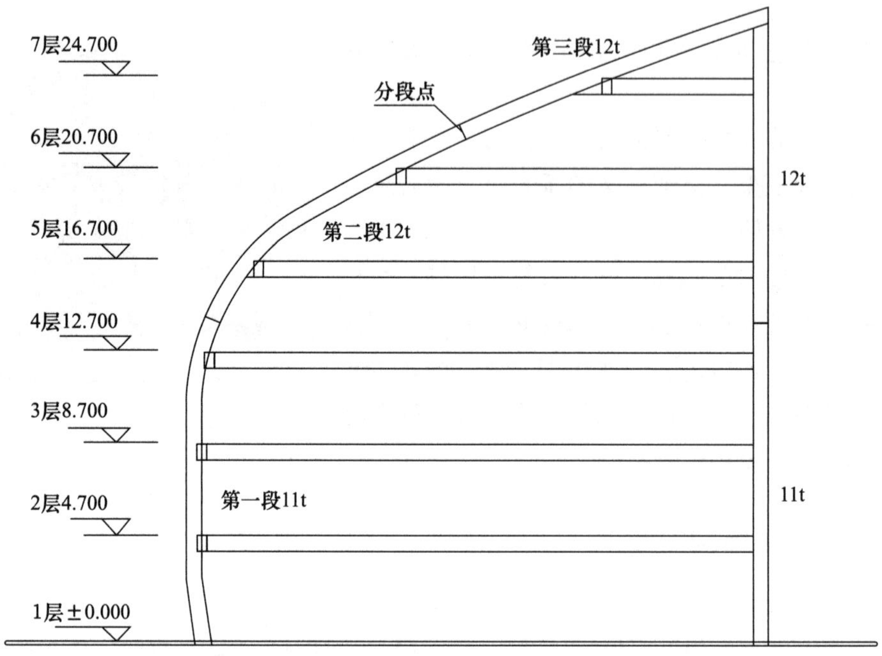

图 3.84　一区钢架吊装示意图（单位：m）

1）吊装第一段拱和钢柱（图 3.85）。

2）搭设临时支撑，吊装第二、第三段拱架（图 3.86）。

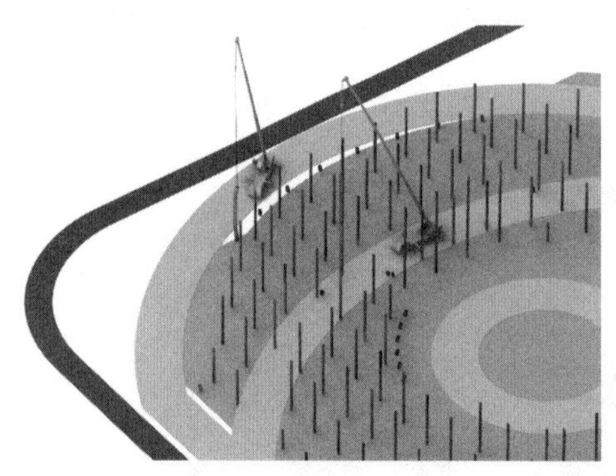

图 3.85　吊装第一段拱和钢柱示意图

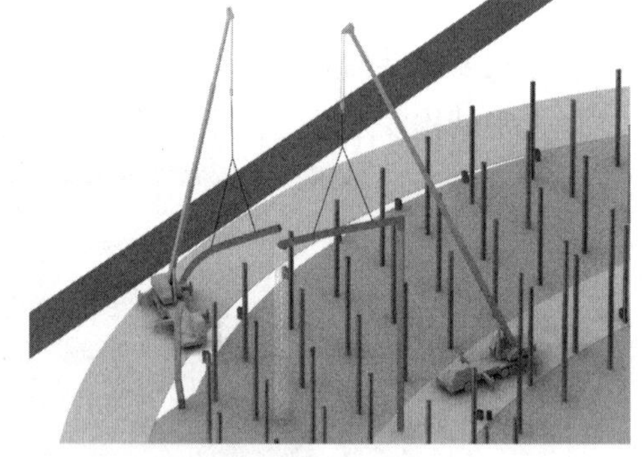

图 3.86　吊装第二、第三段拱架示意图

（4）二区钢架吊装方法

二区钢架分三段吊装，钢柱分两段吊装，分段位置为四层楼面以上 1.2m 位置。钢架第一段吊装时，搭设临时支撑用于固定钢柱（图 3.87）。

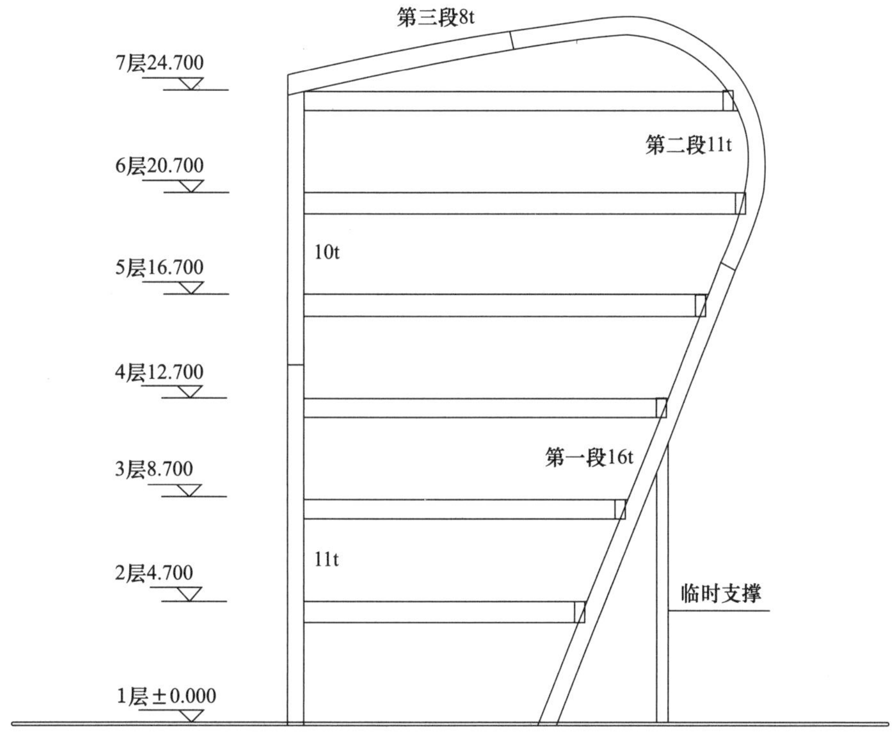

图 3.87 二区钢架吊装示意图（单位：m）

1）搭设临时支撑，吊装第一段拱架和钢柱（图 3.88）。

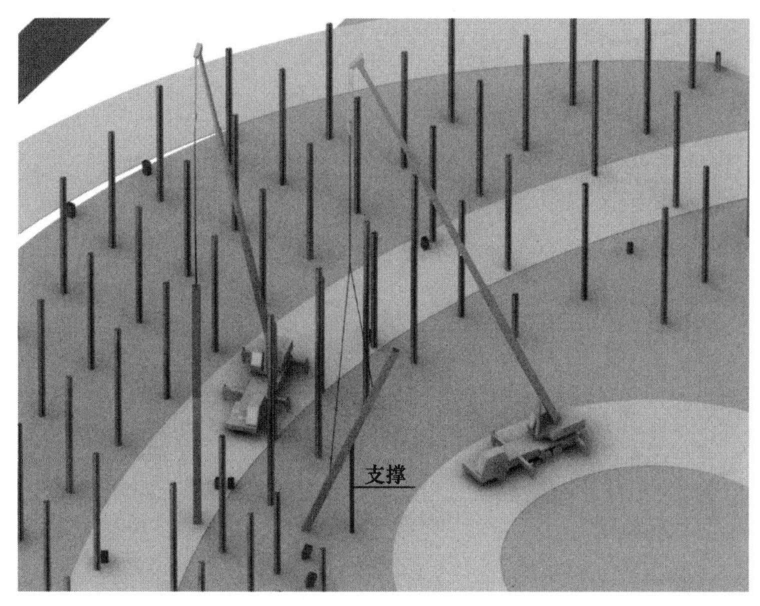

图 3.88 吊装第一段拱架和钢柱示意图

2）搭设临时支撑，吊装第二、第三段拱架（图 3.89）。

(5) 三区钢架吊装方法

三区钢架跨度相对较小，在地下室顶板上拼装，然后采用双吊机抬吊就位（图 3.90)。

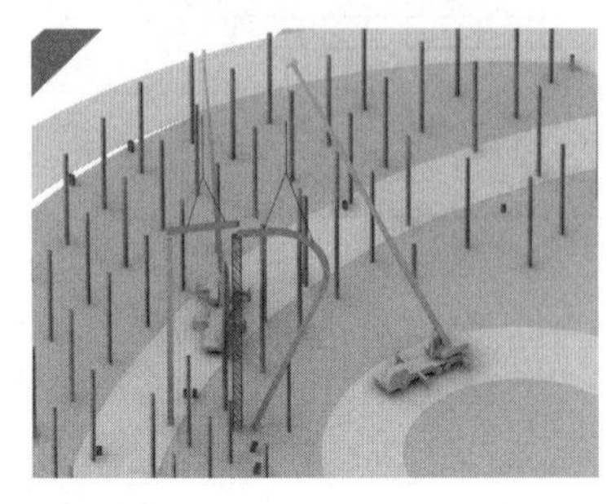

图 3.89 吊装第二、第三段拱架示意图

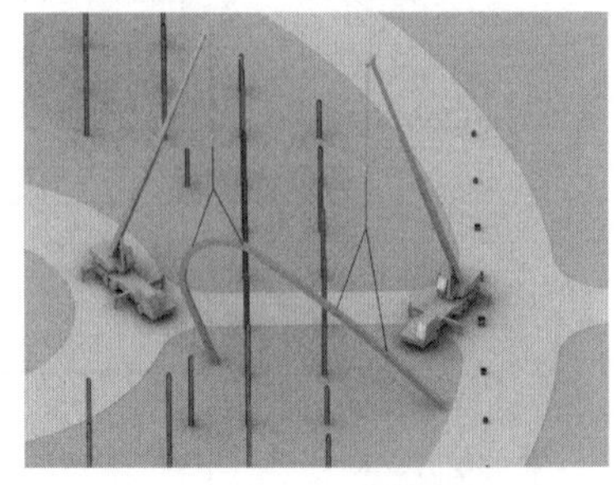

图 3.90 三区钢架吊装示意图

(6) 地上钢结构安装流程

1）吊装一区的钢柱及第一段钢架（图 3.91)。

2）吊装二区的钢柱及第一段钢架（图 3.92)

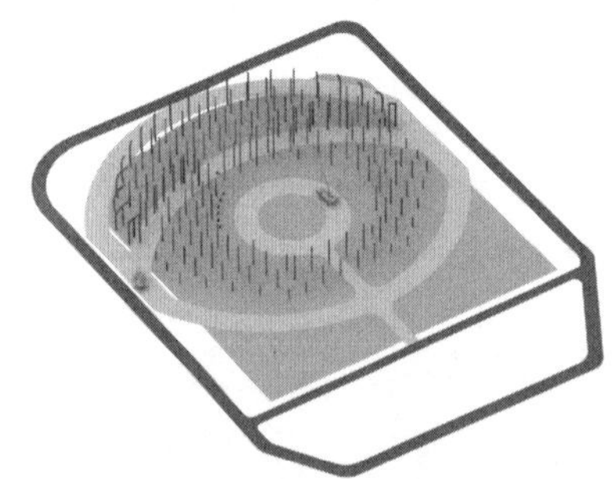

图 3.91 吊装一区钢柱及第一段钢架示意图

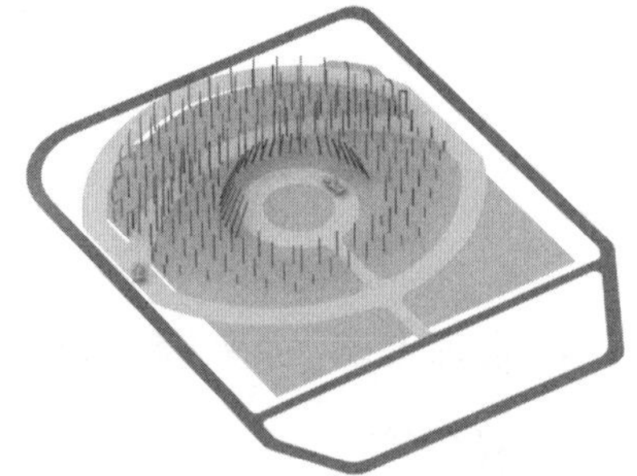

图 3.92 二区钢柱及第一段钢架吊装示意图

3）浇筑一区和二区 1～3 层混凝土结构（图 3.93)。

4）安装一区和二区 3 层以上钢结构（图 3.94)。

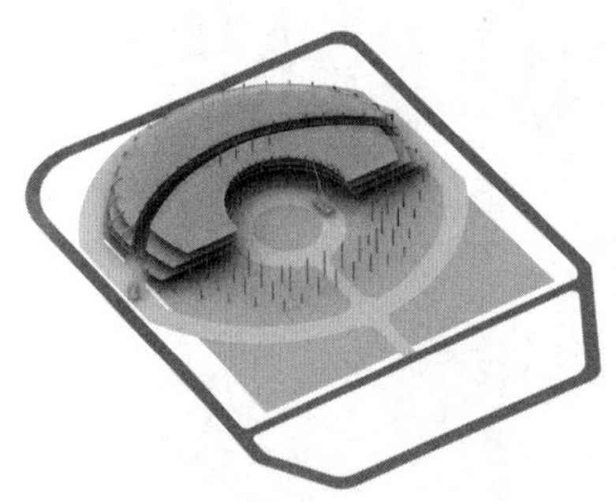

图 3.93 浇筑一区和二区 1～3 层混凝土示意图

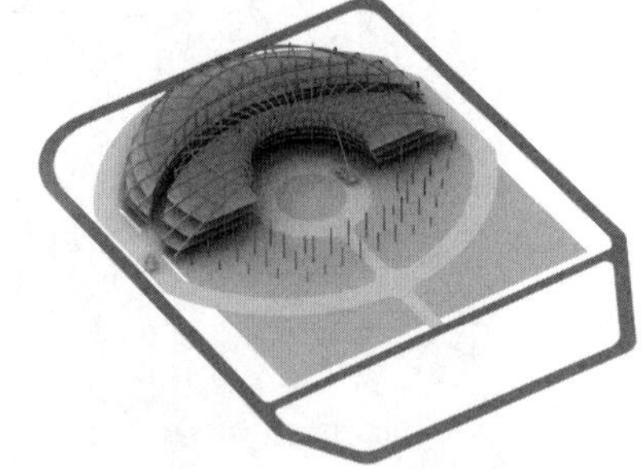

图 3.94 安装一区和二区 3 层以上钢结构示意图

5）安装三区钢结构（图 3.95)。

6）浇筑三区混凝土结构（图 3.96)。

7）安装完毕（图 3.97)。

图 3.95 安装三区钢结构示意图

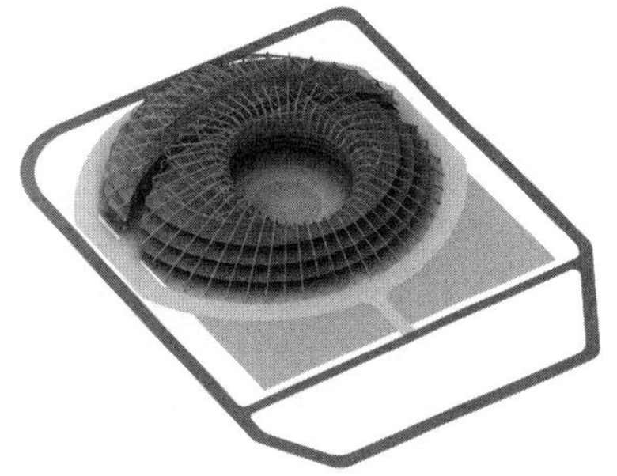

图 3.96 浇筑三区混凝土结构示意图

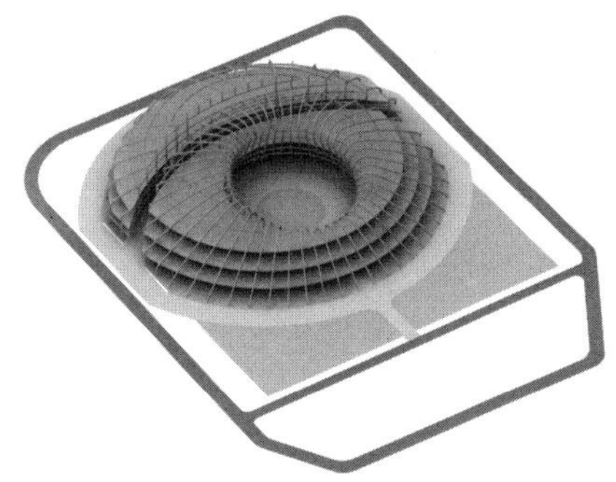

图 3.97 整体结构安装完毕示意图

3.3.3 金属幕墙安装

3.3.3.1 整体方案优化

为保证开放式穿孔铝单板幕墙的分缝不影响整体建筑的外观效果，根据本行业的设计、施工经验，运用了一系列详图设计辅助软件，能够自动拉伸各种截面进行幕墙的整体建模（图 3.98）。借助模型自动计算幕墙结构曲率变化，捕捉曲面穿孔铝单板幕墙分割开孔点，铝板三维节点和分割图如图 3.99、图 3.100。

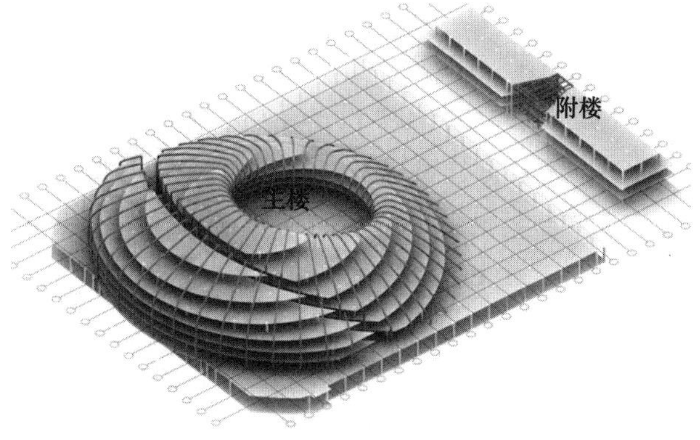

图 3.98 开放式穿孔铝单板幕墙模型图

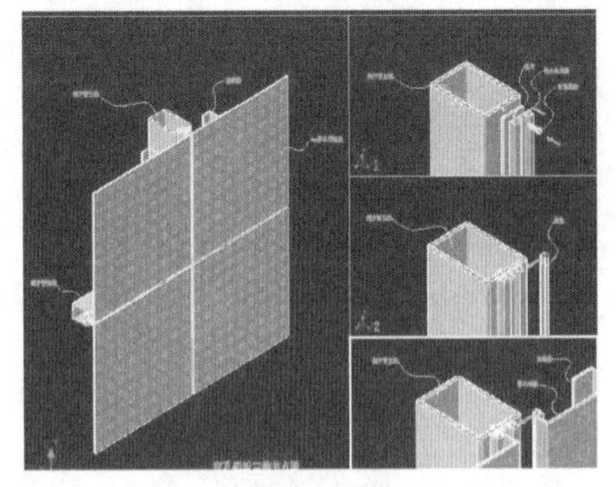

图 3.99　开放式穿孔铝单板三维节点图

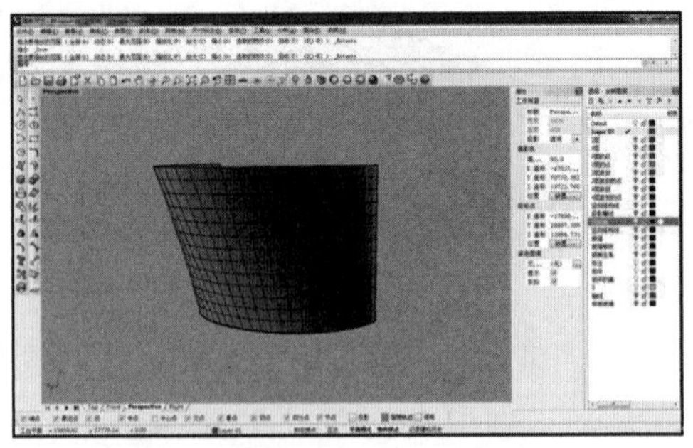

图 3.100　开放式穿孔铝单板分割节点图

采用 BIM 模型三维仿真分析，将铝单板按以下形式分割。

(1) 整体划分

将每一层的球面简化成平面拼接穿孔铝板。

(2) 水平划分

每层平均分成若干份，保持每份高度接近 800mm。各份间距 50mm（可变）。

(3) 垂直划分

顺着球心射线错位划分，每片宽度 2000mm 左右。上一行板顶点和下一行板中点平面在一条轴线上。同一行每块板间距 10mm。不规则板，沿肋的圆心（内庭院圆锥的圆心）放射形划分。每个肋间 3～4 等分。不规则板为双曲面板龙骨沿球心放射布置，各龙骨长度分别相等。金属板顶点及宽度中点位于龙骨的交会点上。划分之后，规则板共 11 类，每一类板高度相等，长度不等。

(4) 划分后面板分析

按以上原则划分后，不规则双曲面板主要位于南区屋面（包含三层、四层、五层、六层及顶层）及北区三层、四层、五层部位。双曲面为不规则半径双曲面，根据样板制作效果，根据三维模型对比分析将北区三层、四层、五层部位的双曲面板变更为直面板，这样的变更造成上述位置的面板变更为不规则的四边形板。按以上原则划分后，其他位置为规则板。规则板在同层的位置高度基本相同，但宽度不等。和肋相接的位置，由于肋的圆心（内庭院圆锥的圆心）与整个穿孔铝板球面的中心不同心的原因，会产生大量的同层高度相同的不规则板。基于以上分析，双曲面板使用比例为 12.6%，规则异型平板使用比例为 45%，不规则异型平板使用比例为 42.4%。

为在施工中实现铝镁锰合金屋面板的多曲率曲面，针对铝镁锰合金屋面板连接的各项需求我们试验总结，发现单个的连接件不能完全满足曲面调节的需求，为此我们研发出带有长圆孔可以使铝镁锰合金屋面板在水平和垂直两个方向上均能调节的组合式不锈钢连接件（图 3.101）。这种连接件可以有效地消除钢骨架施工产生的偏差和板块几何尺寸的偏差，调整偏差最大可以达到 70mm。不锈钢组合式连接件的研发，成功解决了铝镁锰合金屋面板与弧形龙骨安装，达到了单一板块任意调节的安装要求。

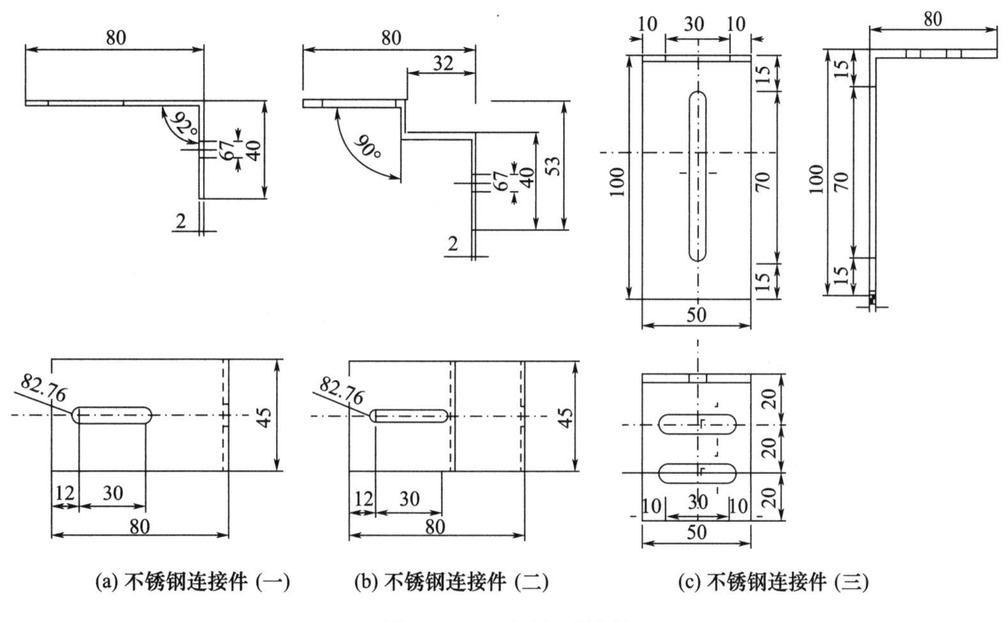

(a) 不锈钢连接件（一） (b) 不锈钢连接件（二） (c) 不锈钢连接件（三）

图 3.101 不锈钢连接件

3.3.3.2 复合式金属幕墙安装

（1）复合式金属幕墙概述

本次设计复合式幕墙具有替代建筑外墙墙体及屋面的功能。大面幕墙采用开放式3mm 穿孔铝单板幕墙，由不同尺寸的穿孔金属板干挂拼装而成。结构肋幕墙采用封闭式 3mm 铝单板幕墙，由单曲立体形状铝板拼装而成。大面幕墙外观颜色为黑银色，结构肋幕墙外观颜色为闪银色。

（2）施工工艺流程

施工工艺流程：屋面放线定位→钢结构钢环梁安装→钢结构主檩条安装→钢结构次檩条安装→波纹彩钢板安装→钢结构防腐防火涂装→铝合金 T 形固定座安装→后衬钢丝网安装→玻璃棉保温层安装→防水透汽膜安装→铝镁锰合金屋面板安装→穿孔铝板龙骨安装→屋面穿孔铝板安装→收边收口施工→交工验收。

（3）放线定位

采用全站仪、水准仪及电子水平仪进行空间定位测控，明确屋面系统施工边界；按照 BIM 模型中各节点进行屋面板布置放线。按模型基点建立基准点，测出各控制球节点之间的尺寸误差，找出屋面调节的重点位置并确定屋面最大调节高度。

（4）钢环梁的安装

利用 BIM 技术，以混凝土结构环梁和球面曲肋为基础，建立了包括主体混凝土结构、主体钢结构、幕墙钢结构、幕墙饰面板在内的三维空间图形。三维模型对构件能够自动标注尺寸、出具详细的材料表格；对节点设计能够自动标注焊接形式、统计出各零件尺寸及质量等。BIM 模型插件如图 3.102 所示。幕墙钢结构环梁放样模型如图 3.103 所示。

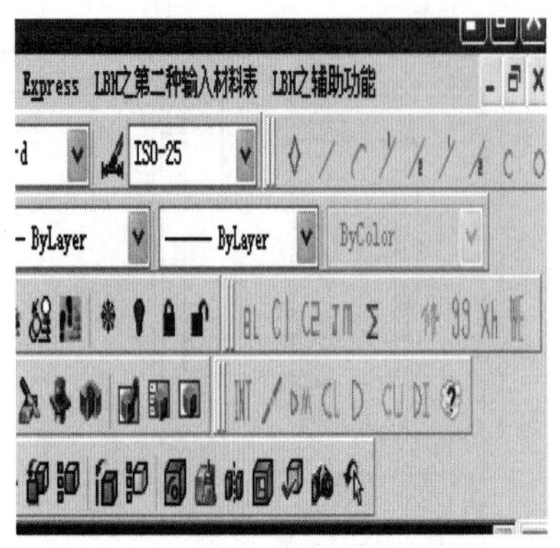

图 3.102　BIM 模型插件

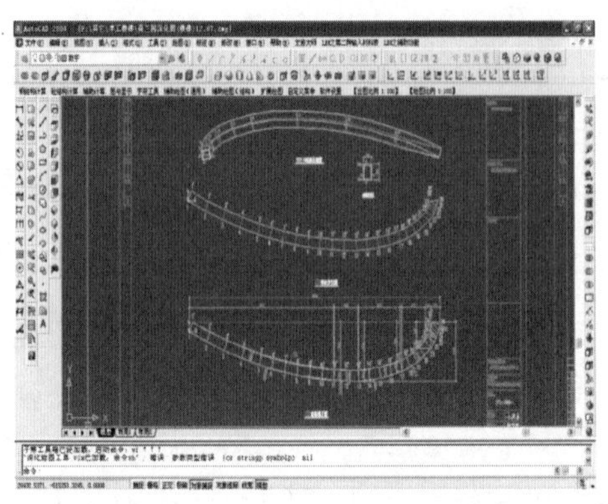

图 3.103　幕墙钢结构环梁放样模型

墙钢结构系统是实现幕墙曲面的重要组成部分，主要实现了大面铝板幕墙的曲面弧度，使横向水平次龙骨依托钢结构实现左右方向的曲面弧度及单元板块的分隔。对穿孔铝单板幕墙上部的埋板和下部的钢环梁，由于依附结构和受力的不同，上部采用在混凝土结构梁上部增设埋板、底部采用在球面曲肋增设弧形钢环梁，实现幕墙钢结构与主体结构的有效连接，进而通过各龙骨的焊接形成双向多曲率的基层骨架形式（图 3.104）。

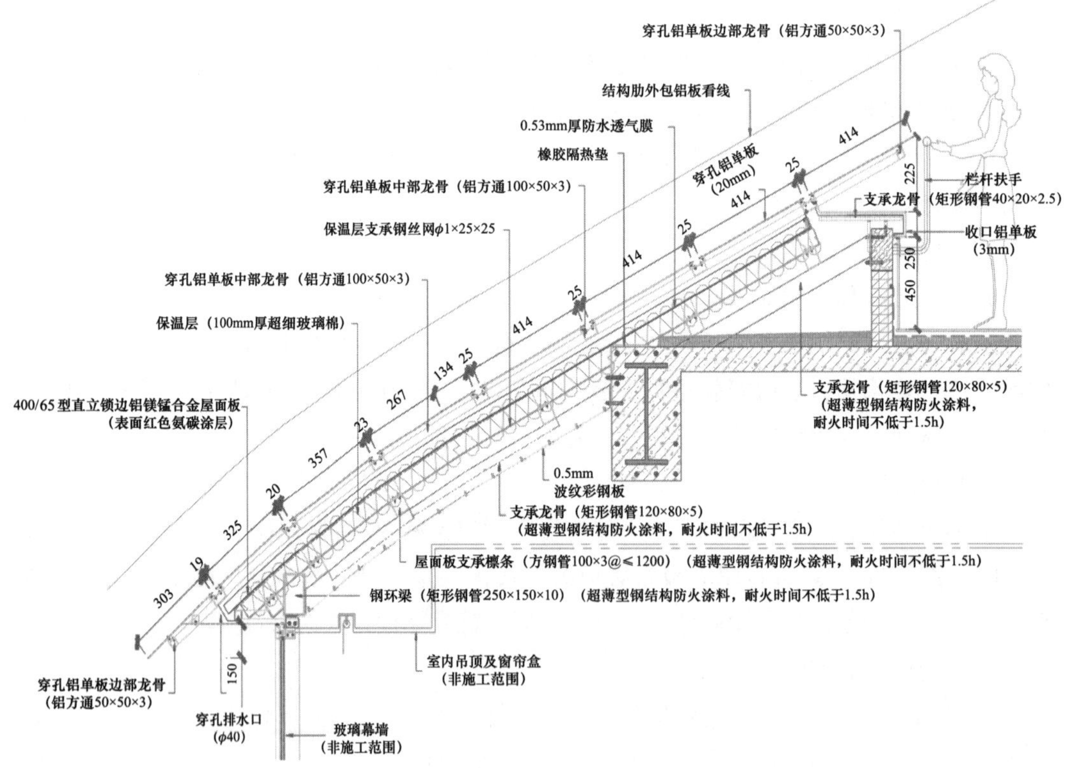

图 3.104　幕墙基层骨架大样图

钢梁为弧形，须先对直段钢材进行拉弯处理，加工厂根据三维模型定位，下料生产加工，并进行编号。钢材按编号分段运至现场组对焊接，组对时保证钢梁总长弧度起拱尺寸符合设计要求。焊接时要进行三面满焊，并做好拼焊施工记录，验收后方准吊装。核对钢梁外边线、弯曲度等是否符合设计要求，然后开始安装钢梁。

（5）主檩条的安装

主檩条采用120mm×80mm×5mm方矩形钢管，材质为Q235B。檩条根据屋面扇形面纵向布置就位，采用多个导链及人工配合，将构件放置在安装部位；主檩条上部与主体混凝土结构连接，在施工结构时预埋板，将上部与混凝土结构焊接；主檩条下部与幕墙环梁钢结构连接，都采用对边或角焊缝，在焊接之前应严格控制主檩条的最高点标高及最低点标高，标高处弹水平通线。天沟部位的檩条截面和放置方向应注意区分，防止安装错误。

（6）次檩条的安装

次檩条采用100mm×100mm×3mm方矩形钢管，材质为Q235B。采用导链及人工配合的方法将安装构件放置在安装部位，次檩条和主檩条通过对边或角焊缝焊接连接，次檩条垂直于主檩条横向布置，间距根据图纸间距布置。由于同跨内屋面为双曲扇形曲面，次檩条在进行安装时，必须从同跨中间主檩条位置断开，不能用一根钢材通长焊接，否则无法保证屋面外观。

（7）波纹彩钢板的安装

在钢结构主檩条底部加设横向及纵向龙骨，满足彩钢板的跨度要求及保证其弧度。然后将受力传递至钢结构主檩条，再传递至钢环梁及主体结构。

安装的固定方式采用穿透式，即用自攻螺钉或铆钉将彩板固定在支撑件（如檩条）上，固定位置为波峰与波谷结合方式固定。安装每一块钢板时，应将其边搭接准确地放在前一块钢板上，并与前一块钢板夹紧，直到钢板的两端都固定为止。一种简单而有效的方法是用一对夹口钳分别夹住所搭接的钢板。钢板沿纵向就位时，其端部尤其是上端部需用钳子夹住搭边部分，这样可保证钢板一端的就位，并使另一端的搭接也处于正确的位置，从而固定住钢板。在固定的过程中，夹钳应始终在纵向夹住钢板。在安装下一块钢板之前，每块钢板必须完全被固定住。固定必须始于钢板的中心，然后向两边伸展，最后固定钢板的搭接边。

（8）防腐防火涂装

钢材进厂后，检查外观质量无问题后，进行打磨除锈，先进行一层防锈底漆涂刷。须在外观可视的情况下完全打磨除锈，使用电动除锈刷除锈，在打磨完毕后须在2～3h内完成构件的喷涂工作。由熟练的专业油漆工进行喷涂工作，尽量做到喷涂均匀。距焊接焊缝处留200mm距离不涂防锈漆，待焊接完成验收后，进行打磨除锈补刷，随后再进行中间漆及表面防火涂料的施工，耐火时间不低于1.5h。

（9）固定座安装

用测量仪器将轴线引测到檩条上，作为铝合金T形固定座安装的纵向控制线。铝合金固定座沿板长方向的位置要保证在檩条顶面中心，铝合金固定座的数量根据图纸设计要求确定。铝合金固定座用自攻螺钉固定，对准其安装位置，然后打入一颗自攻螺钉，这时铝合金固定座位置会有一点偏移，必须重新校核其定位位置，方可打入另一侧的自攻螺钉。用电动螺钉枪固定自攻螺钉，要求自攻螺钉松紧适度，不出现歪斜。安装铝合金固定座时，其下面的隔热垫必须同时安装。用拉通长线的方法检查每一列铝合金固定座是否在一条直线上，如有偏差及时纠正。

（10）后衬钢丝网的安装

后衬钢丝网主要起到承托及固定超细玻璃棉的作用，可采用连接件固定于次檩条上。所使用钢丝网要有足够的强度，不能有过大的变形。

（11）保温层的安装

保温、防结露、防潮措施选用100mm厚超细玻璃棉，其质量轻，导热系数低，保温效果好，对人体皮肤刺激性小。根据国家标准，该产品是阻燃性材料，也可以有效防止结露和冷凝水。玻璃棉平铺在底板上。遇到T形铝合金固定座时需要把保温棉切割一道65mm的口子，穿过固定座。保温层施工必须在晴朗天气，阴雨天不能施工。屋面面板铺设和保温层铺设应同步，保证铺设多少保温玻璃棉就盖多少屋面板。

（12）防水透汽膜的安装

选用0.53mm厚防水透气膜，可实现柔性防水及防止冷凝水渗入超细玻璃棉中。防水透汽膜应与铺设基层有可靠固定措施。膜与膜之间搭接处、膜与结构基层四周、细部节点部位等必须密封严实、固定牢靠。用于屋面的防水透汽膜宜在5～40℃的环境条件下施工，在雨天、雪天和五级及其以上的大风天气不得施工。若施工中遇下雨、刮风，应采取临时固定措施。施工现场如有明火、高温作业，必须对防水透汽膜采取有效防护措施；严禁明火、焊接作业或高温物体与防水透汽膜直接接触。

（13）铝镁锰屋面板的安装

将板移到安装位置，先对准板端控制线，然后将搭接边（大肋）用力压入前一块板的搭接边（小肋）。安装时分4～6组，每组派出专人安装定位点，用一颗防水铆钉固定住一端，保证屋面板在热胀冷缩时向天沟方向滑动。具体施工的时候，通过板的小卷口和角码的顶端钻一个孔以便安装防水铆钉，铆钉长11～12mm，铆钉头被下一片板所遮盖。面板位置调整好后，安装端部面板下的泡沫塑料封条，然后进行锁边。板安装时，操作人员必须位于已经锁边固定板的一侧，应保证板在檐口方向成一直线，将板的多余部分留在天沟部分，以后再切割整齐。切割时使用带保护盖板齿深9～20mm的硬质金属锯片的手提圆锯较为合适。用直线边导引锯的裁剪方向以确保裁剪边成一直线。裁剪完成后即可安装檐口泡沫封口条及滴水片。滴水片安装完成后，即可进行波谷下弯工作。屋面板安装示意图如图3.105所示。锁边节点如图3.106所示。

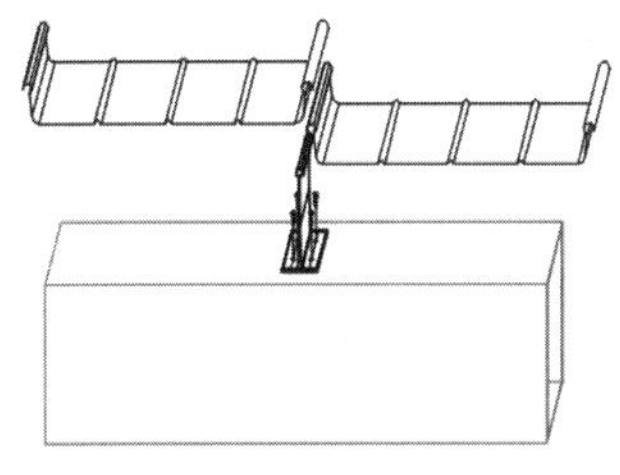
图 3.105 屋面板安装示意图

图 3.106 锁边节点

天沟对接、焊接：天沟对接前将切割口打磨干净，对接时要注意对缝间隙不能超过1mm，先每隔 10cm 点焊，确认满足要求后方可焊接。焊条型号根据母材确定。焊缝一遍成形，待冷却后将药皮除去。本工程为曲线天沟，天沟坡度与檐口坡度一致。安装时只能在其设计位置组对焊接，而不能在地面扩大拼装。

开落水孔：安装好一段天沟后，先要在设计的落水孔位置中部钻几个孔，避免沟存水，对施工造成影响。

1）防水性能保证措施。

① 材质。选用高品质的铝镁锰合金屋面板，并且屋面排水方向为通长板材，屋面板在纵向没有搭接，从而减小漏水的可能性。该产品具有外形美观、强度高的优点，具有很好的防腐性和耐久性。

② 固定方式。采用卷合锁扣式直立锁边固定方式：首先将固定座用螺钉固定在檩条上，再将屋面板扣在固定座的扣头上，最后用电动锁边机将屋面板的搭接边锁合在一起。由于采用了直立锁合式的固定方式，屋面没有螺钉外露，整个屋面不但美观而且从根本上杜绝了螺钉造成的漏水隐患。

③ 板型。采用直立锁边 65-430 板型。板肋为直立，使其排水断面几乎不受板肋的影响，有效排水截面比普通板型更大。另外，板肋高达 65mm，能保证屋面板在坡度平缓情况下的排水能力。

④ 反微细管设计。当两物体之间表面的空隙较小时，水的表面张力大于重力，水在张力的作用下会向上运动，这就是微细管现象，一般的板型无法防止这种现象。本方案中的板型在板肋设计了反毛细水的凹槽，即将小肋的上部做成凹槽，使大肋和小肋之间有一个空腔，减小了水的表面张力，从而阻止毛细水进入室内。

2）抗风措施：由于屋面板的质量轻，因此对屋面系统的抗风性能要求很高。

① 铺板方向：在考虑抗风设计的时候，首先应考虑铺板的方向，在工程所在地施工时，该地区的主导风向在哪个方向，铺板时应让大边部分背对那个风向。

② 固定方式：首先将固定座与檩条固定，然后将屋面板固定在固定座的扣头上，再用电动锁边机将板的大小肋锁在固定座上。这种固定方式不穿透屋面板，屋面板无任何损伤，也不会产生应力集中问题。

3）适应温度变形措施：本系统采用直立锁边的固定方式（图 3.107），固定座在长度方向上不限制屋面板的自由度，屋面板在温度变化时可自由伸缩，不会产生温度应力，也就不会存在屋面板在温度变化情况下的变形问题。

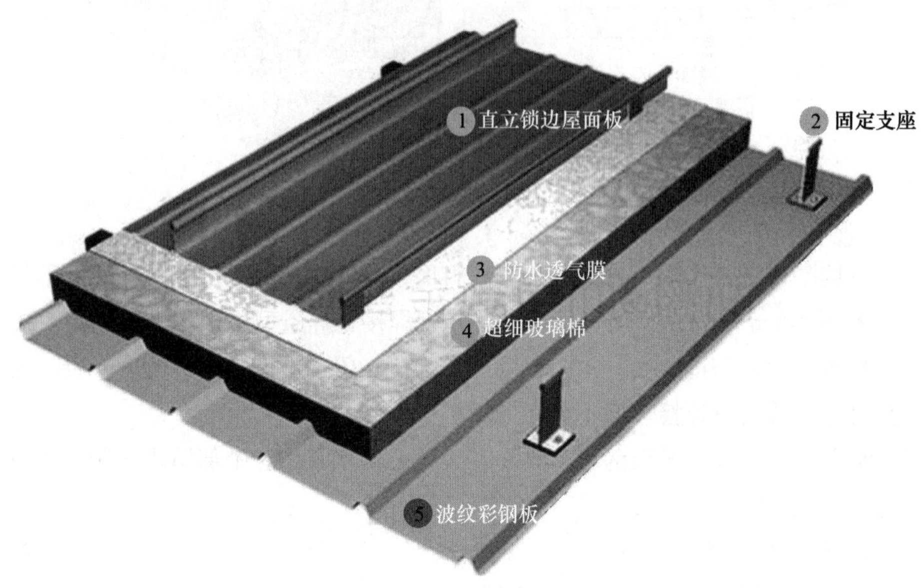

图 3.107 直立锁边

（14）穿孔铝板龙骨安装（图 3.108）

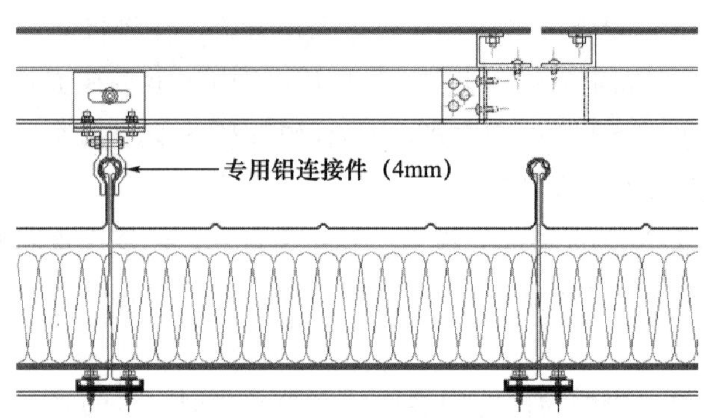

图 3.108 穿孔铝板龙骨安装

因外观要求，穿孔铝板龙骨颜色须与穿孔铝板颜色保持一致，龙骨及角码颜色均为黑银色。安装过程中，应再次测控 U 形防风夹的顶面标高，以便及时校正建筑外轮廓线的偏差。然后将铝板龙骨与直立锁边铝镁锰板 U 形防风夹进行连接，连接方式采用螺栓连接。横龙骨与纵龙骨采用角码及不锈钢螺钉进行连接。

（15）穿孔铝板的安装

1）开孔要求：整体共有三种开孔样式。

① 小孔：开孔率 15%，孔直径 20mm。直径 60mm 的大孔占开孔总数的 2%，位置不规则。

② 中孔：开孔率 25%，孔直径 40mm。直径 60mm 的大孔占开孔总数的 2%，位置

不规则。

③ 大孔：开孔率35%，孔直径60mm。

2）三种开孔方式的分布。

① 每层扶手和遮阳处用大孔（35%，60mm），大孔和小孔过渡处用中孔（25%，40mm）。

② 除扶手、遮阳、过渡部分，其他部分根据夏季表皮太阳辐射分布图布置：黄色——小孔（15%，20mm），橙色/红色——中孔（25%，40mm），紫色/蓝色——大孔（35%，60mm）。

3）为保证3mm铝板平整度，要求铝板设加强肋。肋的设置按长度跨中布置，并与铝板龙骨适应。

4）检查铝板安装基本条件是否具备，并对建筑物安装幕墙部位的外形尺寸进行复查，要求达到尺寸允许偏差范围。

5）检查铝板的规格尺寸是否符合设计尺寸，在运输过程中是有否损坏、变形、划痕和污染等，不合格的板块不得安装。

6）按设计位置编号安装，调整到位后压紧固牢，使面板拼缝宽度、水平度、垂直度及板块平整度符合规定要求，最后清理。

（16）板面调整

曲面屋面板安装调整顺序：板块间距→板块间接缝高低差→曲面弧度。

① 屋面板之间间距的使用水准仪、盒尺进行检测调整，通铝镁锰合金屋面板背后的不锈钢连接件调节孔按30～70mm调节量进行调整。调节顺序由中间定位板开始调整，完毕后进行上下一层铝镁锰合金屋面板间距调整，以此类推进行其他铝镁锰合金屋面板的间距调整。

② 铝镁锰合金屋面板之间接缝高低差采用不锈钢组合挂件调节孔进行30mm范围内的调节。

③ 根据面板5mm折边确定每块面板的位置，保证板与板之间5mm的分格缝。

④ 铝镁锰合金屋面板整体曲面弧度调整主要采用观察的方式，调整在局部出现的凹凸不平滑的现象。

3.3.3.3 铝板幕墙安装

（1）结构肋铝板幕墙概述

结构肋是按建筑圆心在外观形体上切出的线条，根据分析是非规则曲面形体，由两个非规则单曲面及两个平面组合而成。在对结构肋的装饰过程中，应保持结构肋的这一特性。为保证肋铝板的外观效果，肋铝板应按照与肋曲线同心弧面的单曲铝板及平面铝板组合成立体形状。

1）肋铝板划分与大面开放式穿孔铝幕墙分缝适应，并按肋弧线径向分割。

2）肋铝板龙骨采用50mm×50mm×3mm铝方管，表面做银白氧化处理。

3）肋在未与大面开放式穿孔铝板交接处，进行四面铝单板装饰。

4）肋铝板幕墙采用的硅酮耐候密封胶与铝板颜色接近。为了降低工程造价，需将建筑结构肋外装饰铝板的曲面形状变更为直面形状（图 3.109）。

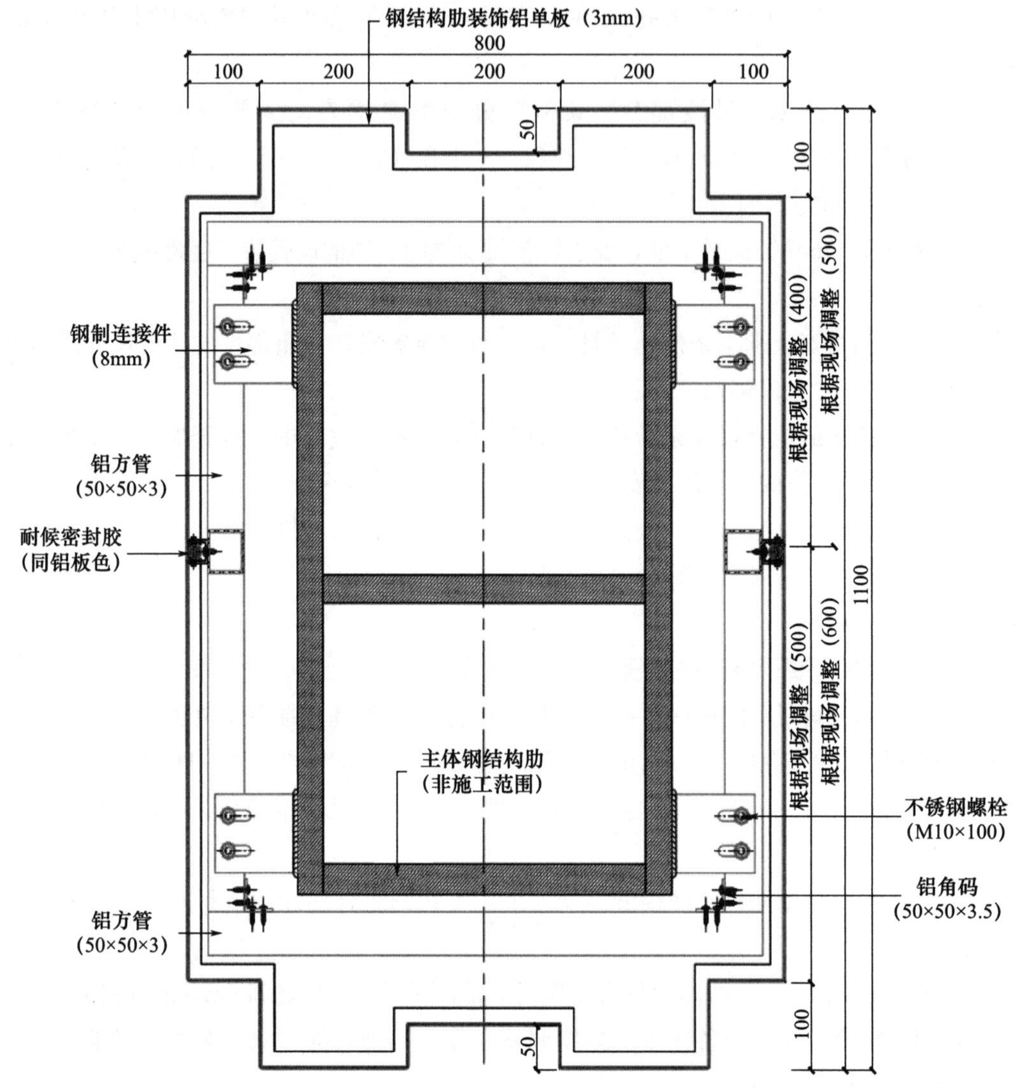

图 3.109　结构肋铝板幕墙安装大样图

（2）施工工艺流程

施工工艺流程：测量放线→连接件焊接→立柱安装→横梁安装→位置校核→铝板制作→铝板安装→交付验收。

（3）测量放线

安装测量时，以设计坐标、轴线为依据，采用经纬仪现场测量，钢丝拉线定位。铝板幕墙的施工测量，按照设计板块位置，采用经纬仪放线、钢尺量距、钢丝准确挂线定位的办法，测量误差应及时调整，不得累计，使其符合幕墙面的设计要求。

（4）立柱安装

首先将待安装的铝板幕墙的竖向龙骨放在指定位置上，在楼层用保险绳捆扎好吊出楼层进行安装。立柱龙骨在安装过程中，垂直度的检查依据定位钢线进行测量，标高的定位初始依据横向鱼丝线或墙上所弹水平墨线进行，基本定位后用水平仪跟踪进行检查，标高差≤1mm。立柱的相对轴线的偏差不得大于 2mm。

（5）横梁安装

整个大楼横梁安装，先进行角位横梁的安装。角位横梁需要技术水平高、操作熟练的技术工人进行安装。将横梁两端连接在立柱的预定位置，应安装牢固，接缝严密。

（6）铝板安装

严格按施工工艺要求进行安装；安装完一层高度时，应检查、校正、调整、固定，使其符合技术要求。

4 施工过程结构分析

4.1 施工结构理论基础

4.1.1 施工力学概述

传统力学分析的对象是已经设计好的建筑结构，其结构形式是固定不变的，通过结构力学理论对固定的结构形式、边界条件以及荷载进行设计，没有考虑施工过程中结构边界条件、几何形态以及所受荷载等因素随施工进行变化的情况。在施工阶段初期结构整体刚度较小，整体结构并没有协同工作，新安装的构件对已安装构件产生的影响较大并有一个协调变形的过程。因此按照传统力学分析方法会使结构在施工中偏不安全。

施工过程存在结构、边界条件以及施工环境等不断变化的因素。结构体系变化包括结构位置和结构大小的变化，边界条件的变化包括约束形式、约束数量及约束位置的变化，施工环境包括温度以及预应力结构中预应力的动态变化。施工过程同样也包括可能出现的非线性情况如几何非线性中大位移、大转角、边界条件非线性和材料非线性等现象。每一施工阶段中结构体系的力学形态都会对后续施工阶段的结构所受的力学状态产生重要的影响。

以上存在于施工过程的力学问题构成施工力学学科的基本内容，对这些问题的进一步研究不但可以促进施工力学的发展，而且对大型复杂结构施工技术的改进起着重要的理论支持作用，对建筑结构形式向复杂化和精细化发展起着重要的推进作用。

施工过程结构分析应建立合理的分析模型，反映施工过程中结构状态、刚度变化过程，施加与施工状况相一致的荷载与作用，得出结构内力和变形的模拟值，从而判断施工过程中结构的安全性，结构分析模型与基本假定应与结构施工状况相符合。分析模型施工阶段的划分应结合工程设计文件、分析精度的需求、施工方案等综合考虑。例如大跨度钢桁架结构施工过程，可将不同榀钢桁架作为一个施工段模拟，并将不同榀桁架之间的连接作为一个施工段划分。当精度分析要求高或需要进行施工预变形分析时，分段数应适当增加，例如采用分块吊装施工方法时，可将一块或几块结构作为一个施工段进行模拟，因此施工阶段的划分应结合大跨度钢结构形式的特点和施工方法进行综合考虑。

土木工程建筑施工过程中包含许多复杂力学和施工技术问题，土木工程相关施工力学问题分为如下十类：

1）在施工荷载作用下，时变结构内力重分布与时空最大值确定；

2）施工过程中未完工建筑受环境、突发、灾害性荷载的安全性能分析；

3）材料刚度、强度等材料特性随时间变化的结构分析及其对结构设计影响；

4）施工过程中不同时段非稳定黏性应力场时效叠加效应；

5）大体积混凝土结构浇筑过程中，不定常温度场与热应力场传播与体积变异耦合效应；

6）结构与工程介质非线性特性引起施工路径效应；

7）地下与地基工程开挖工程中，地应力扰动与地面沉降规律研究；

8）施工过程对已建建筑物影响、危害及防治的机理与定量研究；

9）施工流程与方式优化；

10）旧建筑物拆迁过程的受力分析与施工原则。

4.1.2 时变力学基本理论

（1）施工过程中时变结构力学理论

在工程项目建造过程中施工力学的研究对象是时变结构，时变结构特点在于：①结构施工成型过程中所涉及的荷载主要是本身自重，然而其大小与位置随施工进程而改变；②不同施工阶段，其分析模型的刚度矩阵、边界约束条件也是不同的；③竣工后结构的内力和位移是各阶段叠加结果，然而当利用不同的施工工艺或施工工序时，主体结构在竣工后会处于不同的受力状态和变形。

对施工力学问题分析其实就是相关变系数微分方程或时变边界条件问题的求解，针对此类问题的求解我们往往不能直接利用理论力学、结构力学和塑性力学等其他经典力学。施工力学问题求解的困难之处在于结构刚度时变、材料时变和边界条件时变的数值模拟分析，然而对此类问题，我们往往只能求得其数值解。不过施工力学问题分析难点还不仅仅局限于这些，在工程建设中结构常伴随着几何、材料和边界的非线性问题，这些无疑都增加了施工力学问题的分析难度。

近几十年以来，世界经济的迅速腾飞，特别是发展中国家，譬如中国，大量超高层建筑和体型复杂的建筑不断涌现，然而也伴随着结构施工力学问题的日益突出。得益于经典力学的分析方法发展和计算机处理数据能力的不断提高，结构施工过程的力学分析方法和研究也得到了长足的发展，我国就有许多专家学者对工程建设中结构施工力学问题及其理论方法研究做了大量的工作。

王光远院士根据项目建造过程中结构自身变化的快慢，将时变结构主要分为三类：

一是快速时变结构力学。其理论主要用于带有剧烈振动的时变结构，这种结构在工作过程中迅速改变自身的形态或某些重要的参数而快速时变的结构。比较典型的就是一个快速行驶的火车与桥梁相互作用而形成的动力学系统，这个系统的质量和刚度分布都随着时间变化而快速变化。

二是慢速时变结构力学（施工力学与时间冻结法）。其理论主要用于随时间变化而发生缓慢变化的结构，针对这些缓慢变化的时变结构，通常都是利用离散时间点的方法近似求解，将其处理为多个时不变的结构，并对其受力分析。我们只要研究其施工过程中几个最不利状态下未考虑结构时变的结构的强度、刚度和稳定性即可。

三是超慢速时变结构力学。工程项目在竣工后，随着时间推进，建筑结构本身在未来长期正常营运过程中因外界环境、材料老化、损伤积累等因素而引起极为缓慢的变化。虽然这类时变结构的改变是非常缓慢的，但我们在考虑结构在服役过程中可靠度和进行维修决策时必须加以考虑。故而它也是时变结构力学重要内容之一。

（2）土木工程分析的施工力学效应

经理论分析和工程实践研究表明，针对土木工程施工过程力学分析和项目竣工后一次性结构受力分析的不同，将结构施工过程的施工力学效应分为以下三类：

一是时效。对具有黏性或非定常热传导或需要考虑结构质量惯性的某些特定材料而言，其结构的几何形态、结构物性和边界约束往往随时间变化，从而引起施工力学中的“时效”现象。所以针对同一结构，若采用不同施工工序，其结构成型后的最终受力状态也必定不同。

二是路效。对具有非线性或考虑几何非线性、边界非线性的材料，其结构的几何形态、结构物性、边界约束与其施工路径因素相关联，从而引起施工力学中所谓的“路效”现象。所以对同一结构，若采用不同施工过程，其结构成型后最终受力状态当然也就不同。

三是既不考虑时效又不考虑路效。对线弹性材料，若只考虑结构几何、物性边界时变，就不出现相关的“时效”和“路效”问题。所以针对这类施工力学问题的研究，往往只需对施工力学问题进行多次数值解的求解，将其简单组合形成施工过程结构受力性能分布情况。因而，对同一结构，哪怕是不同施工过程，其结构最终受力状态也是一样的。对结构施工过程的力学分析只不过是按照不同的施工阶段对结构进行受力分析。

（3）时变结构力学研究内容

时变力学按研究内容分为：①线弹性时变力学；②黏弹性时变力学；③非线性时变力学；④热弹性时变力学；⑤时变动力学；⑥物理特性时变力学；⑦边界状态时变力学；⑧时变力学的数学理论与数值方法。对一般建筑结构的施工过程，通常采用线弹性时变力学和非线性时变力学对建筑结构进行模拟分析计算。所谓的线弹性时变力学，是将结构材料假定为线弹性，在施工过程中以准静力学对结构进行施工力学模拟分析，且未考虑温度效应和惯性力效应。

对此类非线性弹性时变结构的受力分析，既可使用增量法，也可利用迭代法。增量法是在结构荷载改变时，基本方程的求解同时要计入物理量或几何域的变化。迭代法在结构受力状况发生改变时，进行下一状态分析计算要考虑相应的几何域或物理量的变化。经过以往工程实践论证，两者相比而言，增量法更适合结构非线性弹性时变力学问题的分析。

施工力学是众多经典力学与工程实际的交会，如今工程建设施工过程分析也就是施工力学的时变结构力学问题的研究。在施工过程中，建筑结构成型前要考虑不同施工阶段结构之间彼此的影响。施工力学所研究的时变结构的几何形态、边界条件以及物性都是随时间推进而发生变化的，而这是传统力学不曾考虑的，施工力学相应的矩阵元素均为包含时间参数的函数，是时间和空间耦合的四维力学问题。

4.1.3 钢结构稳定性理论分析

在大跨度钢结构安全性分析中结构强度和稳定性是同等重要的，对钢结构进行经济性和安全性评价的一项重要指标就是稳定性问题，同时结构跨度大、材料强度高和质轻等特点使稳定性问题变得更加重要。

（1）钢结构稳定性概述

大跨钢结构在施工过程中经历了从不完整到完整结构状态的变化。两种状态之间结构的几何形态、边界条件、刚度、内力及位移都有非常大的区别。施工过程中结构的约束较少，刚度更小，在此阶段容易发生由于结构刚度不足、约束不够而出现失稳的现象，最终导致结构发生破坏。目前对桥梁工程中施工阶段结构稳定性的研究较多，大跨钢结构设计人员和研究人员，对其稳定性的研究分析大多是在结构成型后阶段，对项目不同施工阶段关于结构稳定性的关注较少，同时关于大跨钢结构施工过程结构稳定性研究的参考资料也为数较少。这与我国大跨钢结构建筑迅猛发展的现状是不相匹配的，在一定程度上限制了我国钢结构建筑前进的步伐，因此对大跨钢结构进行施工过程的稳定性研究以提供理论指导具有重要的意义。

一般情况下钢结构施工阶段失稳主要表现为两种形式：一是结构的单个构件发生失稳，例如梁的倾覆和受压杆件的局部失稳；二是结构发生整体失稳，例如工程中结构整体倒塌。当结构所承受的荷载达到一定值时，结构会处于一种平衡状态，此时施加一个很小的荷载增量就会导致结构失去该平衡状态，结构出现失稳现象即结构屈曲，会伴随结构刚度的明显降低，此时结构所承受的荷载值即为临界荷载，结构失稳的本质是外界荷载使结构变形并使刚度减小直至消失的过程。

（2）钢结构稳定性分类

根据结构的失稳性质，稳定性可分为三大类：第一类失稳、第二类失稳以及跃越失稳。第一类失稳问题的本质是特征值屈曲问题。该类失稳形式是通过求解屈曲特征值得到临界荷载即屈曲荷载，但是只有在结构处在线性小变形范围内的理想状况下才会发生第一类失稳问题。实际工程中结构不可避免地存在一些初始缺陷，考虑这些初始缺陷的失稳现象称为第二类失稳，在实际工程中的失稳问题大多属于这类情形。按照第一类失稳问题进行分析计算较为简单、快捷，在实际工程中得到了广泛的应用。

第一类失稳也称为平衡分叉失稳，表现为构件的平衡状态出现分支现象，当作用到结构上的荷载达到一定值时，结构可能继续保持原平衡状态或出现与原平衡状态截然不同的另一种平衡状态，此时结构达到极限平衡状态，结构的变形和内力将产生突变。

图 4.1 为无缺陷理想轴心受压的直杆，在一定的荷载 P 作用下受压直杆只承受均匀的压应力并处于稳定的平衡状态，此时沿构件的轴线方向只产生压变形，构件施加横向力后会出现微小的弯曲现象，随着横向力的撤去构件恢复至原平衡状态。当作用荷载到达 P_{cr} 时构件会发生突然的弯曲，该现象即构件失稳或发生屈曲。图 4.2 为轴心受压杆件的荷载-挠度曲线，当荷载值达到 A 点时曲线出现两个平衡路径，即直线 AC 和水平线 AB（或者 AB'）。荷载值 P_{cr} 称为临界荷载或屈曲荷载，此失稳即第一类失稳。理想的受压圆柱壳和受弯构件的失稳也属于该类失稳。

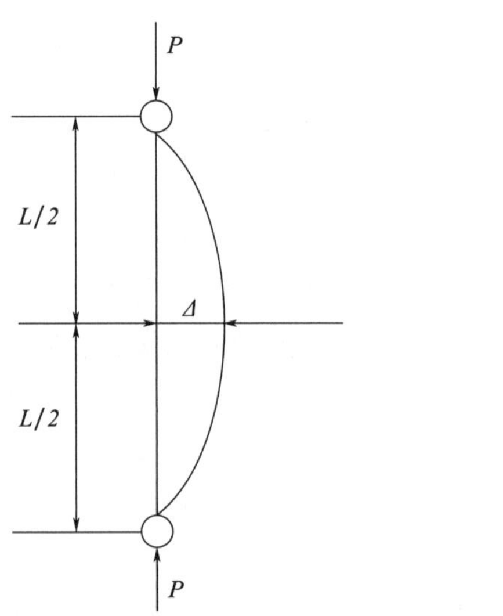

图 4.1　无缺陷理想轴心受压的直杆

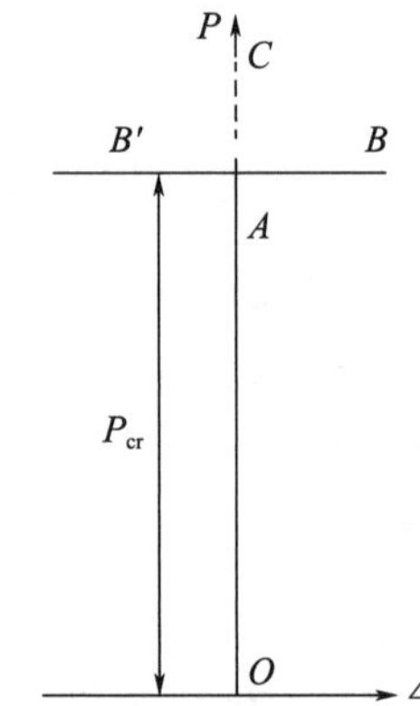

图 4.2　轴心受压构件荷载-挠度曲线

第二类失稳构件所承受的荷载与变形为一条连续的曲线并存在极值点，因此又称为极值点失稳。极值点失稳是发生构件平衡稳定性状态的变化，不会出现新的失稳形式。第二类稳定性问题计算时需要考虑非线性问题，包括计入几何非线性以及根据需要考虑材料的非线性因素，其极限承载力的计算是通过不断计入几何非线性和材料非线性刚度矩阵求解分析获得结果的过程。结构刚度随着外荷载的变化而变化，当结构切线刚度矩阵趋于奇异时达到极限承载力，此时作用在结构上的外荷载为极限荷载，因此分析第二类稳定性问题的本质是对极限承载力的求解过程。图 4.3 为存在初始偏心荷载的压杆并以其为研究对象进行稳定性分析，图 4.4 为杆件中点荷载-挠度曲线。在平衡路径的 OA 段挠度变形随荷载的增大而增大处于平衡稳定状态。随着荷载的增大构件边缘材料开始屈服，塑性向截面内扩展，弯曲变形加快并出现下降段 AB，此时杆件处于不稳定状态，需要减小端部压力才能继续维持平衡状态。曲线的极大值点 A 代表构件达到极限状态，对应荷载为极限荷载，用 P_u表示，该失稳称为第二类失稳。

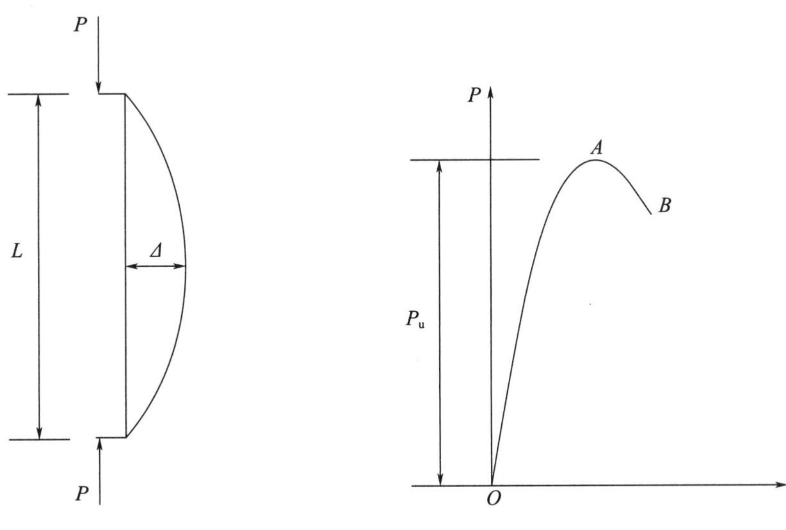

图 4.3 偏心受压构件　　图 4.4 杆件中点荷载-挠度曲线

在实际工程中结构不可避免地存在缺陷，理想无缺陷的结构是几乎不存在的，因此实际工程中发生的多为第二类失稳。在第二类失稳过程中不发生平衡性的突变现象，破坏原因是杆件丧失承载力导致发生了屈曲的现象。结构第二类失稳与第一类失稳的区别表现在偏心受压构件失稳过程中只有极值点，没有出现第一类失稳中那样在同一点出现两种不同变形状态的分岔点，构件发生弯曲变形的性质没有改变。

图 4.5 均布荷载作用下两端铰接的扁平拱，图 4.6 为发生跃越失稳时的构件荷载-挠度曲线。在初始阶段曲线中稳定的上升段 OA，构件的挠度变形 w 随荷载增加而增大，当曲线到达最高点 A 时会突然跳跃到一个变形很大的 B 点，拱结构发生突然下挠现象。结构在图中虚线 AB 段已经丧失了原设计的结构形态，因此在 BC 段时结构形态已经发生变化而不能利用。图中 A 点对应的荷载 P_{cr}即扁拱的临界荷载，在失稳过程中既无平衡分岔点又无极值点，和分岔失稳相似在失去稳定后跃变到另一稳定状态，该现象称为跃越失稳。

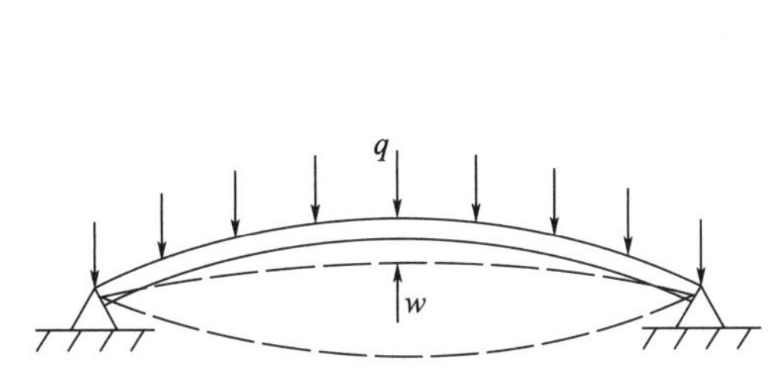

图 4.5 均布荷载作用下两端铰接的扁平拱

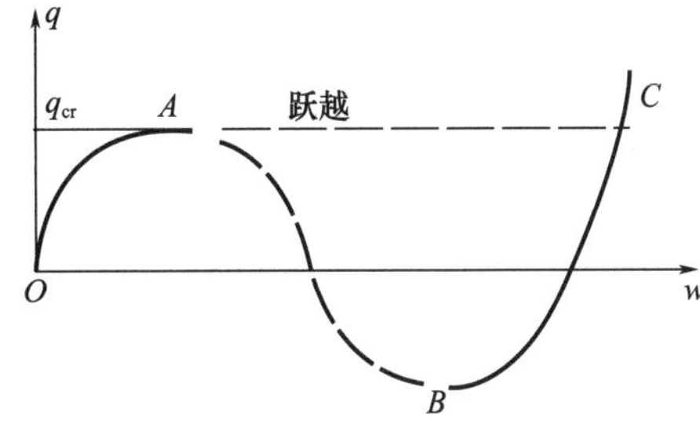

图 4.6 发生跃越失稳时的构件荷载-挠度曲线

（3）钢结构稳定性分析方法

线性屈曲分析也称为特征值屈曲分析，以线性理论知识为基础，通过施加固定的荷载进行分析，常用于理想结构状态的稳定性分析。midas Gen 有限元软件进行线性屈曲分析主要用于求解不同结构形式的特征值系数和对应的屈曲模态。

结构的几何刚度矩阵通过单元几何刚度矩阵叠加而得，表现了结构变形过程中的刚度变化。结构刚度与施加的荷载有直接的关系，构件刚度与所受压力成反比关系，与所受拉力成正比关系。

借助特征值屈曲计算求解得到特征值系数和特征向量，特征值代表结构发生屈曲时的临界荷载，特征向量表示对应临界荷载的屈曲模态。临界荷载为预施加初始荷载与特征值系数的乘积，临界荷载代表当施加该大小的荷载到结构时会发生与屈曲模态相一致的变形。假设施加初始荷载大小 5kN 进行结构屈曲分析，得到某屈曲模态下特征值系数为 20，此时就表明该结构受到大小为 100kN 的荷载时结构会发生该种形式的屈曲。midas Gen 的线性屈曲分析过程包括两个阶段，第一阶段是根据求得的结构内力或应力建立该结构的几何刚度矩阵，第二阶段为通过得到的几何刚度矩阵计算特征值。

线性屈曲分析是在理想假设的前提下进行的，分析结果往往因高估了结构的稳定承载力而不能直接定量地用于实际工程。在实际工程中由于构件安装偏差、材料缺陷、构件初始弯曲以及残余应力等原因，不可避免地导致结构存在不同程度的初始缺陷，同时对大跨钢结构往往会产生较大的挠度变形，属于几何非线性问题，也可能存在其他非线性行为使实际结构与其理论弹性屈曲强度有一定的差别。因此为了更准确地分析计算得到大跨度钢桁架的稳定承载力，需要对结构进行非线性屈曲分析。

考虑结构初始缺陷的常用方法有两种：一种是通过施加初始位移缺陷，使结构的几何位移处于不理想状态；另一种是通过施加外力缺陷，使结构具有初始的扰动。这里采用一致缺陷模态法施加初始位移缺陷，分析初始缺陷对结构稳定性的影响。一致缺陷模态法分析原则是将最低的阶屈曲模态乘以一个缩小因子后作为初始缺陷施加到理想结构上。midas Gen 软件可直接利用线性屈曲分析得到的第一阶屈曲模态结果引入不同程度的初始缺陷到结构中，随后在非线性分析控制中选择非线性分析计算方法和收敛的控制条件，midas Gen 的非线性分析功能包括材料非线性和几何非线性分析，大跨度钢结构施工中往往会发生大位移，因此主要进行几何非线性分析，计算方法可以选择 Newton Raphson 迭代法、弧长法和位移控制法，收敛条件可以选择能量控制即输入能量（力×位移）的标准收敛控制的误差，位移控制法即输入位移的标准收敛控制误差和荷载控制法即输入荷载的标准收敛控制的误差。

综上所述，线性屈曲具有计算简单、省时的优点，可以作为初步计算评估结构的临界荷载和对结构进行定性的稳定性分析，但是线性屈曲分析未考虑实际结构的初始缺陷和非线性行为会得出不保守的结果。

4.2 施工过程模拟分析方法

为了充分保障结构施工过程的可靠性和安全性，有必要研究施工过程的施工力学的关键问题。施工力学的关键问题往往在于结构时变、材料时变以及边界时变的模拟分析，更为麻烦的是在同一时间其还带有几何形态、材料本构、边界条件的非线性，这些都加剧了施工力学问题求解的难度。同时这里指明一下，时变指的是结构几何形态、材料强度及边界条件随施工阶段以及时间的推移而发生改变，非线性指的是结构当前受力状况是外部荷载持续作用而累积的效果（包括材料本构、边界条件非线性）。如今，对施工力学时变结构问题的求解，主要有以下三种方法：有限单元法、时变单元法和拓扑变化法。不过在现实情况中时变单元法和拓扑变化法并不常用，而有限单元法以其便于程序化的优点加之各种商业化有限元软件被大量推广，其在施工力学问题的求解中得到广泛的使用。学者李瑞礼提出一种超级有限元-有限元耦合法来模拟分析结构的施工过程。下面主要介绍有限单元法和时变单位法。

4.2.1 有限单元法

（1）基本原理

结构的施工过程是未安装的结构构件不断加入到已施工结构中的过程，新加入的构件会对已有结构的受力产生影响，导致已有结构的受力状态发生改变，这个过程可以用大型有限元程序 ANSYS 中的单元生死技术来模拟。ANSYS 单元生死技术在岩土工程中的基坑开挖、桥梁工程中成桥施工过程模拟等已有不少应用。

在 ANSYS 中利用单元生死技术时，单元分为“死单元”和“活单元”。其中，“死单元”是指还未在当前施工阶段安装完毕的构件，“活单元”是指已经在当前施工阶段安装完毕的构件。

一个单元被“杀死”的含义并非将该单元从模型中删除，而是将其刚度（或传导等其他分析特性）矩阵乘以一个很小的因子（一般为 1.0×10^{-6}）。此时死单元的荷载、质量、阻尼、比热及其他类似的特性都将被设定为零。虽然它仍旧在单元荷载的列表中出现，但它不对荷载向量生效。死单元的质量和能量将不包括在模型求解结果中。一个单元被“激活”的含义，也并非在模型中添加单元，而是在当前的荷载步中重新激活已经存在但在前面荷载步里被“杀死”的单元。当一个单元被重新激活时，其刚度、质量、单元荷载等将恢复其原始的数值，但重新激活的单元没有应变记录（也无热量存储等受力情况）。

根据施工过程，选择单元的“激活”与“杀死”，已经安装完成的单元设定为“激活”状态（设定为“活单元”），未安装完成的单元设定为“杀死”状态（设定为“死单元”），这样结构分析时只考虑“活单元”参与工作。具体做法如下：

按照结构的实际施工顺序，将整个施工过程分为若干个主要工况。首先计算工况1施工组装完毕的结构内力与变形，将在其后工况安装的单元指定为“死单元”（不参与整体结构分析的构件），这些“死单元”不具有刚度和重力荷载作用等。当进行工况 n 结构在各种荷载作用下的受力分析时，将在这一工况安装完毕的“死单元”“激活”，恢复应有的刚度和重力荷载，在其后工况施工安装的单元仍然保持为“死单元”，被“激活”构件在各种荷载作用下产生的内力和位移与以前各工况荷载作用下产生的内力和位移相叠加，得到工况 n 的结构内力，即被“激活”的单元建立在工况（$n-1$）主结构变形后的几何构形上。重复上述过程，可以模拟在整个施工过程中网壳结构内力和位移的变化过程。

从上述单元生死法基本原理和基本流程可以看出，该方法在进行施工过程模拟时，针对各种施工方法的比较分析是十分方便的，首先建立整体模型，然后只需根据施工方法和顺序选择单元的“生”或“死”进行施工过程模拟。该方法同时可以方便地体现结构细微变化的影响，应用在现场施工中，可以使施工顺序更加灵活。

（2）分析流程（图4.7）

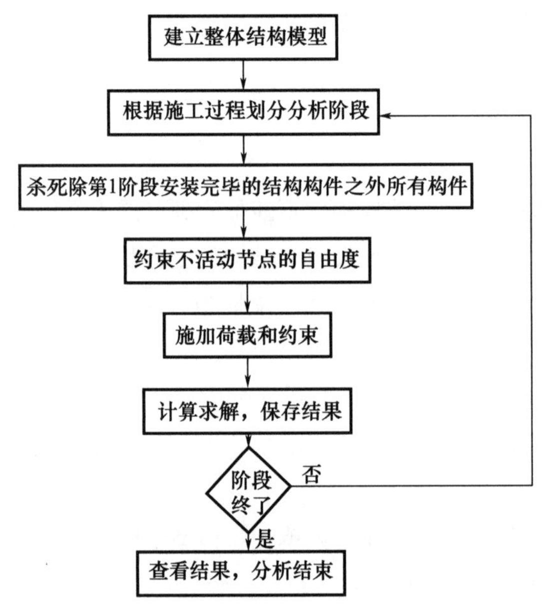

图4.7　生死单元法施工过程模拟分析流程

首先建立整体结构模型；根据施工过程划分施工阶段；保留第1阶段已安装完成的结构构件，杀死除此之外的所有结构构件，约束没有与“活单元”相连的所有节点自由度，同时按照实际施工情况施加边界约束和第1阶段的施工荷载（包括单元自重、温度效应等），然后计算求解并保留计算结果；激活在第二阶段安装完成的结构构件，放松与被“激活”“死单元”相连的节点自由度，仍旧约束只与“死单元”相连的所有节点自由度，同时按照实际施工情况施加约束和第二阶段的施工荷载，然后计算求解并保留计算结果；如此循环，直至整个结构施工完毕。

4.2.2 时变单元法

施工力学的一大特点是具有时变性，大跨度钢结构建筑在施工过程中会发生结构体系的不断变化，随着施工的进行伴随着结构刚度、荷载、边界条件的不断变化。因此只有明确施工中的这些时变因素，才能准确地建立数值模拟计算模型，准确地模拟结构的力学状态并指导施工。造成结构在施工过程中产生时变体系的因素主要有以下几个方面。

（1）结构几何构型的变化

施工过程中结构的几何构造是根据设计图纸在施工中逐步形成的。结构构件按施工方案制定的顺序安装到相应位置上。在施工过程中结构形态从小到大、从不完整到完整，同时结构几何形状的变化是阶段性具有时变性。但是在任何一个施工阶段，结构的体系包括临时支撑结构应该是独立的、稳定的，并能够承担该施工阶段的各种荷载。

（2）结构体系可能发生变化

在施工过程中结构的受力体系可能发生变化，而引起这种变化的原因主要有两个方面：第一个方面是由于施工方法等原因部分构件需要等其他构件安装完毕后才能施工，而不能及时安装到位，这就可能导致施工过程中非完整的结构体系与设计结构体系不同。该施工阶段需要增设临时支撑从而保证结构的稳定性和施工安全。如在施工中采用的折叠展开法，在折叠提升中就会发生结构体系的变化。第二个方面是由于大跨度钢结构建筑中结构体系庞大，施工过程中往往需要设置临时支撑结构。施工过程中临时支撑与主体结构协同工作形成了与原设计结构不同的受力体系，并承受该施工阶段的荷载。在临时支撑的拆除过程中，临时支撑上所承担的荷载与作用转移到主体结构，拆除临时支撑的过程中，整个结构系统将发生结构受力体系的变化。大跨度钢结构受力体系的变化将引起结构内力重分布和整体变形协调，该变化对结构的受力状态有不可忽视的影响，在施工过程中结构安全性分析验算时需要考虑该变化的影响。

（3）结构刚度变化

施工过程伴随着结构几何构型的不断变化和结构体系的转换，结构的刚度在不断发生变化，引起施工中结构刚度变化的原因主要有两个方面：一方面是构件数量的变化，在施工过程中构件的安装和拆除直接影响该部位的刚度，进而影响结构体系的整体刚度。同时构件的安装顺序影响结构体系的刚度分布，对结构的变形、失稳模式及安全性产生影响。另一方面是存在预应力的结构在施工中预应力的变化，预应力构件在施加预应力前后的刚度也完全不同，且初始预应力也与构件刚度有直接关系，从而对结构整体刚度造成影响。

（4）结构边界条件的时变性

在施工过程中伴随着结构边界条件的变化，其变化包括边界约束位置、约束数量以及约束形式的变化。结构支座位置的约束形式由设计确定，但同时边界条件与结构的施工方法有关，在不同施工荷载作用下其约束条件可能不同，同样还伴随着临时支撑的安装和拆除，对整个结构的边界条件都产生重要的影响，边界条件的变化对结构的受力状态有十分大的影响。

（5）施工荷载的时变性

施工过程作用在结构上的荷载包括结构自重、工作面施工设备的堆载、施工人员的荷载。结构自重根据安装时间由有限元软件自动计算，施工活载应根据实际施工情况进行施加和消除，施加施工荷载细分程度应满足分析精度要求。特别是钢结构自重较轻，施工荷载的施加对结构的计算有较大的影响。

（6）结构施工误差的累积变化

结构在施工过程中产生的误差分为两类：构件制作误差、结构安装误差。施工过程结构产生的误差将影响结构的安装精度、几何形状和结构变形。施工过程误差的不断积累，将对结构在最后合龙阶段造成构件或节点较大的强迫位移，并产生较大的附加应力，对结构的内力分布和安全性造成严重影响，误差累积严重时甚至发生不能合龙的现象。

4.3 施工过程模拟分析

本工程的地上结构施工采用钢骨和混凝土分期施工的方法，即先施工结构中的钢骨部分，等钢骨部分施工完毕后再施工混凝土部分，以避免两种不同性质材料的结构构件在施工过程中由于交叉作业而带来不利影响（如安全、变形等因素不可控等）。但这样也带来了施工过程中的力学问题，即结构在施工状态下的受力模式和原设计状态有很大区别。本工程结构采用的是钢骨混凝土混合结构，结构中既有钢结构构件，也有钢骨混凝土构件和混凝土构件。这样在施工钢骨时，由于有些梁是混凝土的，没有设置钢骨，造成钢骨在施工阶段不能形成一个稳定的闭合结构体系，施工过程中存在大量的独立悬臂柱和单片框架。特别是由于在前期安装过程中混凝土楼板及梁未施工，钢肋在施工时没有在楼板位置和环梁连接，造成跨度比设计状态增大很多。

因此必须对上部结构钢骨安装过程进行全过程的力学模拟分析，跟踪结构在施工过程中内力及变形的变化和发展，采取适当的措施，抑制不利因素的影响，保证钢骨结构在施工过程中的安全。

4.3.1 分析依据

采取的施工方案：施工过程中除南半球内环斜柱采用钢管措施进行支撑外，不增加任何其他措施构件。施工顺序：先施工北半球，再施工南半球；先施工垂直钢骨柱和与其相连的钢骨梁，再施工钢肋；在每个半球中均由中部的 R1 和 R24 轴线的钢肋开始，向两边对称施工钢肋。

根据施工方案，对结构建立整体有限元模型，采用 midas Gen8.0 进行施工过程的力学模拟和分析。本施工模拟分析仅作为方案选择的理论参考，实际施工方案选择需由方案评审专家组决定。

4.3.2 算法及荷载概述

根据施工顺序，采用 midas Gen 进行施工阶段模拟分析，计算模型为一整体模型，按照施工步骤将结构构件、支座约束、措施构件、荷载工况划分为多个组，按照施工步骤、工期进度进行施工阶段定义，程序按照控制数据进行分析。在分析某一施工步骤时，程序将冻结该施工步骤后期的所有构件及后期需要加载的荷载工况，仅允许该步骤之前完成的构件参与运算。例如第一步骤的计算模型，程序冻结了该步骤之后的所有构件，仅显示第一步骤完成的构件，参与运算的也只有第一步骤的构件；计算完成显示计算结果时，同样按照每一步骤完成情况进行显示。计算过程采用累加模型（分步建模多阶段线性叠加法）的方式进行分析，得到每一阶段完成状态下的结构内力和变形，在下一阶段程序会根据新的变形对模型进行调整，从而可以真实地模拟施工的动态过程。

计算模型完全按照结构招标图建立，所有构件的截面、材质与招标图完全一致。主体结构采用梁单元。结构整体计算模型如图 4.8 所示。

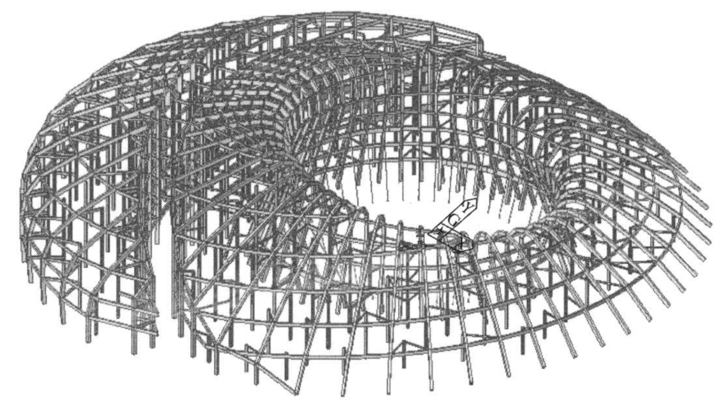

图 4.8 结构整体计算模型

施工过程分析的计算荷载主要考虑结构自重的影响。计算变形时采用的是各荷载工况的标准值组合，计算应力和内力时采用的是各荷载工况的设计值组合，具体的荷载组合见表 4.1。

表 4.1 荷载组合

荷载组合	恒（CD）	活（CL）	γ_0
SLCB1（CD 控）	1.35	—	1.0
SLCB2（变形）	1.0	—	1.0

4.3.3 施工步骤

(1) 施工步骤划分

根据施工计划及主体结构施工方案，将主体结构划分为 2 个施工分区，并将这 2 个施工分区划分为 36 个施工阶段，每个施工阶段下还有 1～3 个施工子阶段，模拟其主施工阶段间构件的安装。施工阶段的划分概况见表 4.2。

表 4.2 施工阶段的划分

施工阶段	施工部位	备注
阶段 1	CS1	垂直钢骨柱及水平钢骨梁安装（北半球）
阶段 2	CS2-NR1R24 肋安装	开始北半球安装（从 R1/R24 肋开始）
阶段 3	CS3-NR2R23 肋安装	
阶段 4	CS4-NR3R22 肋安装	
阶段 5	CS5-NR4R21 肋安装	
阶段 6	CS6-NR5R20 肋安装	
阶段 7	CS7-NR6R19 肋安装	
阶段 8	CS8-NR7R18 肋安装	
阶段 9	CS9-NR8R17 肋安装	
阶段 10	CS10-NR9R16 肋安装	
阶段 11	CS11-NR10R15 肋安装	北半球安装完毕
阶段 12	CS12	垂直钢骨柱及水平钢骨梁安装（南半球）
阶段 13	CS13-SR1R24 肋安装	开始南半球安装（从 R1/R24 肋开始）
阶段 14	CS14-SR2R23 肋安装	
阶段 15	CS15-SR3R22 肋安装	
阶段 16	CS16-SR4R21 肋安装	
阶段 17	CS17-SR5R20 肋安装	
阶段 18	CS18-SR6R19 肋安装	
阶段 19	CS19-SR7R18 肋安装	
阶段 20	CS20-SR8R17 肋安装	
阶段 21	CS21-SR9R16 肋安装	
阶段 22	CS22-SR10R15 肋安装	
阶段 23	CS23-SR11R14 肋安装	
阶段 24	CS24-SR12R13 肋安装	
阶段 25	CS25-SR12R13（负）肋安装	
阶段 26	CS26-SR11R14（负）肋安装	
阶段 27	CS27-SR10R15（负）肋安装	

续表

施工阶段	施工部位	备注
阶段 28	CS28-SR9R16（负）肋安装	
阶段 29	CS29-SR8R17（负）肋安装	
阶段 30	CS30-SR7R18（负）肋安装	
阶段 31	CS31-SR6R19（负）肋安装	
阶段 32	CS32-SR5R20（负）肋安装	
阶段 33	CS33-SR4R21（负）肋安装	
阶段 34	CS34-SR3R22（负）肋安装	
阶段 35	CS35-SR2R23（负）肋安装	
阶段 36	CS36-SR1R24（负）肋安装	南半球安装完毕

（2）施工阶段计算模型（图 4.9～图 4.30）

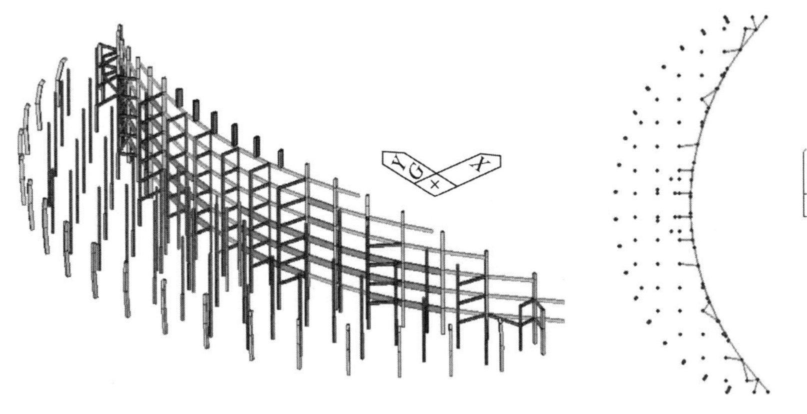

图 4.9　阶段 1

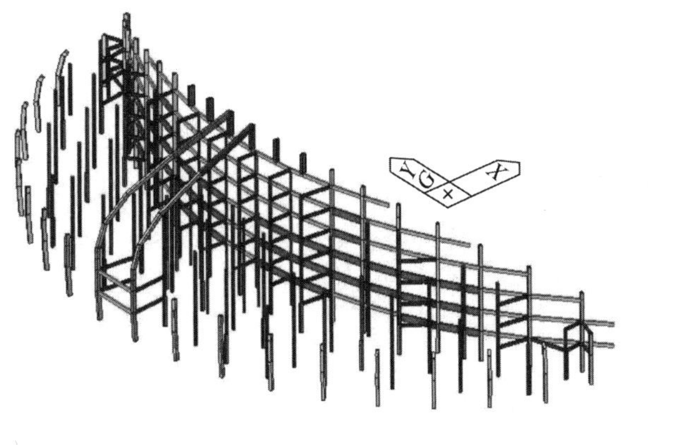

图 4.10　阶段 2

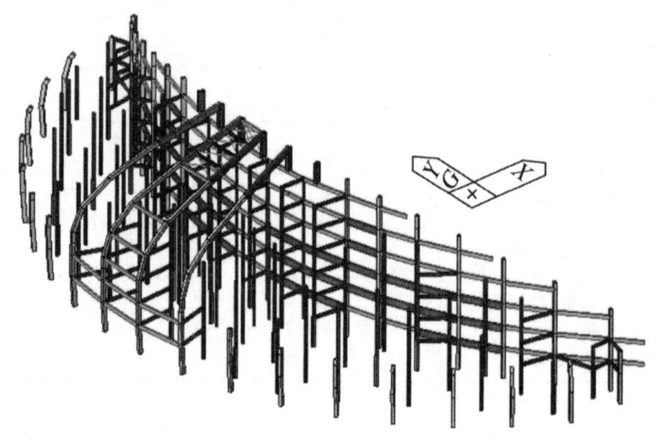

图 4.11　阶段 3

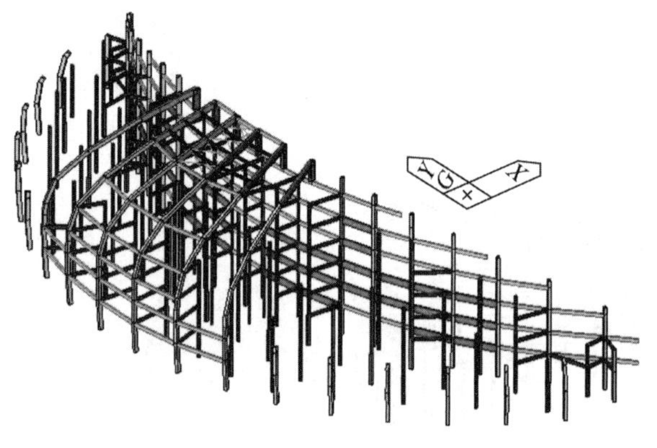

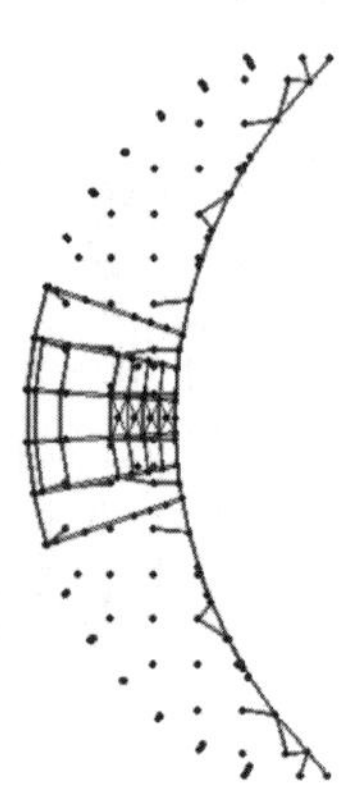

图 4.12　阶段 4

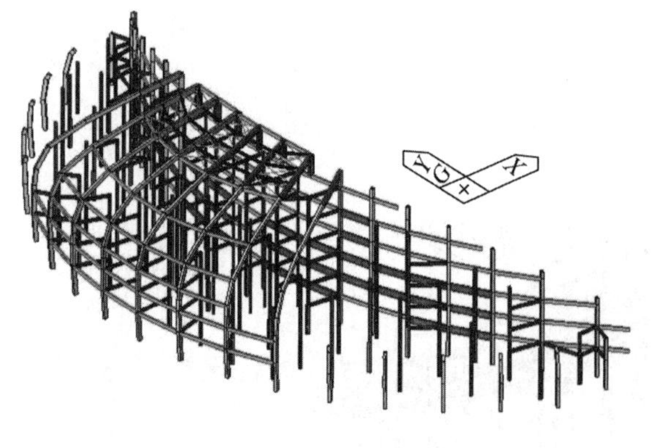

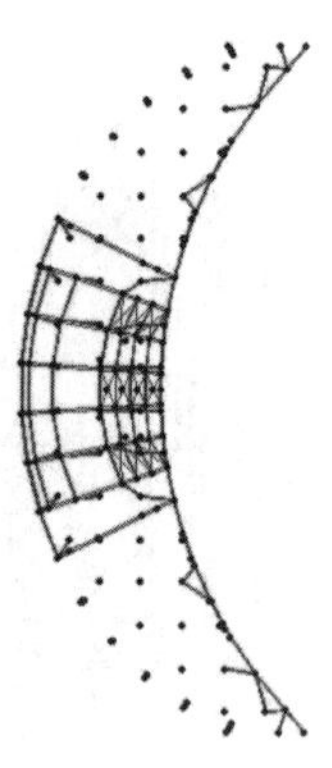

图 4.13　阶段 5

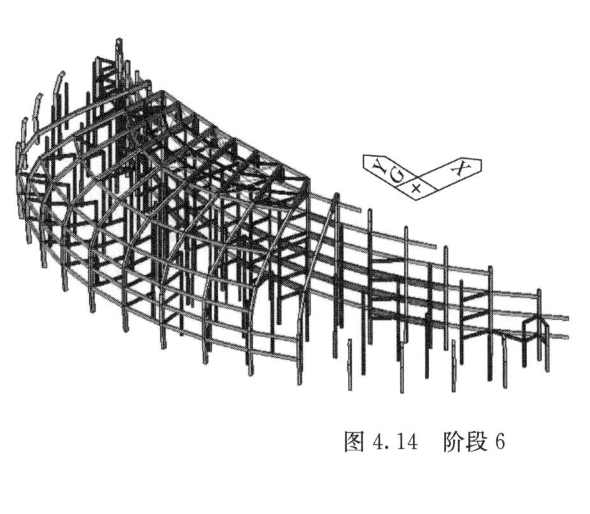

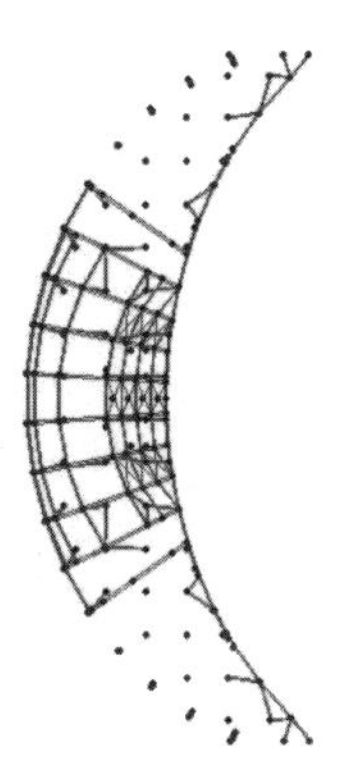

图 4.14 阶段 6

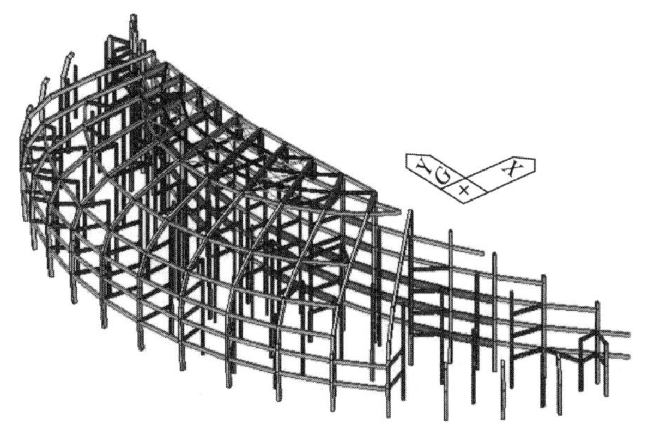

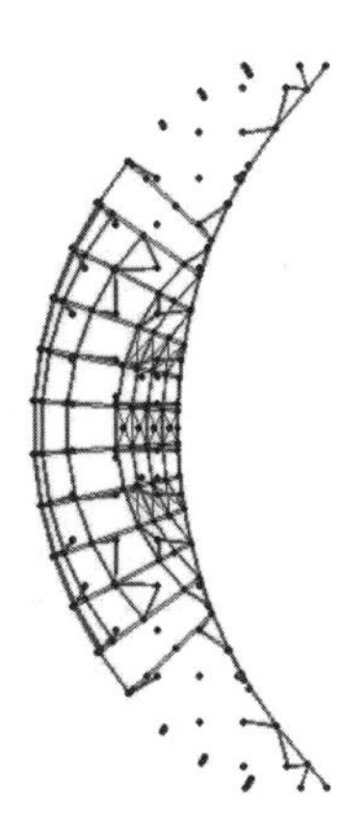

图 4.15 阶段 7

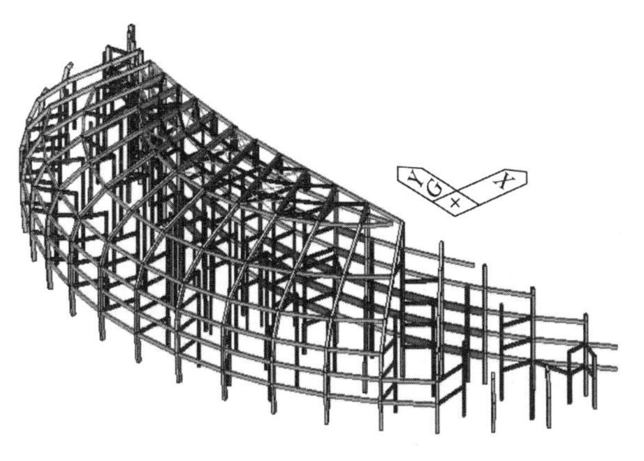

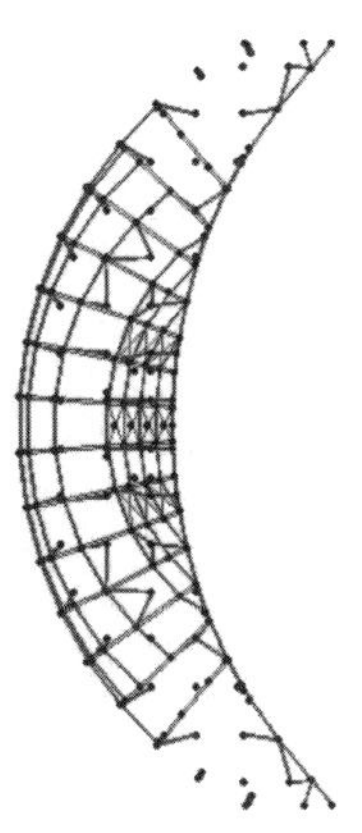

图 4.16 阶段 8

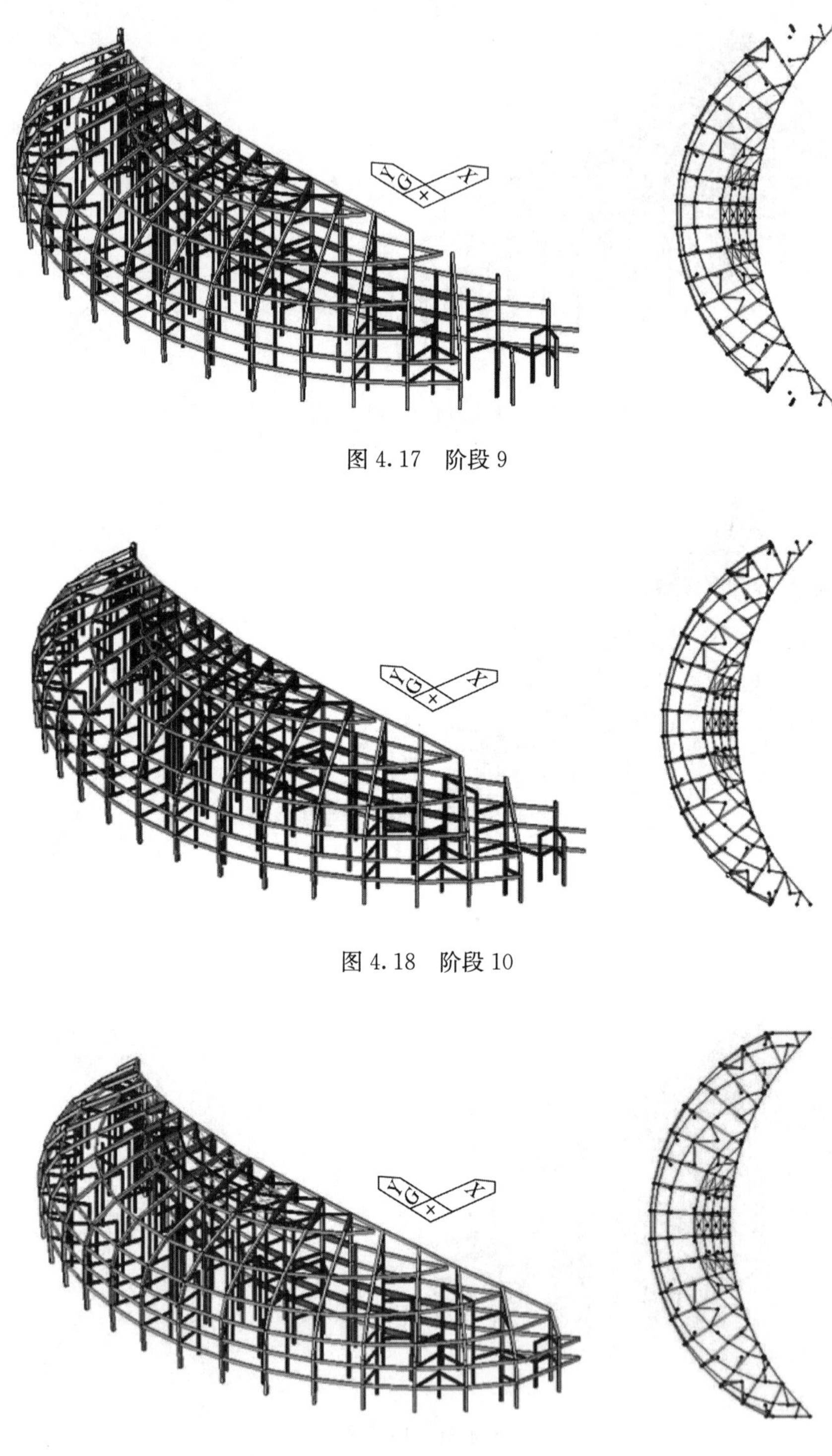

图 4.17　阶段 9

图 4.18　阶段 10

图 4.19　阶段 11

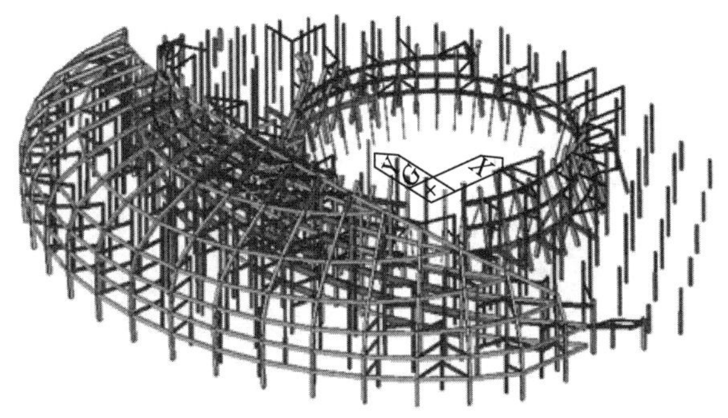

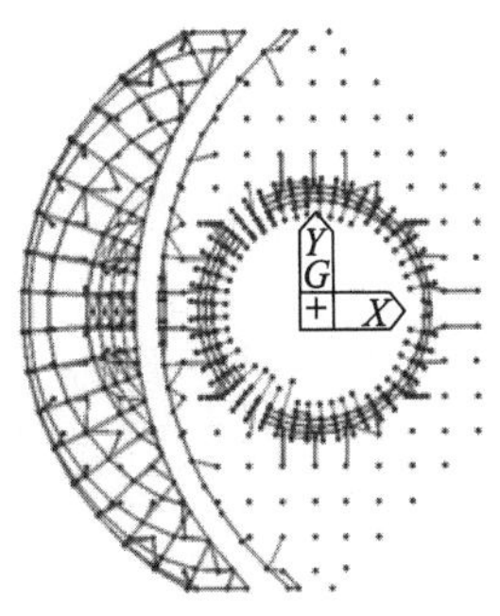

图 4.20　阶段 12

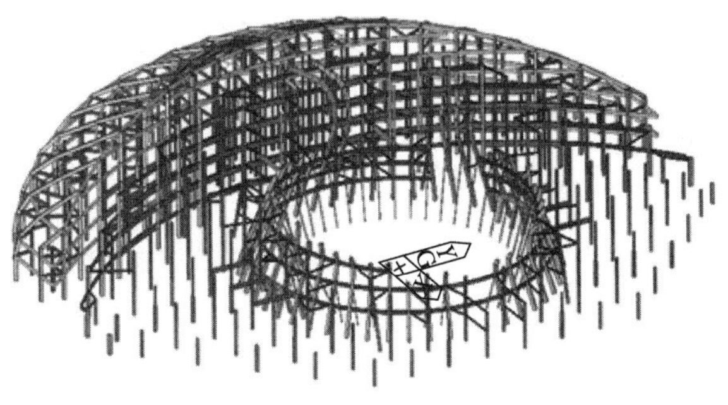

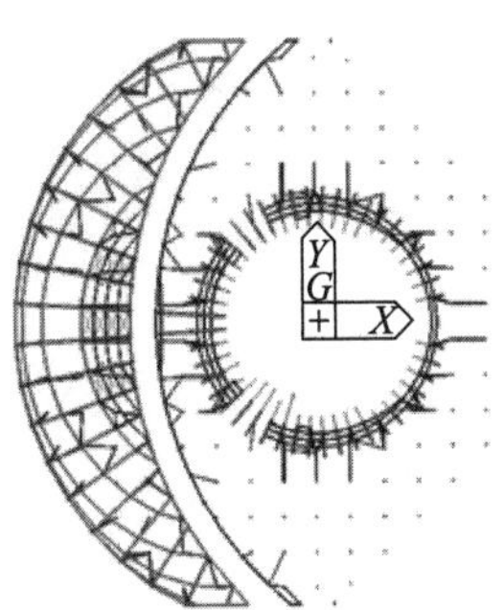

图 4.21　阶段 13

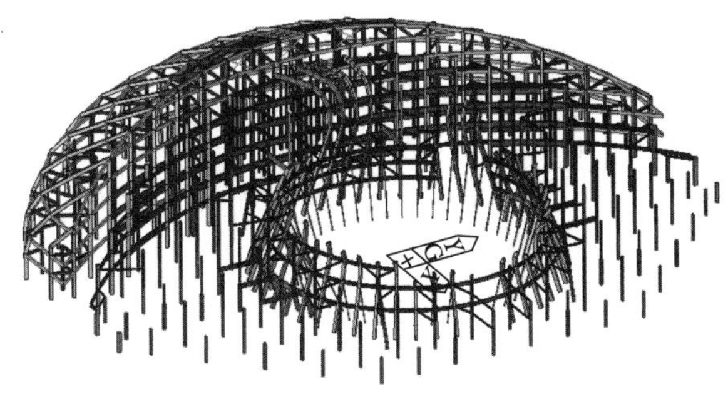

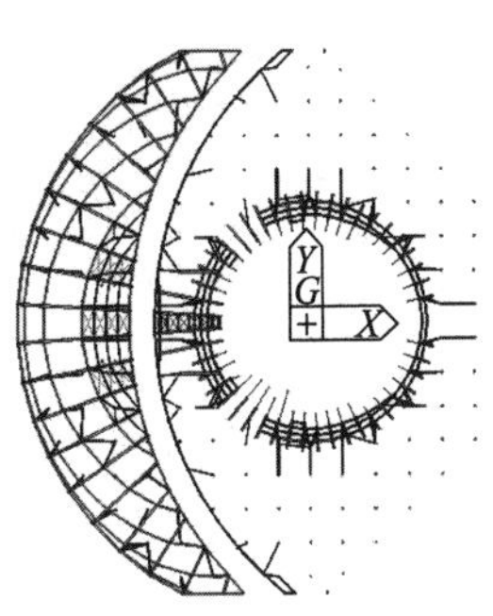

图 4.22　阶段 14

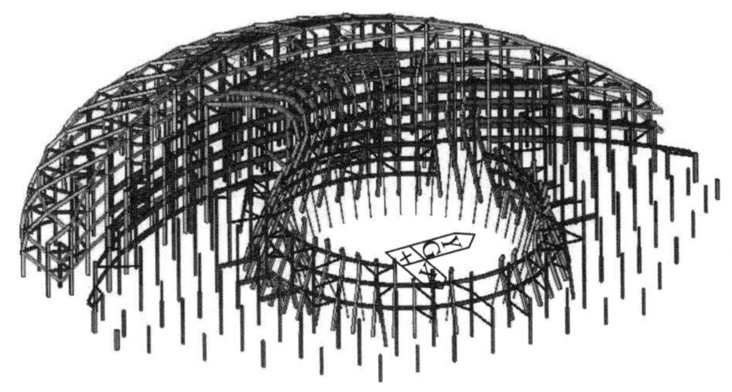

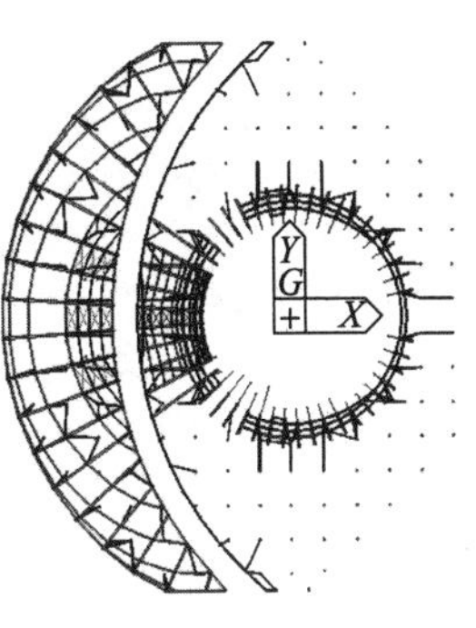

图 4.23　阶段 15～17

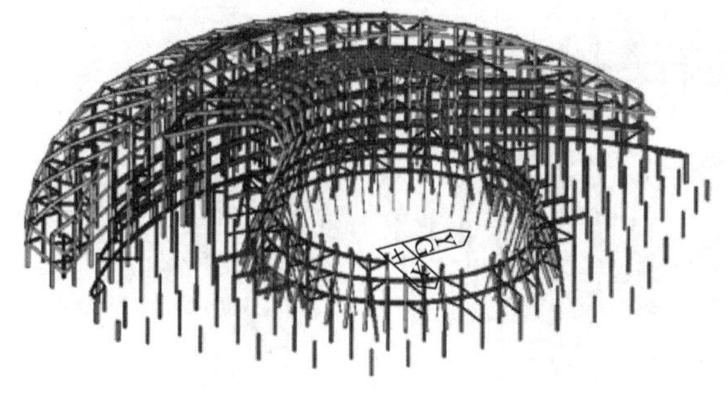
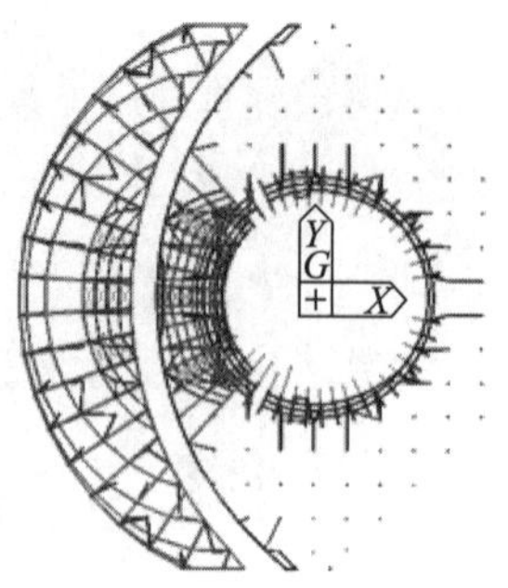

图 4.24　阶段 18～20

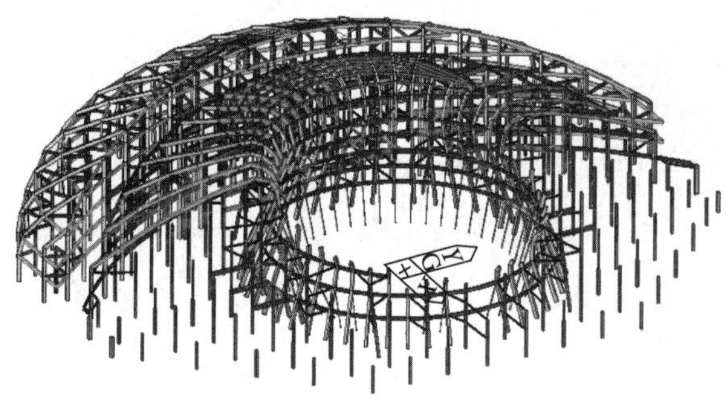
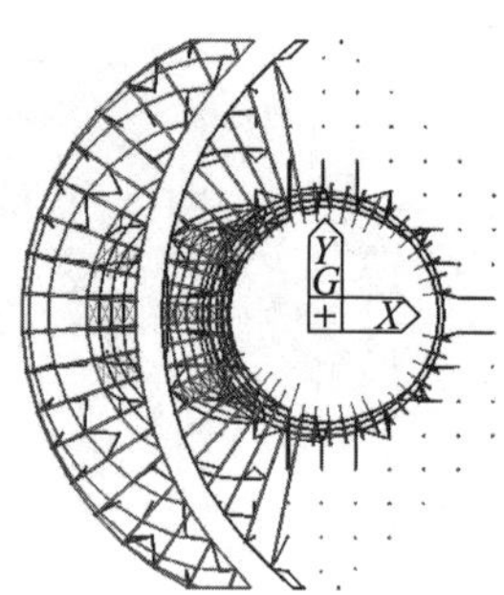

图 4.25　阶段 21～23

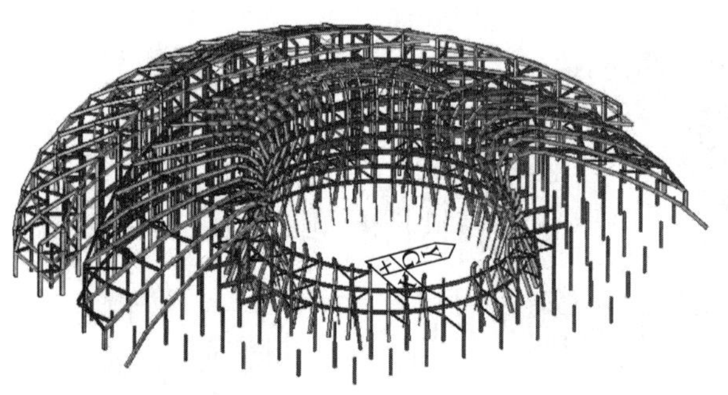
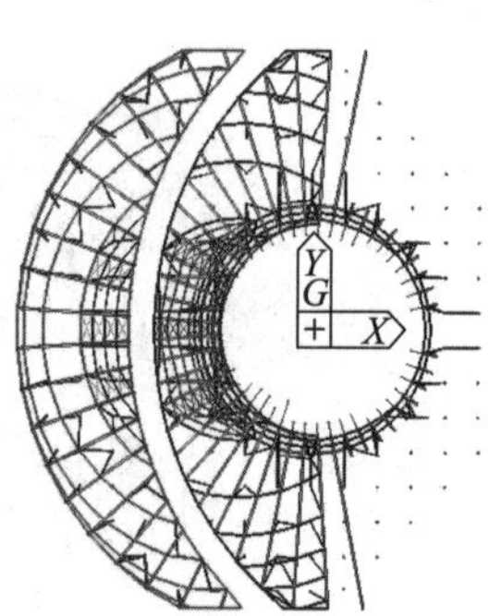

图 4.26　阶段 24～26

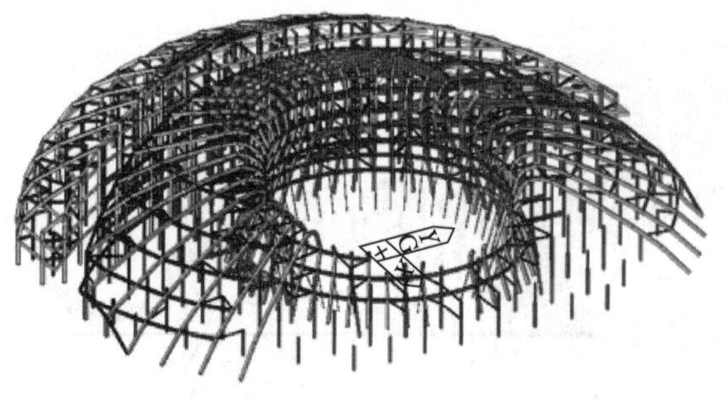
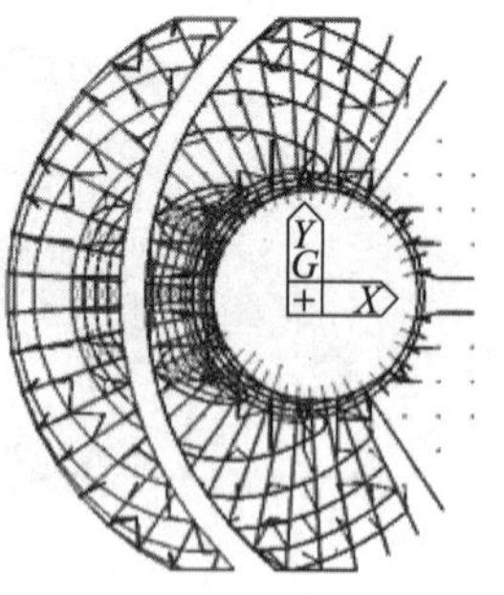

图 4.27　阶段 27～29

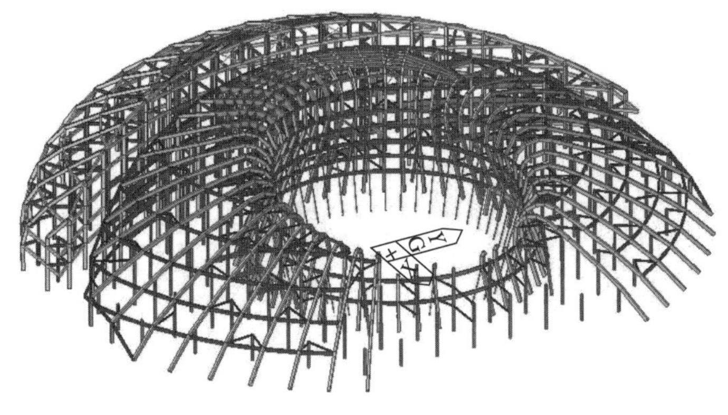
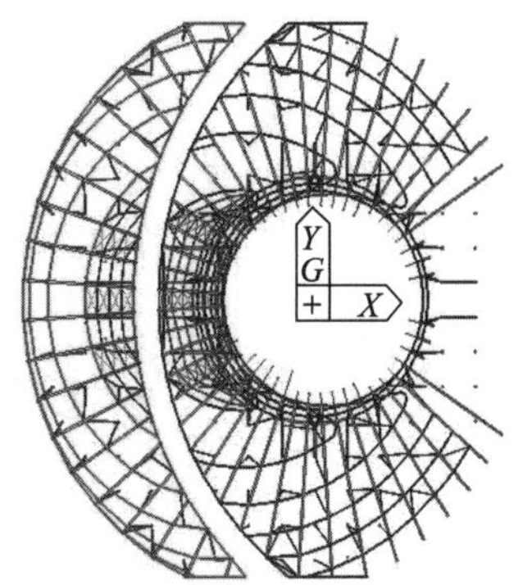

图 4.28　阶段 30～32

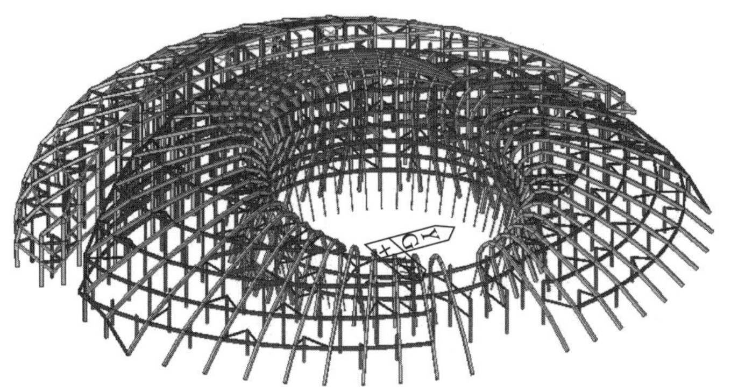
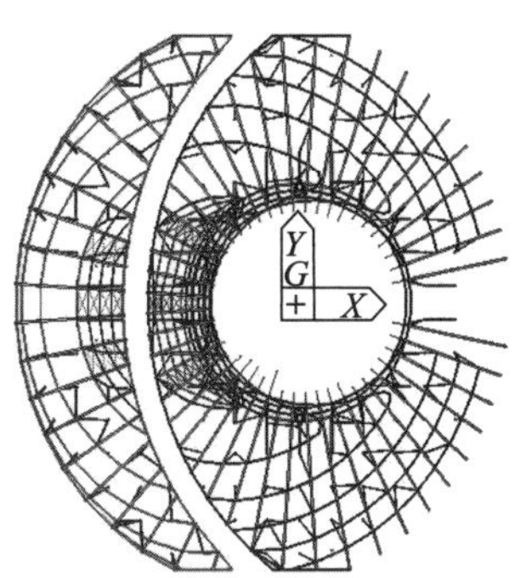

图 4.29　阶段 33～35

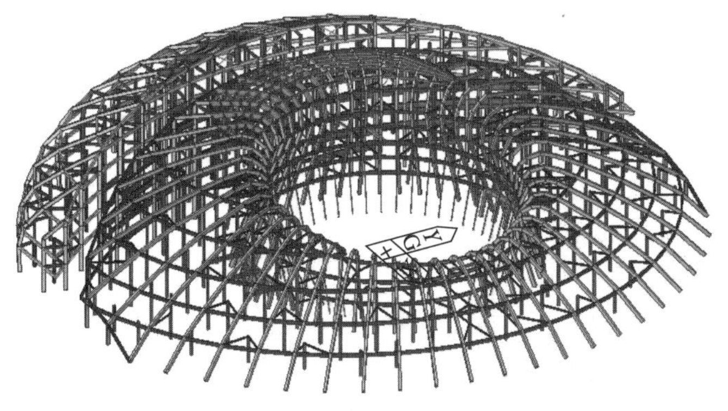
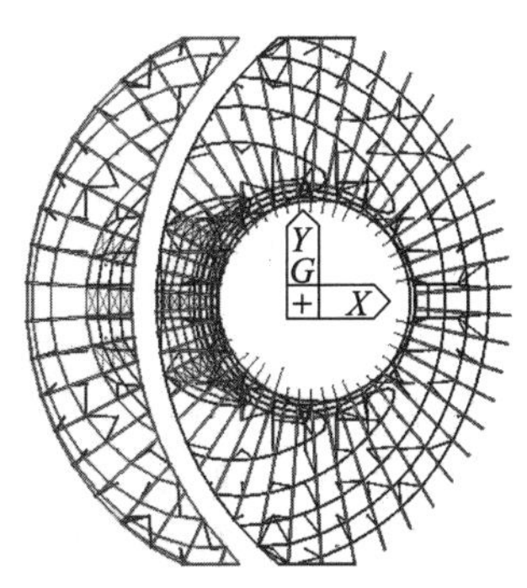

图 4.30　阶段 36

4.3.4　变形分析

变形分析如图 4.31～图 4.69 所示。

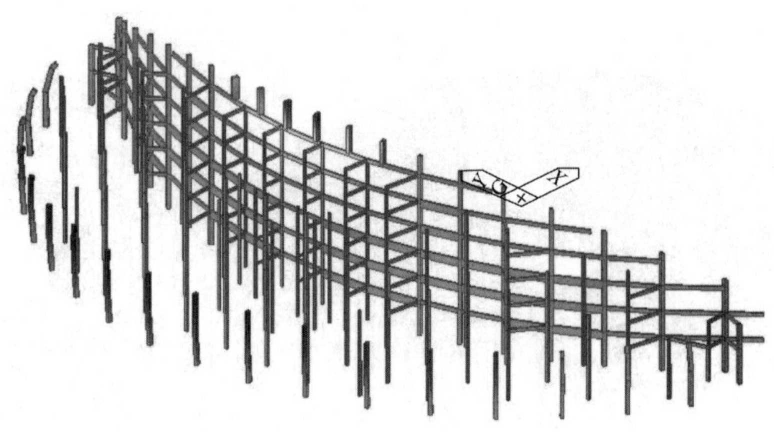

图 4.31　阶段 1 *X* 方向位移图（DX）

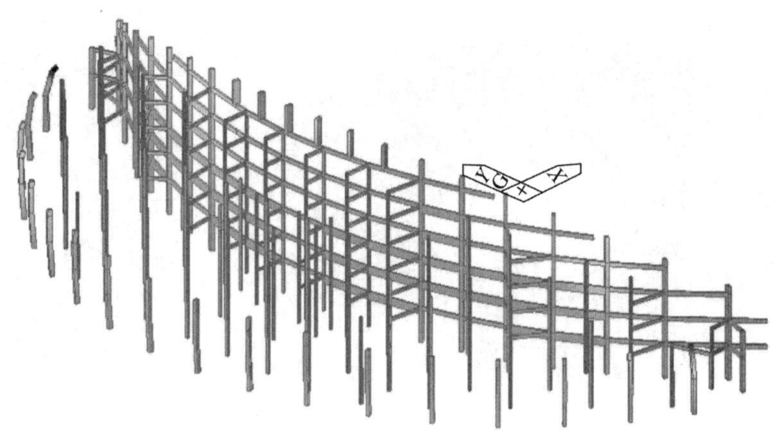

图 4.32　阶段 1 *Y* 方向位移图（DY）

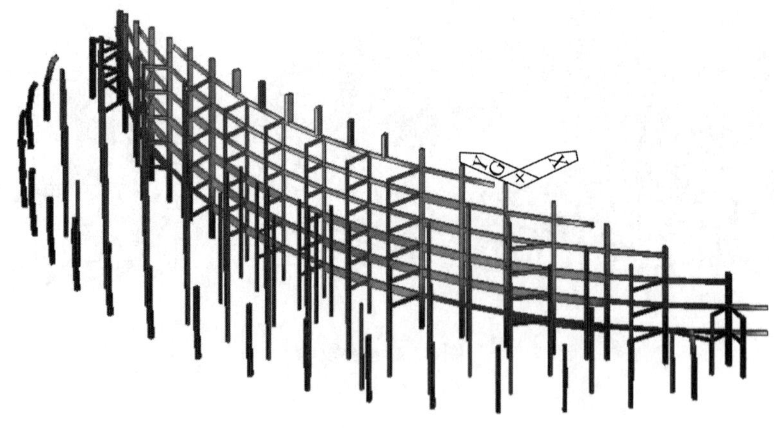

图 4.33　阶段 1 *Z* 方向位移图（DZ）

X 方向最大变形 DX 为 3.1mm；*Y* 方向最大变形 DY 为−0.87mm；*Z* 方向最大变形 DZ 为−1.77mm，变形主要集中在 6 层短柱处，由分析结果可见此阶段变形较小。

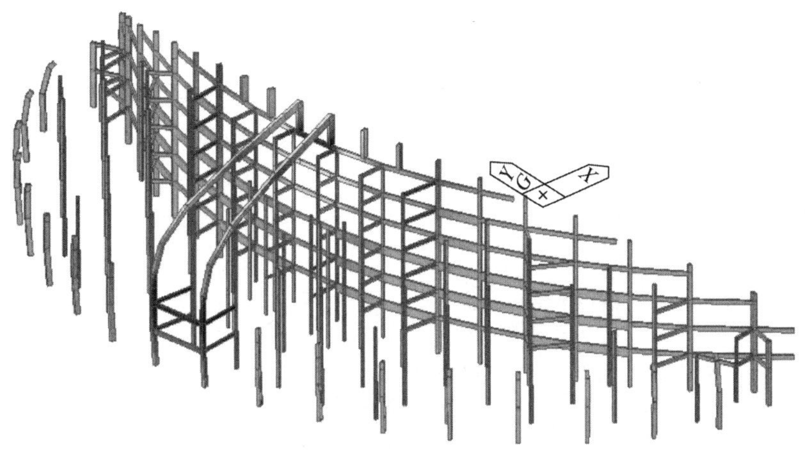

图 4.34　阶段 2 *X* 方向位移图（DX）

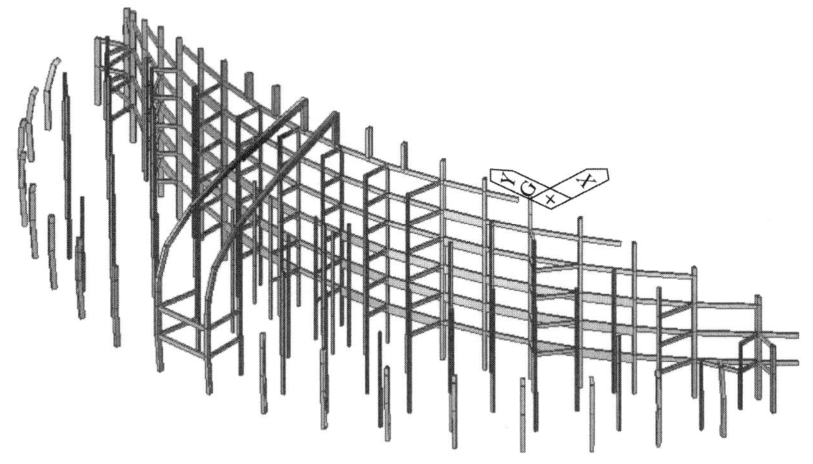

图 4.35　阶段 2 *Y* 方向位移图（DY）

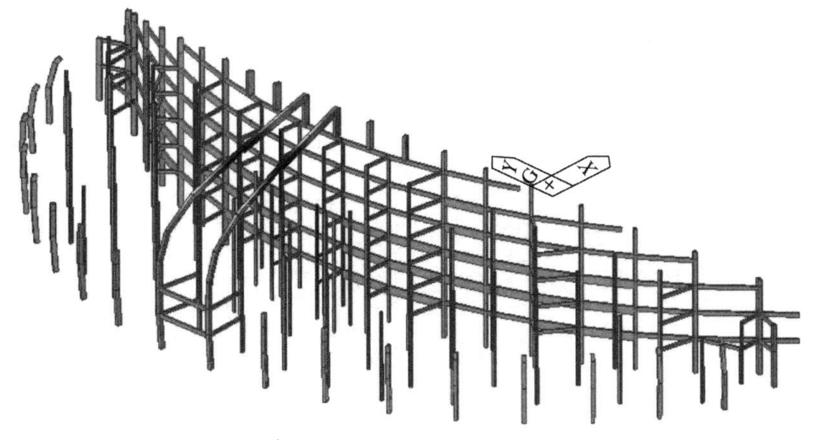

图 4.36　阶段 2 *Z* 方向位移图（DZ）

X 方向最大变形 DX 为 23.4mm；*Y* 方向最大变形 DY 为 7.9mm；*Z* 方向最大变形 DZ 为－26.2mm，水平 *X* 向变形主要集中在 6 层梁上托柱（肋）处，竖直 *Z* 向变形主要集中在安装的 R1 和 R24 轴钢肋的跨中处。由分析结果可见进入钢肋安装阶段后开始产生一定的变形，主要原因是施工阶段钢肋失去楼板处的支承，使跨度增加造成的。

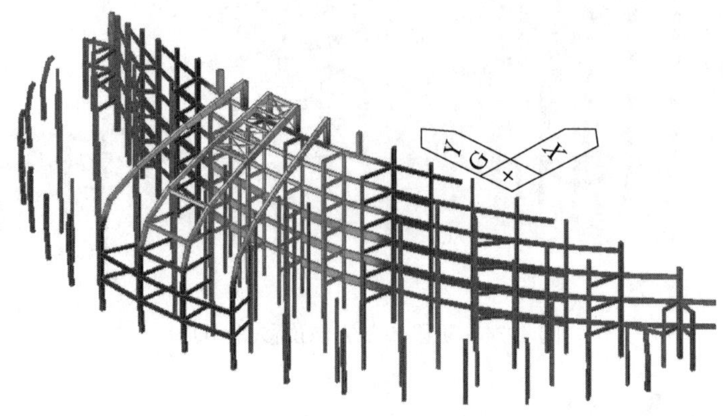

图 4.37　阶段 3 *X* 方向位移图（DX）

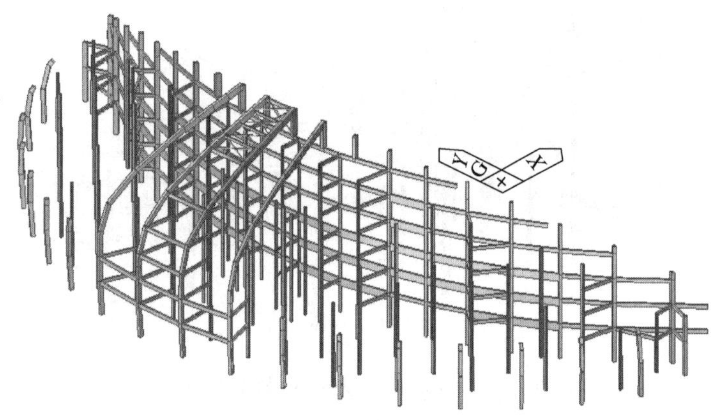

图 4.38　阶段 3 *Y* 方向位移图（DY）

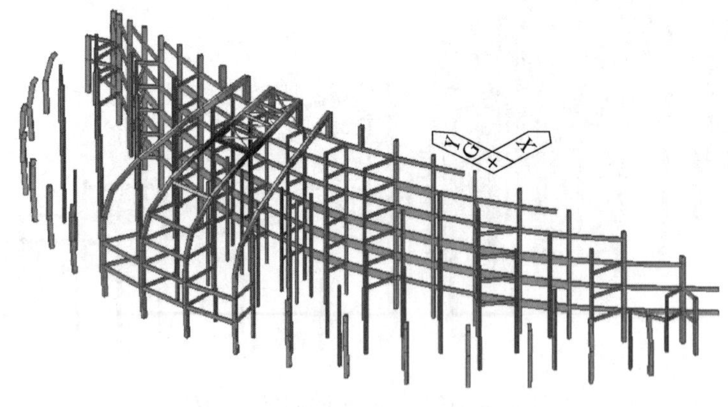

图 4.39　阶段 3 *Z* 方向位移图（DZ）

X 方向最大变形 DX 为 29.7mm；Y 方向最大变形 DY 为 16.3mm；Z 方向最大变形 DZ 为−31.9mm，水平 X 向变形主要集中在 6 层梁上托柱（肋）处，竖直 Z 向变形主要集中在安装的钢肋的跨中处，其中仍以 R1、R24 处钢肋跨中挠度最大。由分析结果可见由于其他钢肋的安装，R1、R24 处钢肋的变形在持续增加。

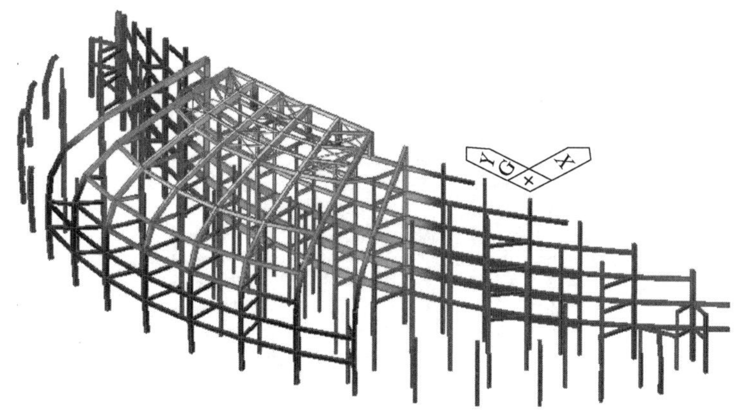

图 4.40 阶段 4～5 X 方向位移图（DX）

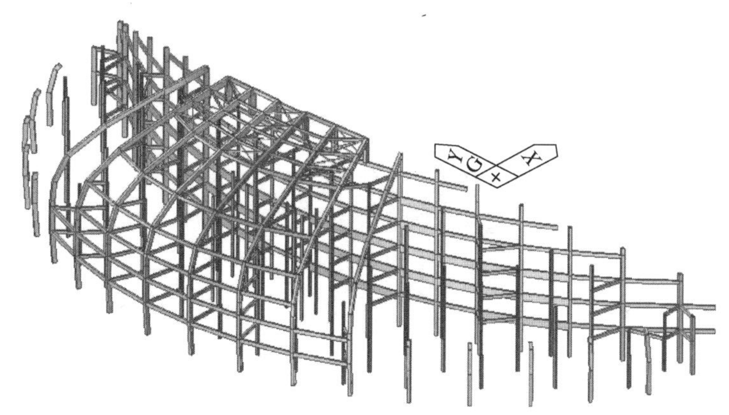

图 4.41 阶段 4～5 Y 方向位移图（DY）

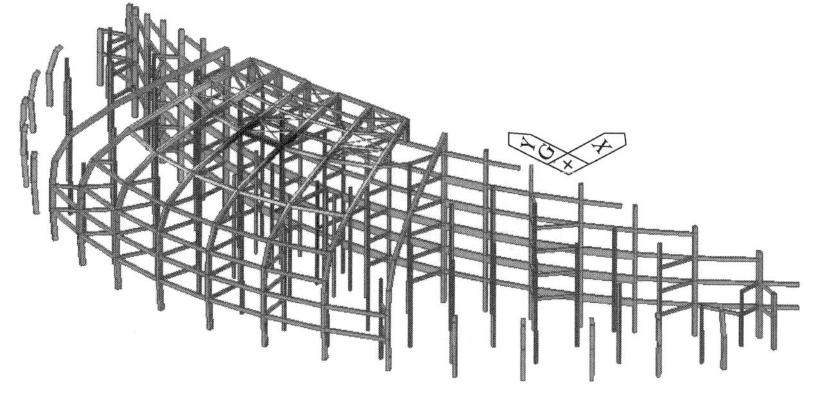

图 4.42 阶段 4～5 Z 方向位移图（DZ）

X 方向最大变形 DX 为 37.1mm；Y 方向最大变形 DY 为 17.0mm；Z 方向最大变形 DZ 为－36.5mm，水平 X 向变形主要集中在 6 层梁上托柱（肋）处，竖直 Z 向变形主要集中在安装的钢肋的跨中处，其中仍以 R1、R24 处钢肋跨中挠度最大。由分析结果可见由于其他钢肋的安装，R1、R24 处钢肋的变形在持续增加。

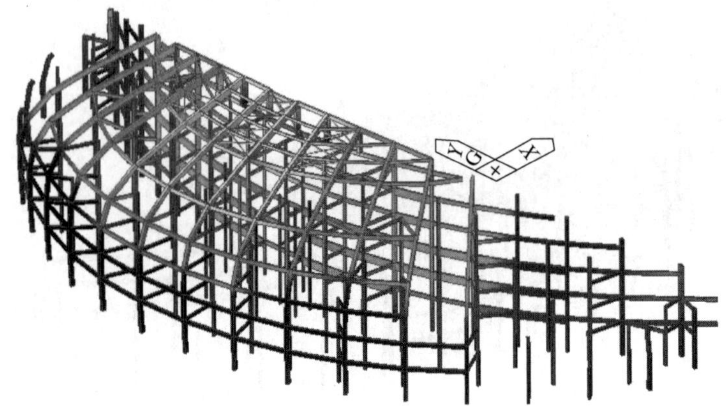

图 4.43　阶段 6～7 X 方向位移图（DX）

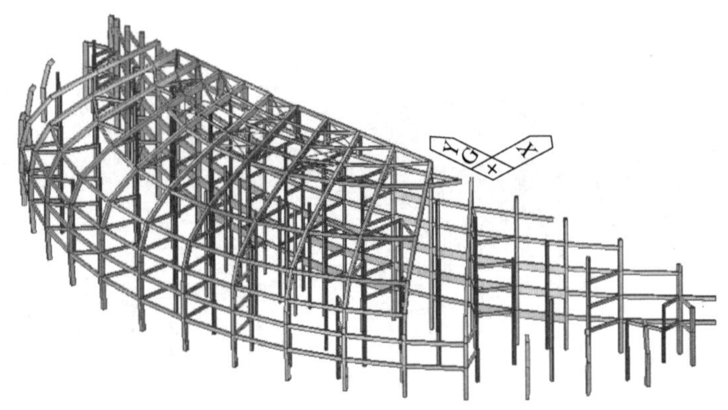

图 4.44　阶段 6～7 Y 方向位移图（DY）

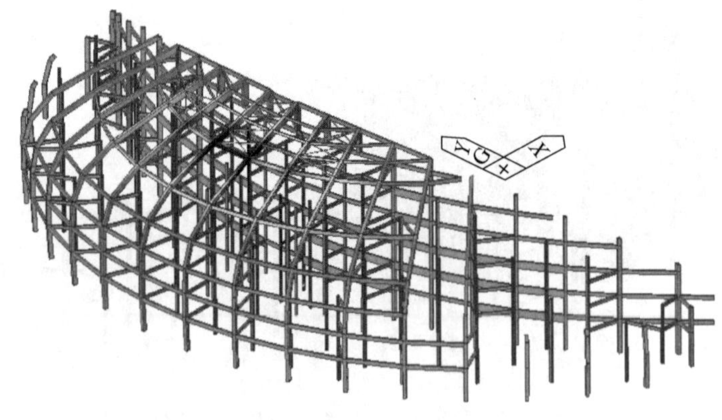

图 4.45　阶段 6～7 Z 方向位移图（DZ）

X 方向最大变形 DX 为 37.7mm；Y 方向最大变形 DY 为 16.7mm；Z 方向最大变形 DZ 为－36.4mm。从此阶段的安装分析可以看出 R1、R24 处的最大变形已经基本不增长，各方向变形基本维持原状，现阶段安装钢肋对 R1、R24 处的变形已经不影响。

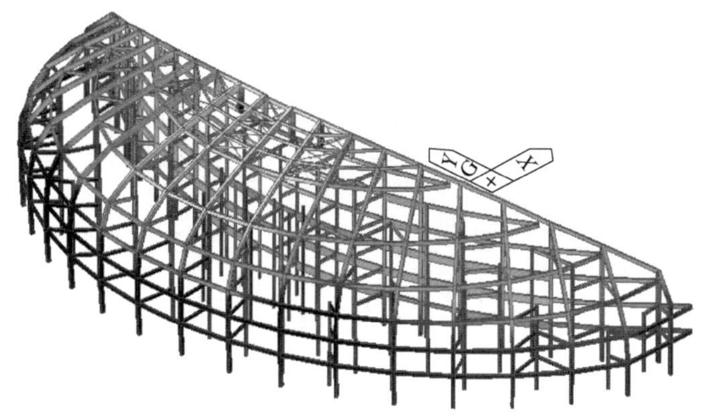

图 4.46　阶段 8～11 X 方向位移图（DX）

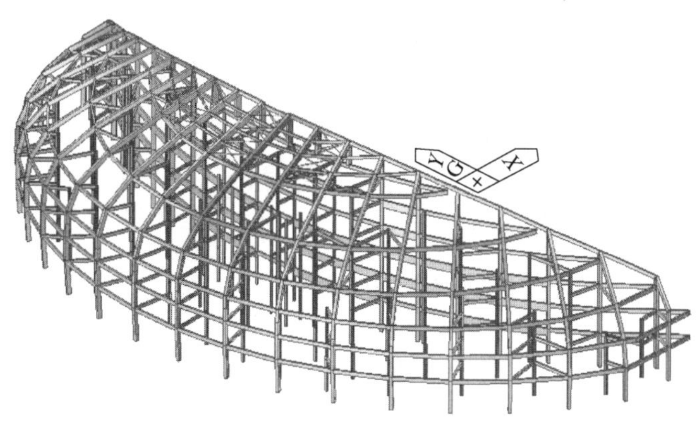

图 4.47　阶段 8～11 Y 方向位移图（DY）

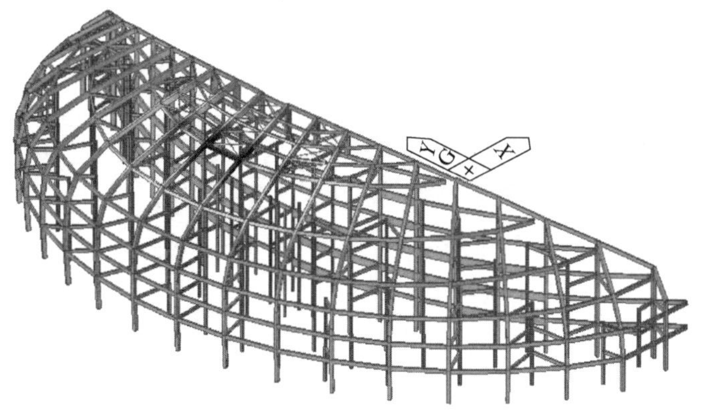

图 4.48　阶段 8～11 Z 方向位移图（DZ）

X 方向最大变形 DX 为 37.7mm；*Y* 方向最大变形 DY 为 16.5mm；*Z* 方向最大变形 DZ 为－36.2mm。到此阶段为止，北半球安装完成，从分析结果可以看出 R1、R24 处的最大变形基本维持原状，现阶段安装钢肋对 R1、R24 处的变形已经不影响。由于 R1、R24 为北半球跨度最大的两个钢肋，因此变形最大值均发生在此处。

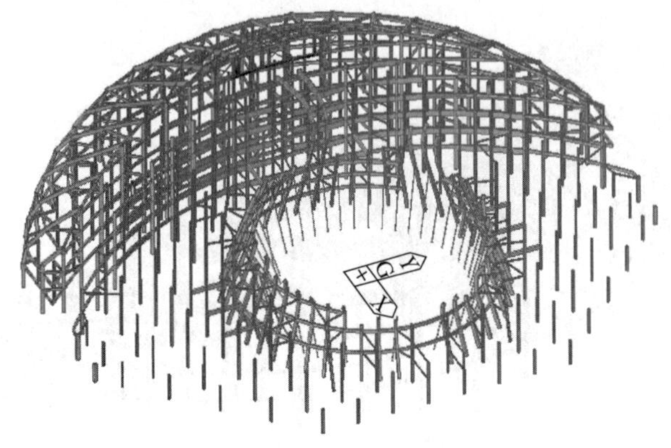

图 4.49　阶段 12～13 *X* 方向位移图（DX）

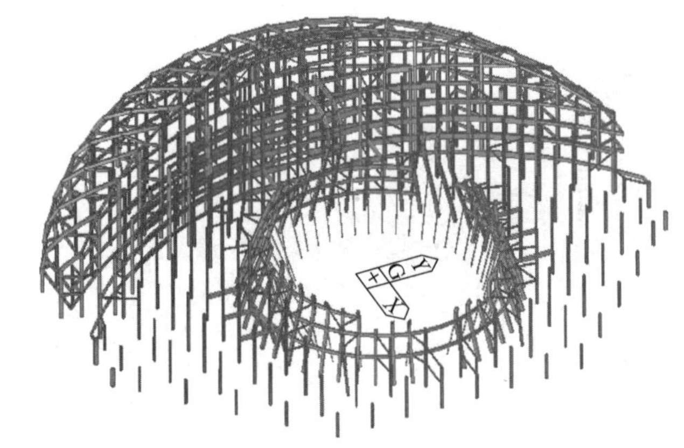

图 4.50　阶段 12～13 *Y* 方向位移图（DY）

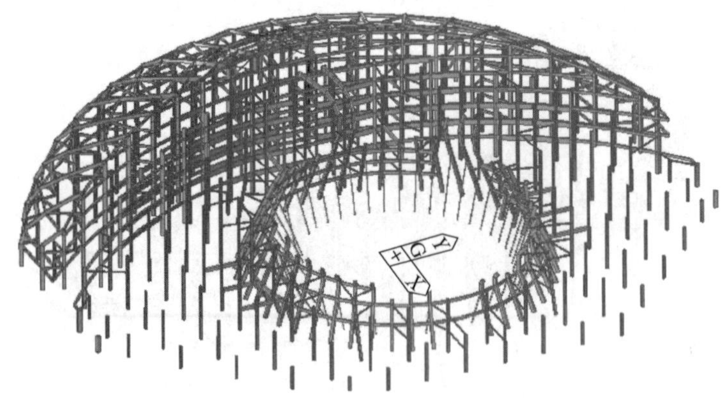

图 4.51　阶段 12～13 *Z* 方向位移图（DZ）

X 正方向最大变形 DX 为 37.7mm，出现在北半球上，即北半球安装完成时的最大变形；X 负方向最大变形 DX 为－59.1mm，出现在南半球 R8 和 R17 轴线上的梁上短柱上；Y 方向最大正变形 DY 为 35.0mm，Y 方向最大负变形 DY 为－35.0mm，均出现在南半球对称分布的 R8 和 R17 轴线上的梁上短柱上；Z 方向最大变形 DZ 为－36.2mm，位于北半球上。R8 和 R17 轴线上的梁上短柱变形大的原因是其下弧形托梁在短柱重力作用下发生扭转，从而使短柱顶部发生较大位移。因此安装时需设置临时支撑限制此处位移。

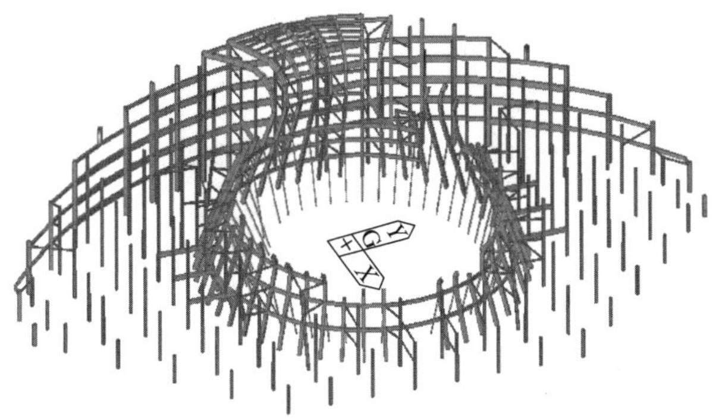

图 4.52　阶段 14～16 X 方向位移图（DX）

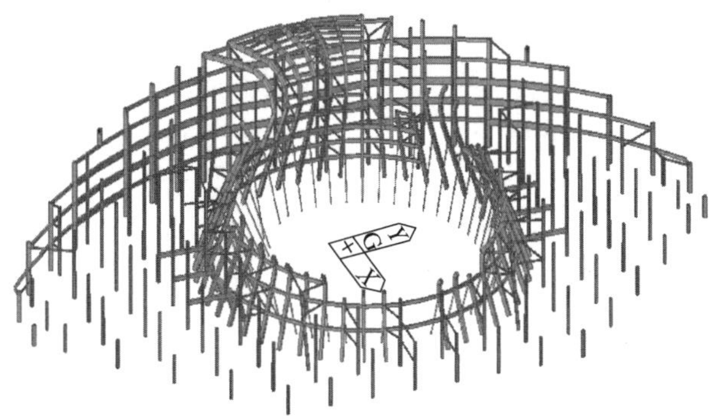

图 4.53　阶段 14～16 Y 方向位移图（DY）

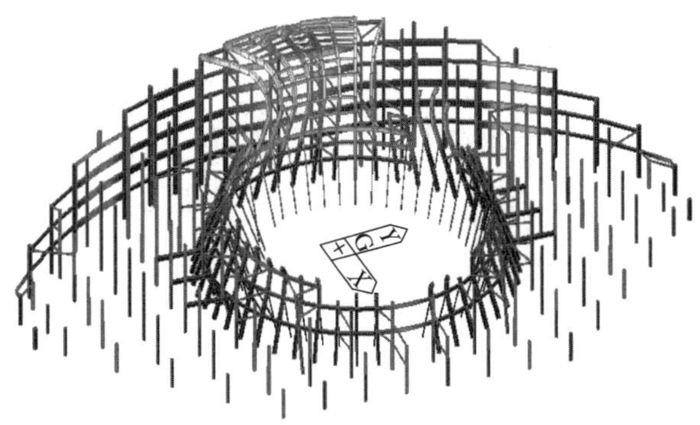

图 4.54　阶段 14～16 Z 方向位移图（DZ）

X 正方向最大变形 DX 为 18.6mm，出现在下部倾斜上部竖直的钢骨柱顶部；*X* 负方向最大变形 DX 为－60.5mm，仍出现在南半球 R8 和 R17 轴线上的梁上短柱顶部；*Y* 方向最大正变形 DY 为 36.1mm，*Y* 方向最大负变形 DY 为－36.1mm，仍出现在南半球 R8 和 R17 轴线上的梁上短柱顶部；*Z* 方向最大变形 DZ 为－7.4mm，比较小，主要是因为到本施工阶段为止，南半球安装钢肋的跨度均不大。

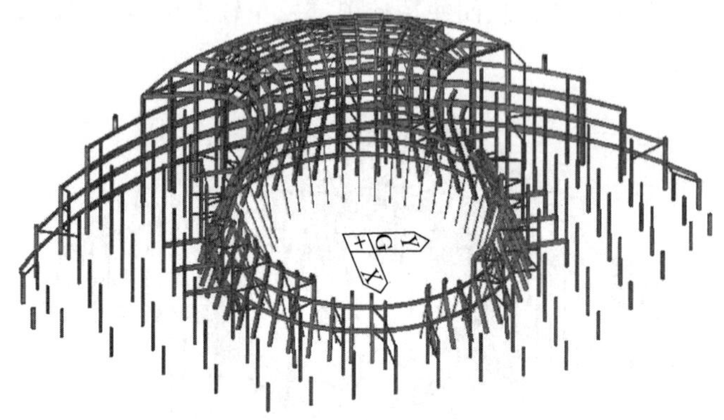

图 4.55　阶段 17～20 *X* 方向位移图（DX）

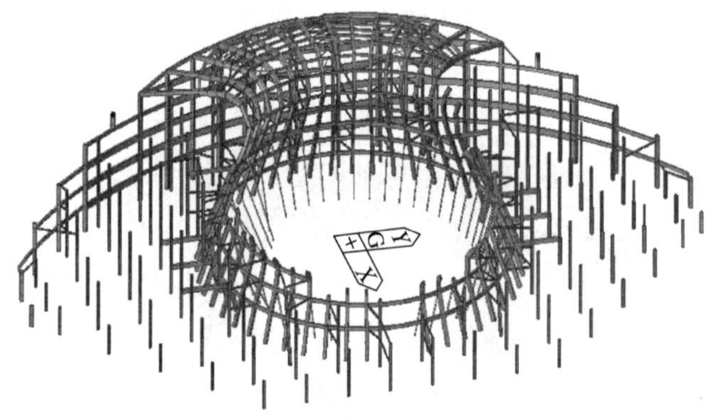

图 4.56　阶段 17～20 *Y* 方向位移图（DY）

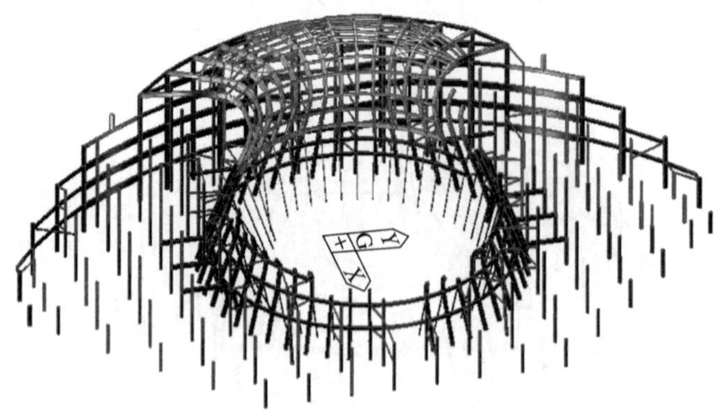

图 4.57　阶段 17～20 *Z* 方向位移图（DZ）

X 正方向最大变形 DX 为 21.1mm，出现在 6 层顶部环梁处；X 负方向最大变形 DX 为－64.6mm，仍出现在南半球 R8 和 R17 轴线上的梁上短柱顶部；Y 方向最大正变形 DY 为 38.4mm，Y 方向最大负变形 DY 为－38.0mm，仍出现在南半球 R8 和 R17 轴线上的梁上短柱顶部；Z 方向最大变形 DZ 为－13.2mm，出现在 R8 和 R17 轴线安装钢肋的跨中。

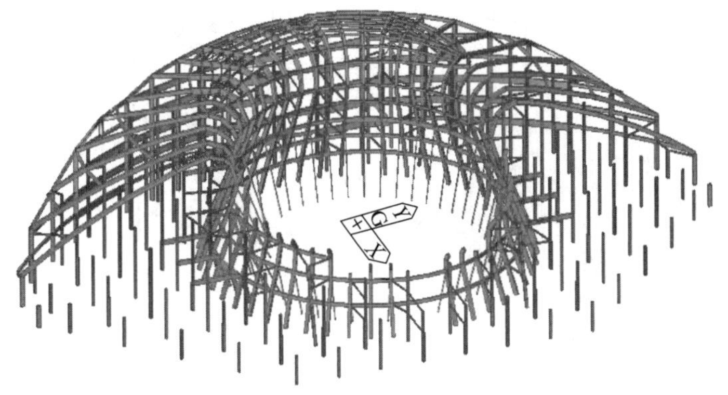

图 4.58 阶段 21～24 X 方向位移图（DX）

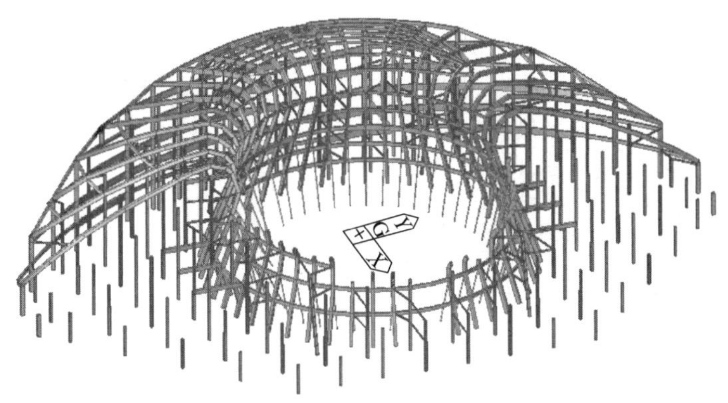

图 4.59 阶段 21～24 Y 方向位移图（DY）

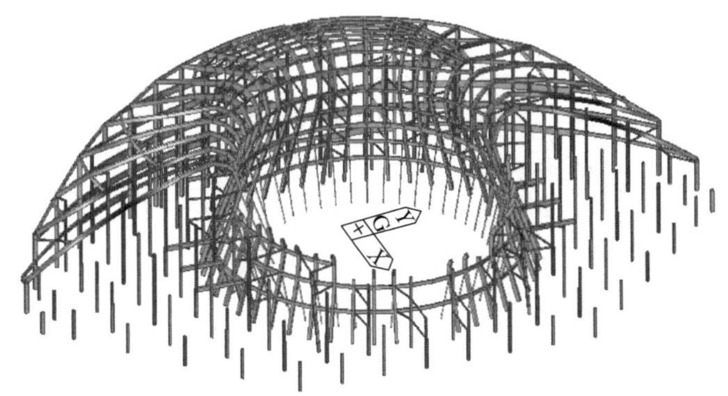

图 4.60 阶段 21～24 Z 方向位移图（DZ）

X 方向最大变形 DX 为－74.3mm，仍出现在南半球 R8 和 R17 轴线上的梁上短柱顶部；Y 方向最大正变形 DY 为 43.5mm，Y 方向最大负变形 DY 为－41.7mm，仍出现在南半球 R8 和 R17 轴线上的梁上短柱顶部；Z 方向最大变形 DZ 为－45.9mm，出现在 R12 和 R13 轴线安装钢肋的跨中，此时安装钢肋的跨度已达到 40m。

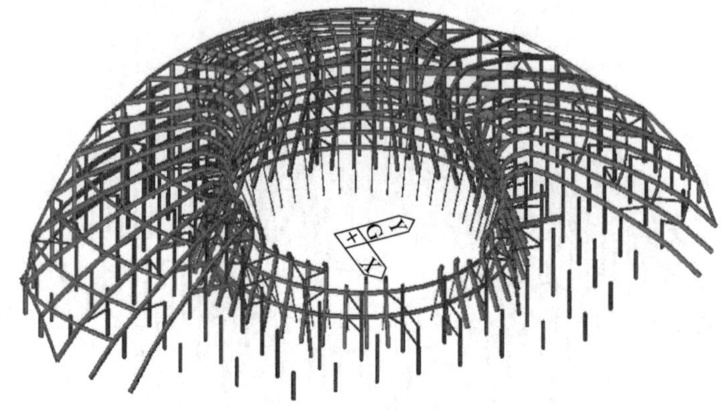

图 4.61　阶段 25～28 X 方向位移图（DX）

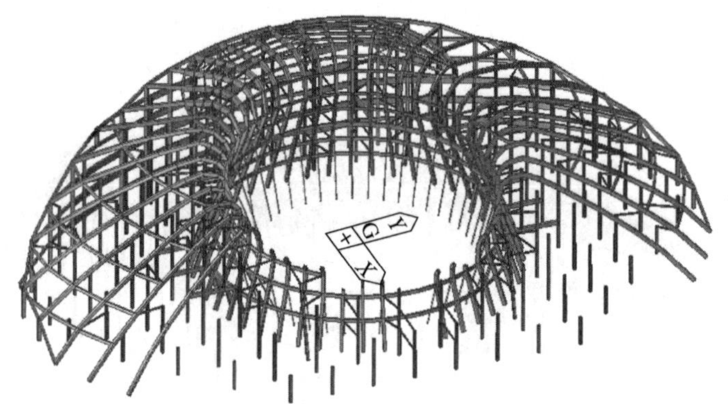

图 4.62　阶段 25～28 Y 方向位移图（DY）

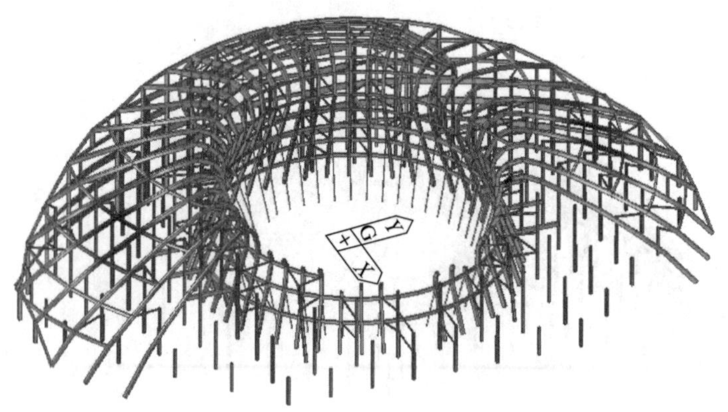

图 4.63　阶段 25～28 Z 方向位移图（DZ）

X方向最大变形DX为－74.2mm，仍出现在南半球R8和R17轴线上的梁上短柱顶部；Y方向最大正变形DY为43.4mm，Y方向最大负变形DY为－41.5mm，仍出现在南半球R8和R17轴线上的梁上短柱顶部；Z方向最大变形DZ为－51.8mm，仍出现在R12和R13轴线安装钢肋的跨中，R12和R13轴线安装钢肋的跨度已达到40m。

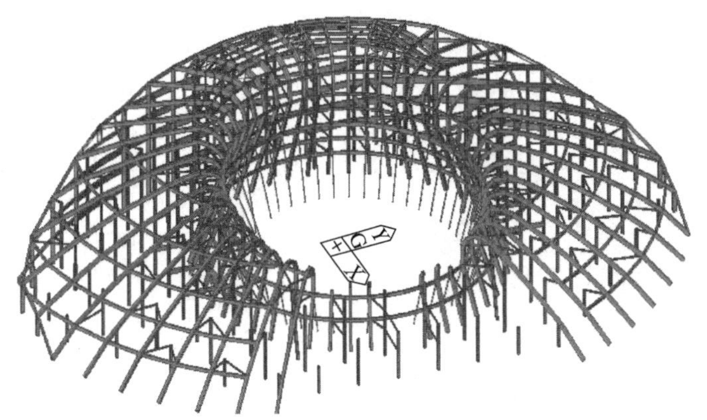

图4.64 阶段29～32 X方向位移图（DX）

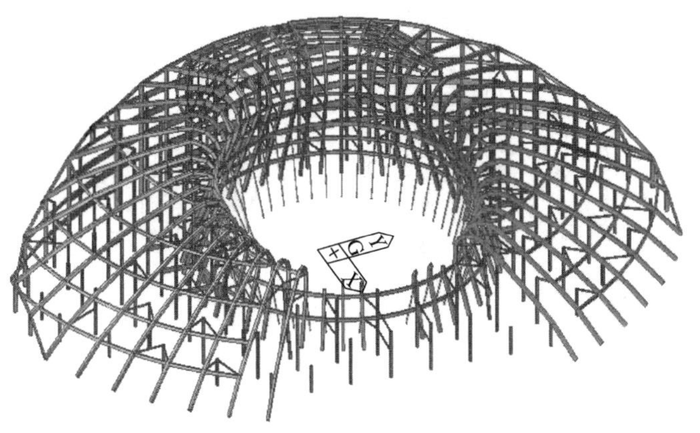

图4.65 阶段29～32 Y方向位移图（DY）

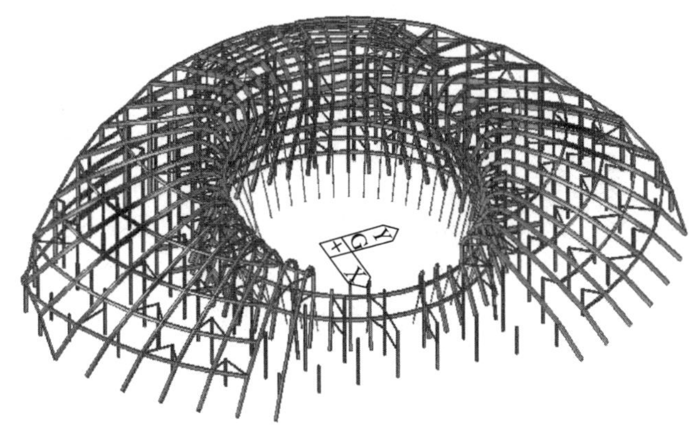

图4.66 阶段29～32 Z方向位移图（DZ）

X 方向最大变形 DX 为－74.2mm，仍出现在南半球 R8 和 R17 轴线上的梁上短柱顶部；Y 方向最大正变形 DY 为 43.3mm，Y 方向最大负变形 DY 为－41.4mm，仍出现在南半球 R8 和 R17 轴线上的梁上短柱顶部；Z 方向最大变形 DZ 为－51.9mm，仍出现在 R12 和 R13 轴线安装钢肋的跨中，R12 和 R13 轴线安装钢肋的跨度已达到 40m。

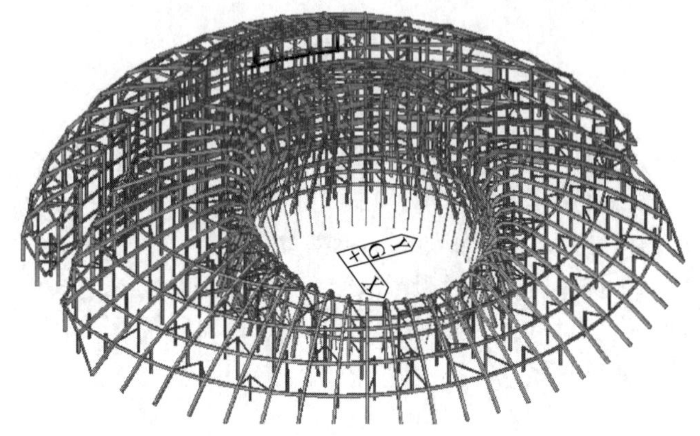

图 4.67　阶段 33～36 X 方向位移图（DX）

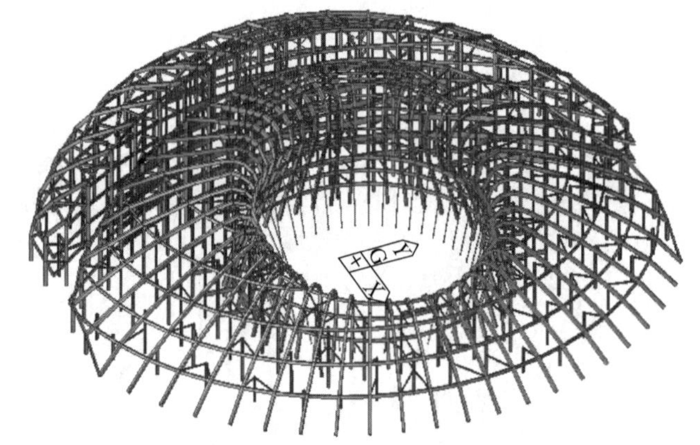

图 4.68　阶段 33～36 Y 方向位移图（DY）

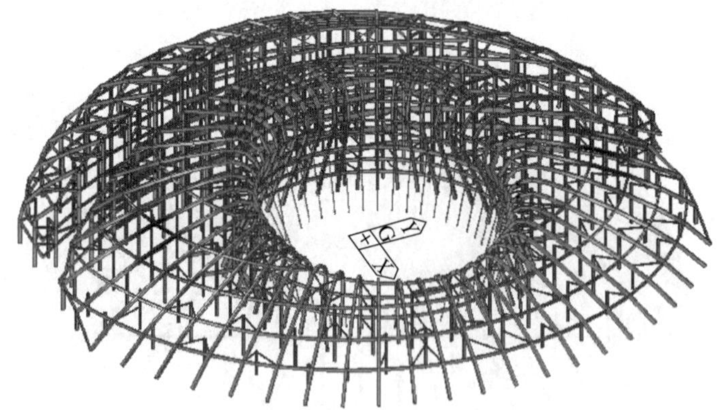

图 4.69　阶段 33～36 Z 方向位移图（DZ）

X 方向最大变形 DX 为－74.5mm，仍出现在南半球 R8 和 R17 轴线上的梁上短柱顶部；Y 方向最大正变形 DY 为 43.4mm，Y 方向最大负变形 DY 为－41.4mm，仍出现在南半球 R8 和 R17 轴线上的梁上短柱顶部；Z 方向最大变形 DZ 为－51.7mm，仍出现在 R12 和 R13 轴线安装钢肋的跨中，R12 和 R13 轴线安装钢肋的跨度已达到 40m。

4.3.5 应力分析

应力分析如图 4.70～图 4.82 所示。

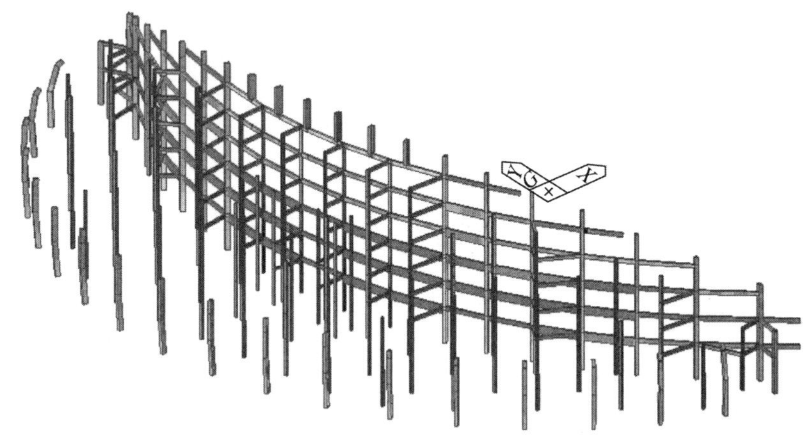

图 4.70 阶段 1 构件截面组合应力分布图（MPa）

主结构构件最大应力为－11.84MPa，出现在 6 层小短柱下部钢梁处，由分析结果可见此阶段构件应力较小。

图 4.71 阶段 2 构件截面组合应力分布图（MPa）

主结构构件最大应力为－80.3MPa，出现在 6 层和 R1、R24 钢肋连接的小短柱下部钢梁处，比第一阶段应力增大一些，主要是梁上开始承担 R1、R24 钢肋自重。此阶段承载钢肋处的构件应力有所增加，但应力值不大。

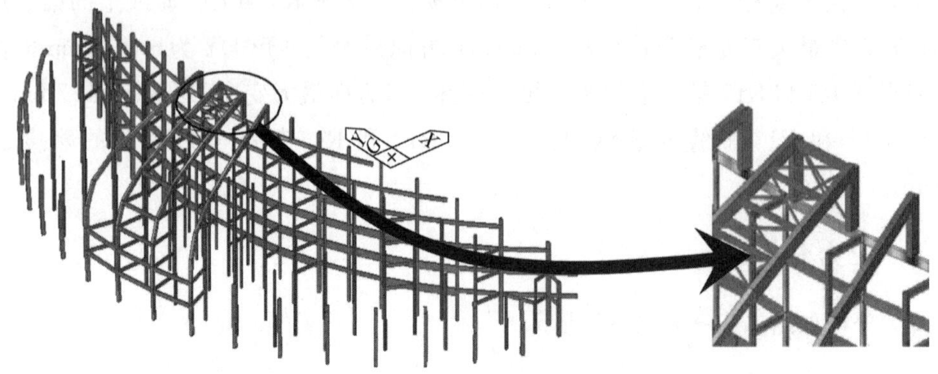

图 4.72　阶段 3 构件截面组合应力分布图（MPa）

主结构构件最大应力为－114.3MPa，出现在 6 层和 R2、R23 钢肋连接的小短柱下部钢梁处，比上一阶段应力增大一些，主要是梁上开始承担 R2、R23 钢肋自重。此阶段承载钢肋处的构件应力有所增加，但应力值仍在允许范围内。

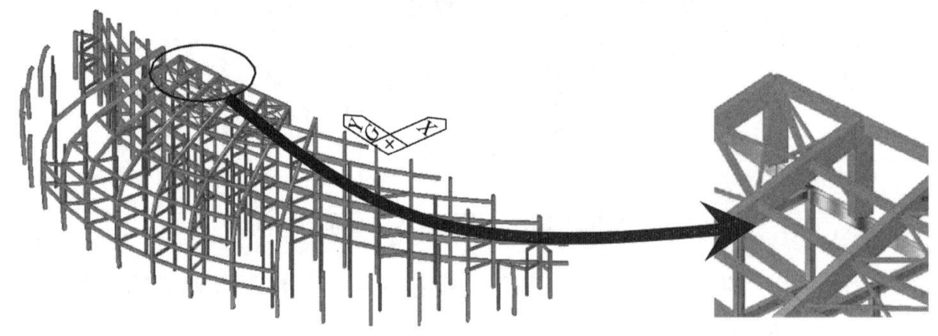

图 4.73　阶段 4～5 构件截面组合应力分布图（MPa）

主结构构件最大应力为－150.1MPa，出现在 6 层和 R4、R21 钢肋连接的小短柱下部钢梁处，比上一阶段应力增大一些。此阶段承载钢肋处的构件应力有所增加，但应力值仍在允许范围内。

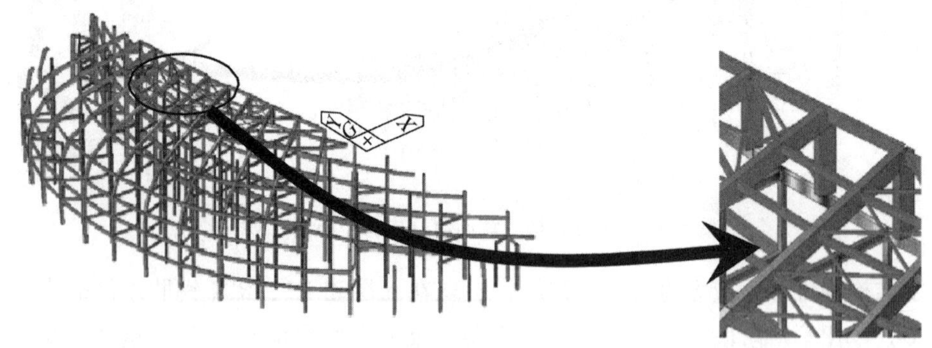

图 4.74　阶段 6～7 构件截面组合应力分布图（MPa）

主结构构件最大应力为－155.2MPa，出现在6层和R4、R21钢肋连接的小短柱下部钢梁处，比上一阶段应力增大一些，但增加幅度减小。此阶段承载钢肋处的构件应力有所增加，但应力值仍在允许范围内。

图4.75　阶段8～11构件截面组合应力分布图（MPa）

主结构构件最大应力为－155.2MPa，出现在6层和R4、R21钢肋连接的小短柱下部钢梁处。此阶段承载钢肋处的构件应力基本不增加，应力值仍在允许范围内。

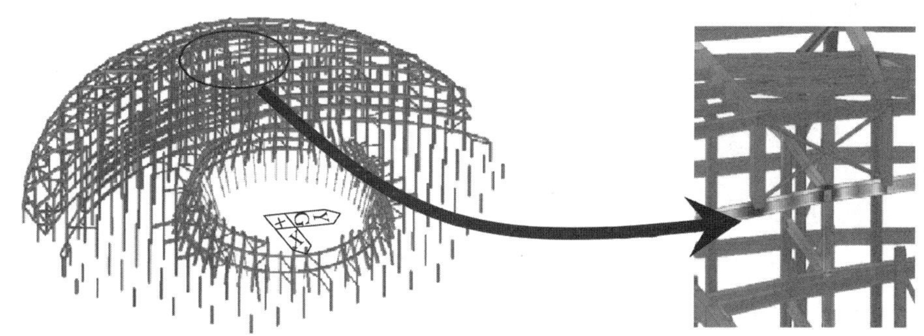

图4.76　阶段12～13构件截面组合应力分布图（MPa）

主结构构件最大应力为－155.4MPa，出现在北半球原有应力最大处，大小无变化，南半球施工基本不影响已成型的北半球。南半球构件应力值均不大。

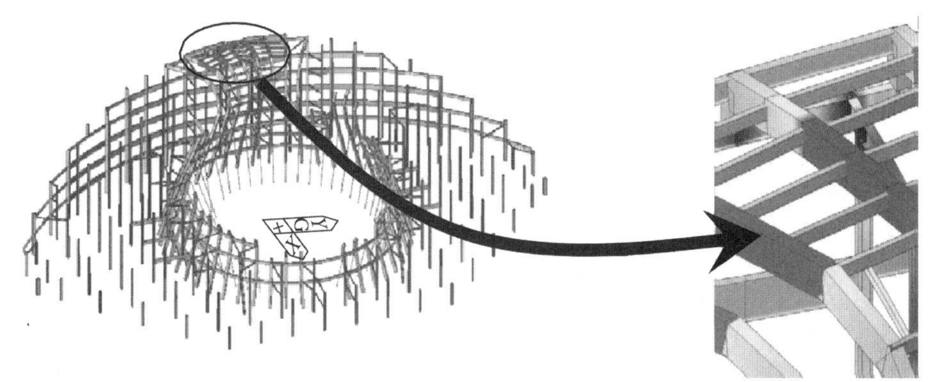

图4.77　阶段14～16构件截面组合应力分布图（MPa）

主结构构件最大应力为－45.8MPa，出现在南半球 6 层 R1 和 R24 安装钢肋下部托梁处，应力值不大。

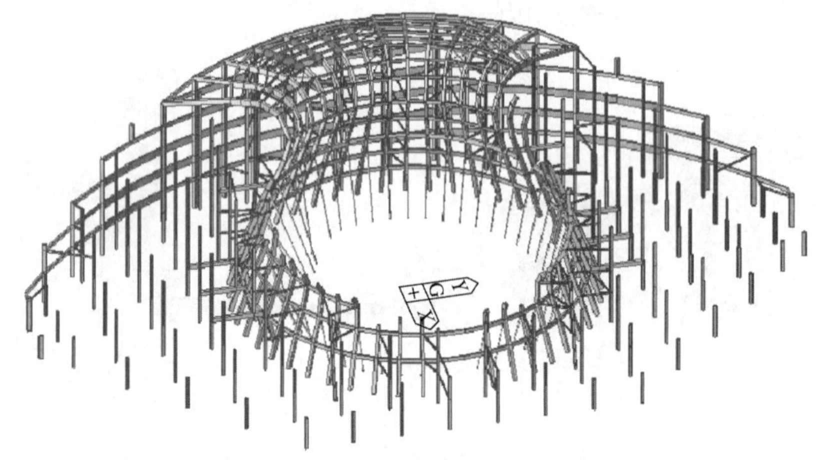

图 4.78　阶段 17～20 构件截面组合应力分布图（MPa）

主结构构件最大应力为－54.4MPa，出现在南半球 6 层 R1 和 R2 安装钢肋下部托梁处，应力值不大。

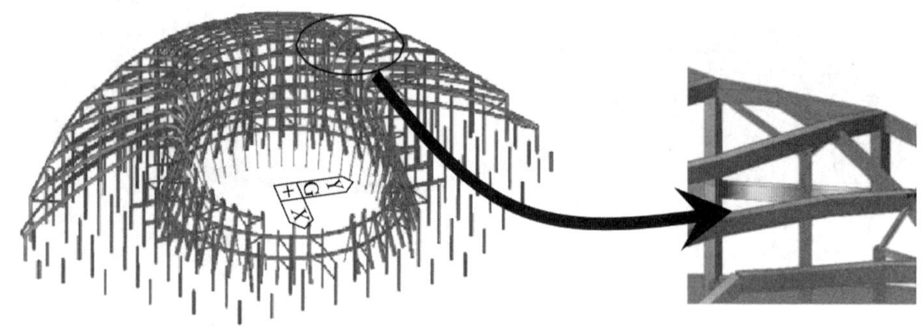

图 4.79　阶段 21～24 构件截面组合应力分布图（MPa）

主结构构件最大应力为－135.7MPa，出现在南半球 6 层 R8 和 R17 安装钢肋下部托梁处，应力值在允许范围内。

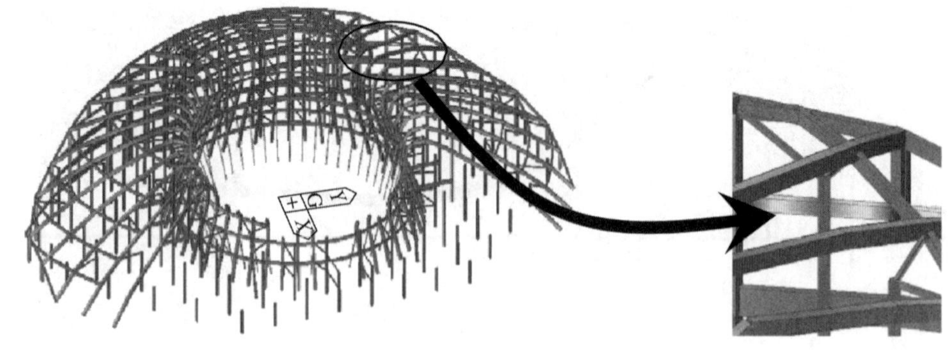

图 4.80　阶段 25～28 构件截面组合应力分布图（MPa）

主结构构件最大应力为－135.1MPa，大小未变化，仍出现在南半球 6 层 R8 和 R17 安装钢肋下部托梁处，应力值在允许范围内。

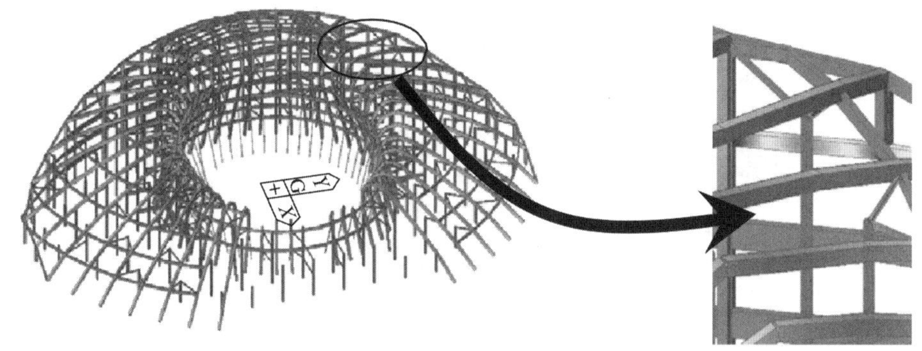

图 4.81　阶段 29～32 构件截面组合应力分布图（MPa）

主结构构件最大应力为－135.1MPa，大小未变化，仍出现在南半球 6 层 R8 和 R17 安装钢肋下部托梁处，应力值在允许范围内。

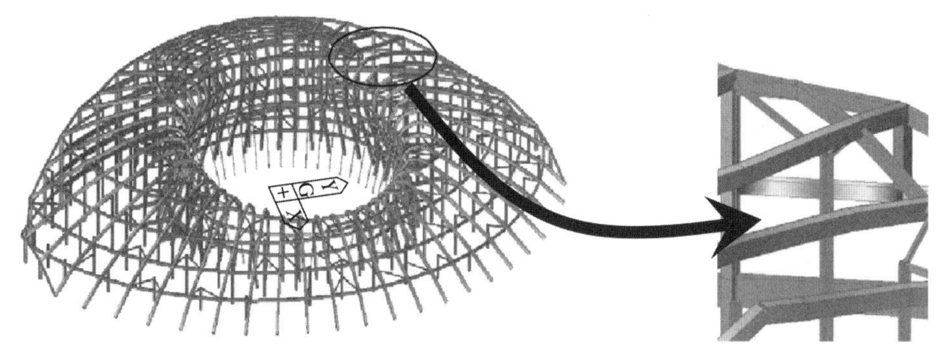

图 4.82　阶段 33～36 构件截面组合应力分布图（MPa）

主结构构件最大应力为－135.1MPa，大小未变化，仍出现在南半球 6 层 R8 和 R17 安装钢肋下部托梁处，应力值在允许范围内。

4.3.6　影响因素分析

（1）温度荷载对结构的影响

温度是钢结构施工力学分析中重要的因素，温度作用按其对结构影响的不同，可分为均匀温度变化作用和不均匀温度变化作用（主要是日照在钢结构表面产生局部升温的情况），在本工程施工时重点考虑均匀温度变化的作用。

安装预计在 1 月中旬完成，所以考虑施工过程中温度变化影响时，综合考虑各种因素，取±10℃温差变化值。温度荷载对结构的影响分析结果如下：

在温度荷载作用下，结构的变形情况如图 4.83～图 4.86 所示。

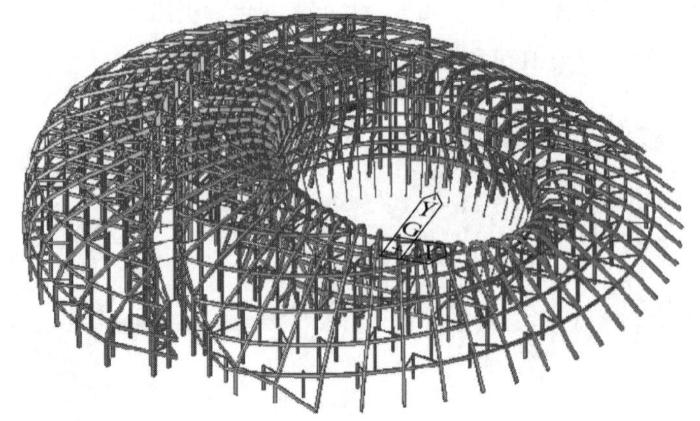

图 4.83　*X* 方向位移图（DX）

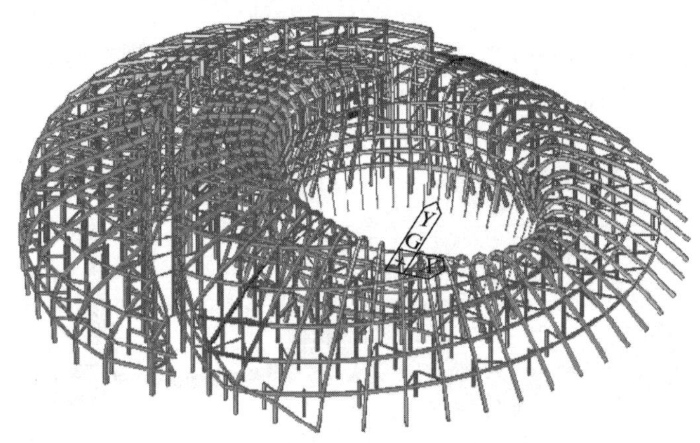

图 4.84　*Y* 方向位移图（DY）

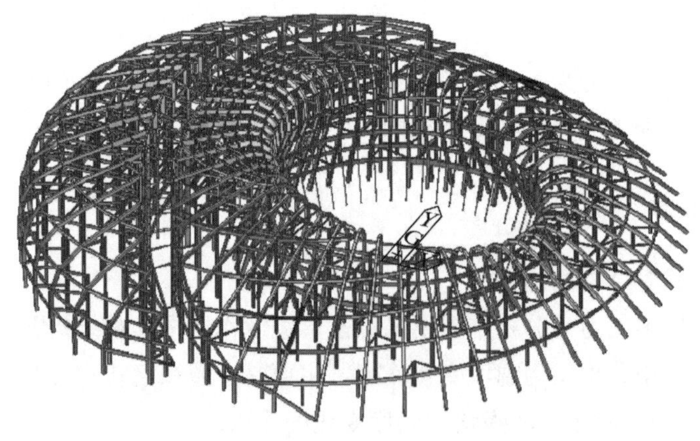

图 4.85　*Z* 方向位移图（DZ）

温度荷载作用下 *X* 方向最大变形 DX 为－13.5mm；*Y* 方向最大变形 DY 为 10.3mm；*Z* 方向最大变形 DZ 为 7.5mm，均不大。

应力分析如下：

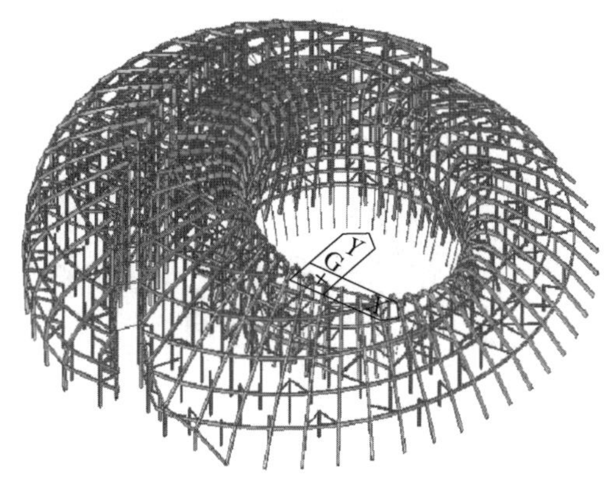

图 4.86 构件截面最大应力分布图（MPa）（1.2CD+1.4T）

温度荷载作用下最大应力为－112MPa，但仅分布在有限几个构件处，结构整体应力较低的，温度对施工状态下结构影响较小。

（2）风荷载对结构的影响

考虑施工现场的实际情况，风压按 10 年一遇基本风压计算，取 0.25kN/m^2。地面粗糙度类别为 B 类。

在风荷载作用下，结构的变形情况如图 4.87～图 4.89 所示。

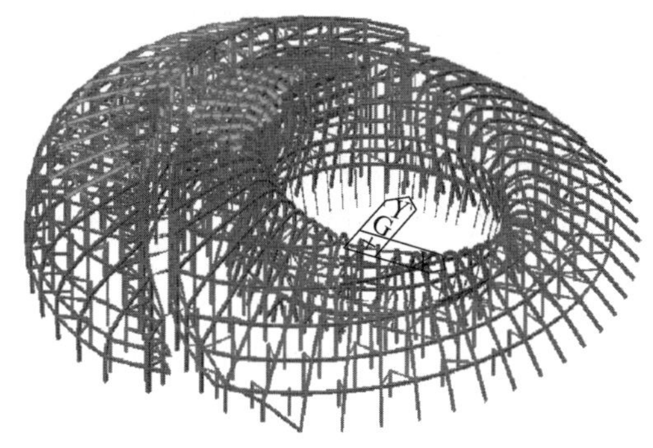

图 4.87 WINDX 风荷载作用下 X 方向位移图（DX）

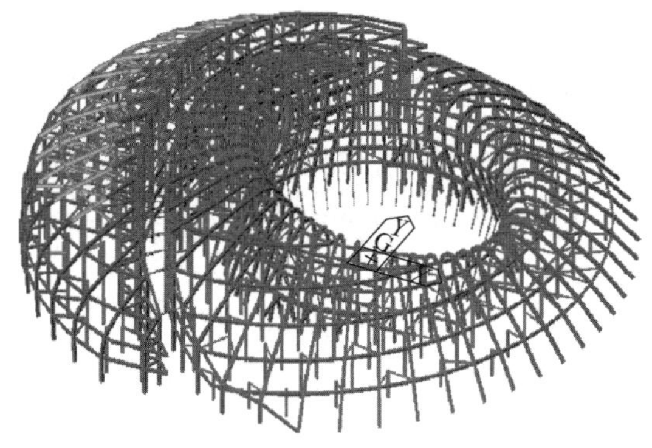

图 4.88 WINDY 风荷载作用下 Y 方向位移图（DY）

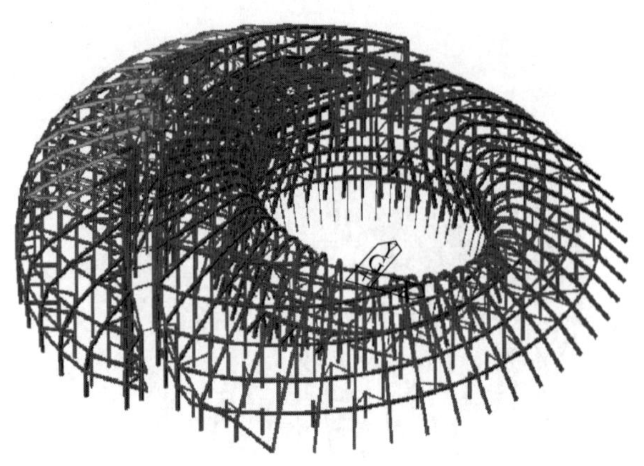

图 4.89　45°斜向风荷载作用下合位移图（DXYZ）

风荷载作用下 X 方向最大变形 DX 为 8mm；Y 方向最大变形 DY 为 8mm，45°斜向风作用下合变形 DXYZ 为 7.98mm。变形值均较小。

应力分析如图 4.90～图 4.92 所示。

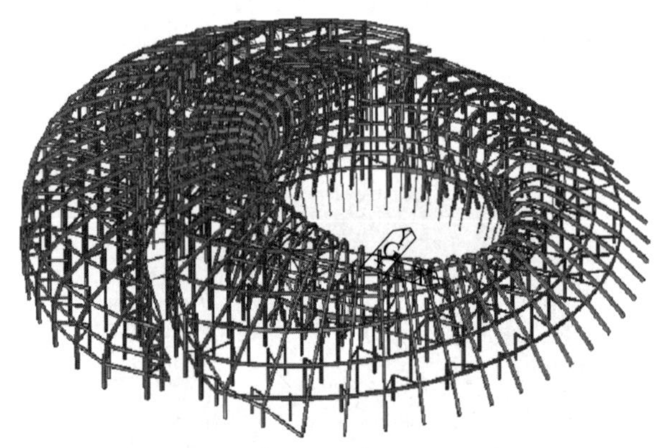

图 4.90　WINDX 风荷载作用下构件截面最大应力分布图（MPa）

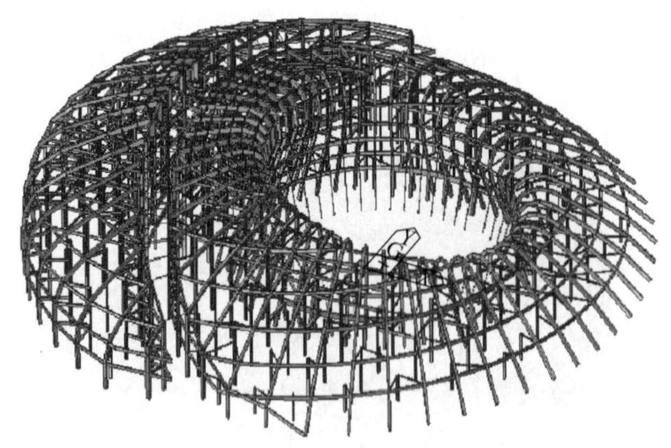

图 4.91　WINDY 风荷载作用下构件截面最大应力分布图（MPa）

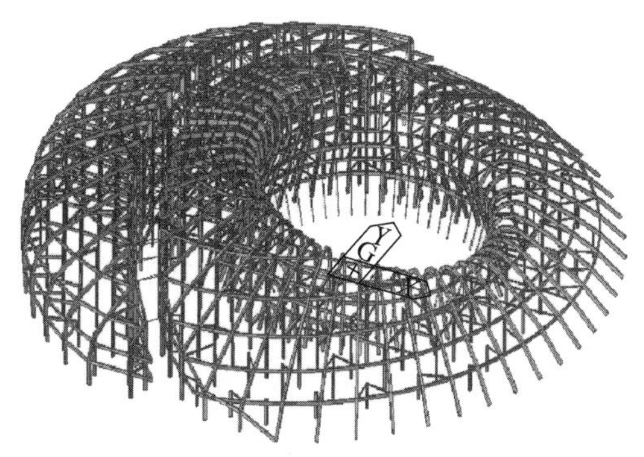

图 4.92 45°斜向风荷载作用下构件截面最大应力分布图（MPa）

风荷载作用下最大应力仅为－4.6MPa，结构整体应力较低，因此风荷载对施工状态下结构影响较小。

4.3.7 钢构件稳定承载力验算

施工过程中的结构杆件稳定按照钢结构相关设计规范进行计算，由程序自动完成，所得的主体结构杆件稳定验算的应力比图和曲线图分别如图 4.93 和图 4.94 所示。

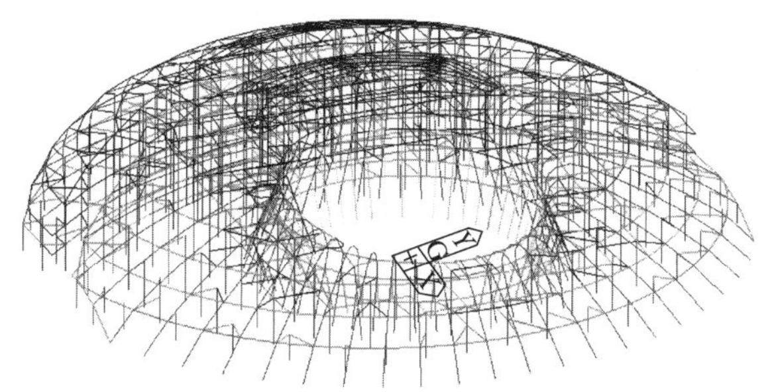

图 4.93 结构杆件稳定验算应力比图

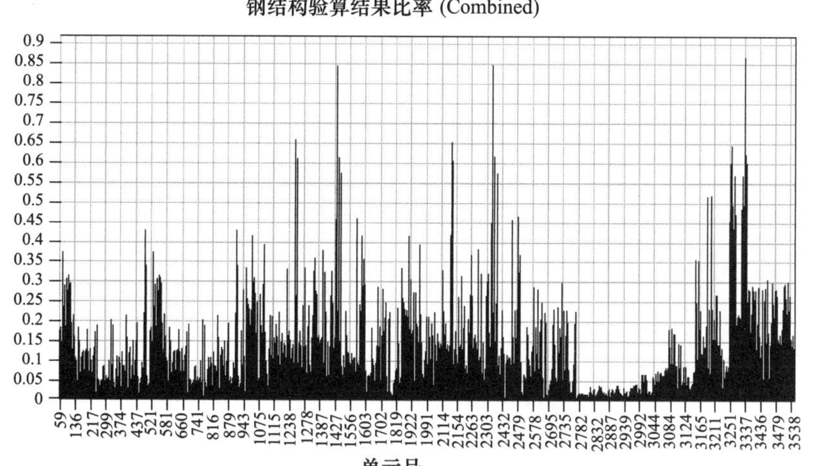

图 4.94 结构杆件稳定验算应力比曲线

从图 4.94 中可以看出施工过程中杆件稳定应力比最大值为 0.868<1，满足要求，位置为内环处的钢管斜撑 245mm×12mm，材质为 Q345B，长细比 199.6，考虑其为施工临时构件，可适当放宽到 200，但施工过程中需要密切观察内环的这几根长细比较大的支撑钢管，保证施工过程中的安全。

4.3.8 混凝土楼面施工影响分析

钢骨施工完成后，需进行钢骨的外包混凝土及楼面混凝土施工。混凝土施工方式按满堂脚手架支模板进行，脚手架从地下室顶板开始，至三层顶楼面，即在三层顶楼面混凝土强度尚未形成前脚手架不拆除，钢骨部分不承担混凝土自重。当三层顶混凝土楼面强度达到设计要求后，拆除下部脚手架进行上部楼层施工。本节验算混凝土施工对钢骨结构的变形影响。

（1）变形分析

满堂脚手架施工混凝土一～三层顶，等三层顶楼面混凝土达到设计要求后开始拆除下部脚手架支撑，此时混凝土结构自重开始由其和钢骨形成的组合结构承担，如图 4.95～图 4.97 所示。

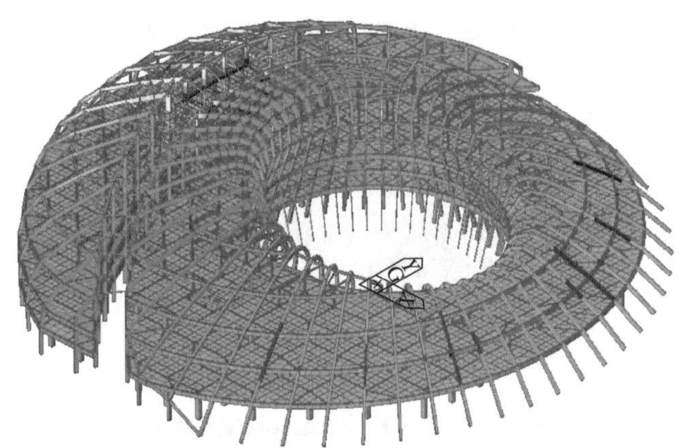

图 4.95 阶段 37 *X* 方向位移图（DX）

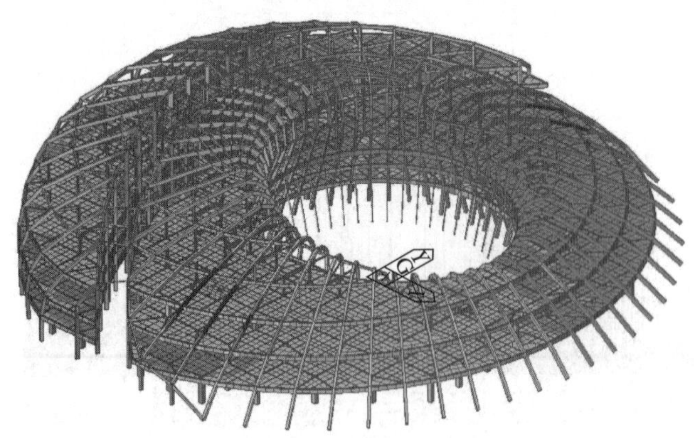

图 4.96 阶段 37 *Y* 方向位移图（DY）

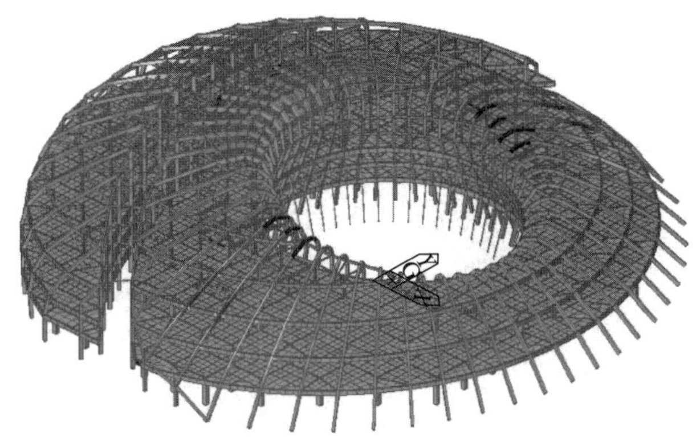

图 4.97　阶段 37 Z 方向位移图（DZ）

X 方向最大变形 DX 为 21.4mm（钢骨施工完成时为 20.6mm），略有增加；Y 方向最大变形 DY 为 23.9mm（钢骨施工完成时为 24.1mm），略有减小；Z 方向最大变形 DZ 为－34mm（钢骨施工完成时为－32.9mm），略有增加。各方向最大变形出现位置仍和钢骨施工完成时相同。由分析可知，一～三层顶混凝土施工完成达到设计要求后，拆除下层脚手架对钢骨变形的影响非常小。

此施工阶段混凝土施工至四层顶，强度达到设计要求，如图 4.98～图 4.100 所示。

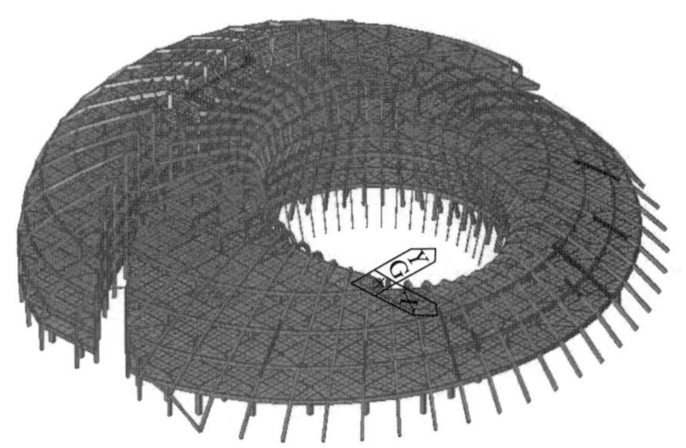

图 4.98　阶段 38 X 方向位移图（DX）

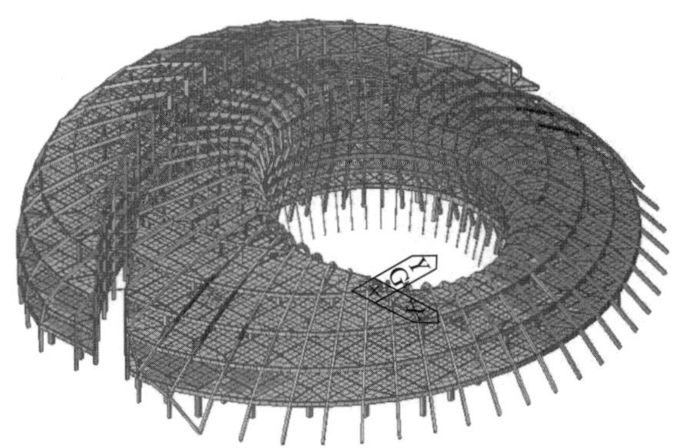

图 4.99　阶段 38 Y 方向位移图（DY）

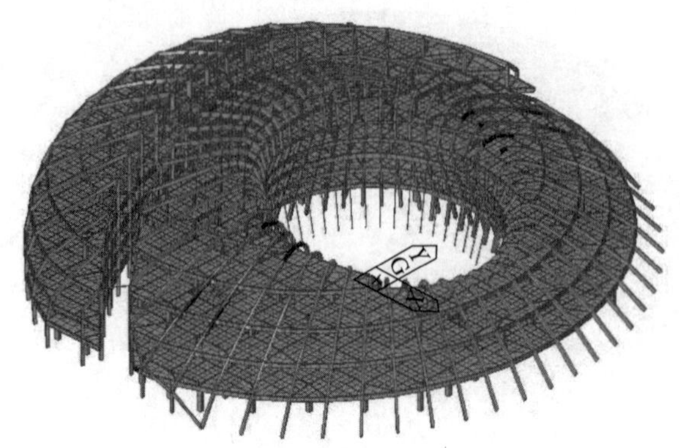

图 4.100 阶段 38 *Z* 方向位移图（DZ）

X 方向最大变形 DX 为 21.7mm（钢骨施工完成时为 20.6mm），略有增加；*Y* 方向最大变形 DY 为 23.9mm（钢骨施工完成时为 24.1mm），略有减小；*Z* 方向最大变形 DZ 为－34.8mm（钢骨施工完成时为－32.9mm），略有增加。各方向最大变形出现位置仍和钢骨施工完成时相同，和上一施工阶段相比，最大变形基本没有变化。

此施工阶段混凝土施工至五层顶，强度达到设计要求，如图 4.101～图 4.103 所示。

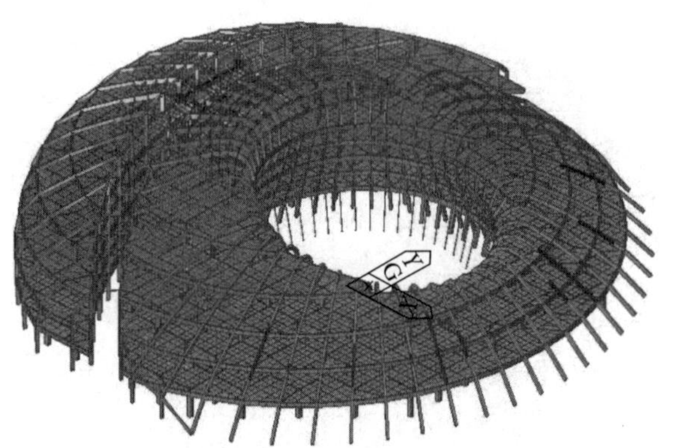

图 4.101 阶段 39 X 方向位移图（DX）

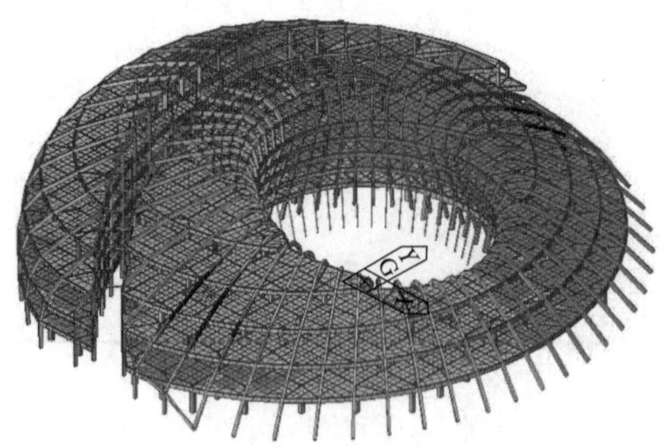

图 4.102 阶段 39 *Y* 方向位移图（DY）

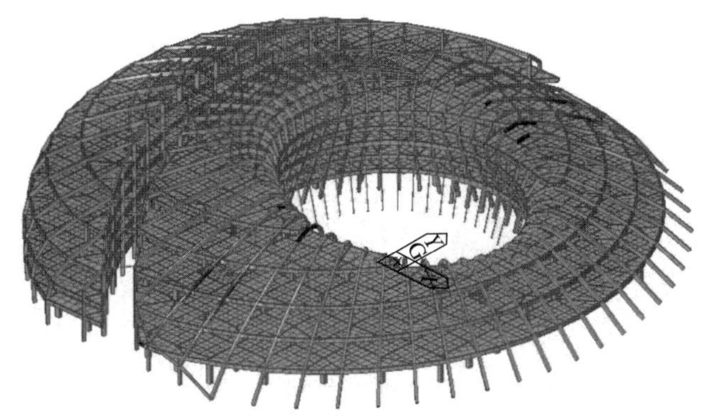

图 4.103　阶段 39 Z 方向位移图（DZ）

X 方向最大变形 DX 为 22.5mm（钢骨施工完成时为 20.6mm），略有增加；Y 方向最大变形 DY 为 23.9mm（钢骨施工完成时为 24.1mm），略有减小；Z 方向最大变形 DZ 为－34.9mm（钢骨施工完成时为－32.9mm），略有增加。各方向最大变形出现位置仍和钢骨施工完成时相同，和上一施工阶段相比，最大变形基本没有变化。

此施工阶段混凝土施工至六层顶，强度达到设计要求，如图 4.104～图 4.106 所示。

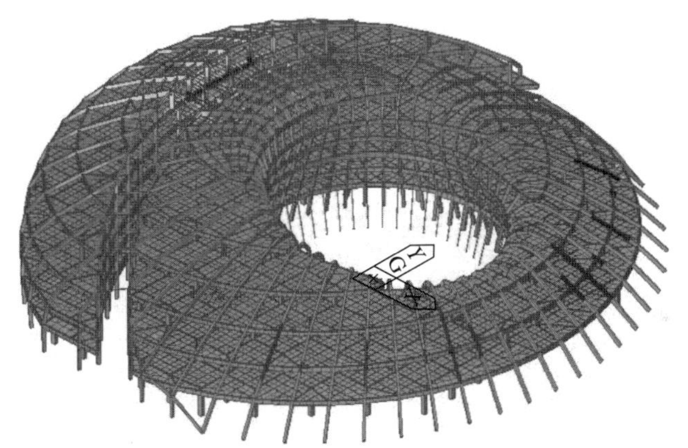

图 4.104　阶段 40 X 方向位移图（DX）

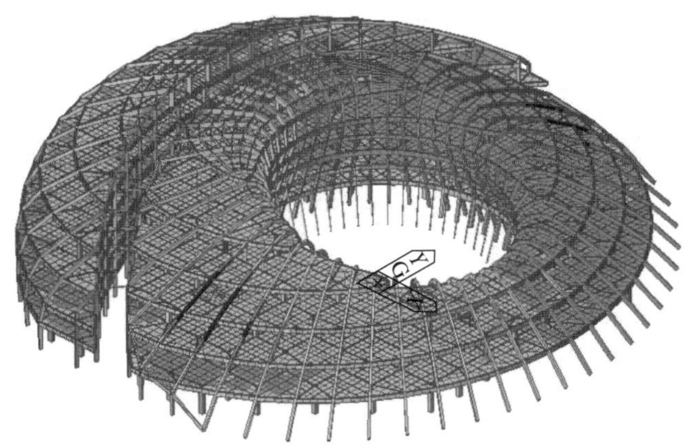

图 4.105　阶段 40 Y 方向位移图（DY）

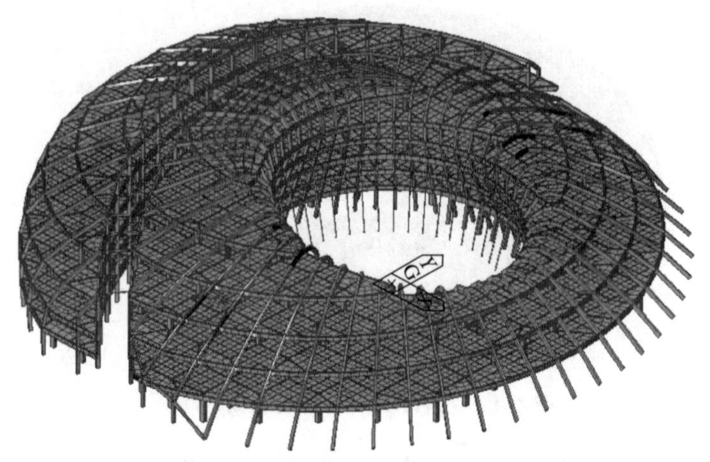

图 4.106　阶段 40 Z 方向位移图（DZ）

X 方向最大变形 DX 为 23.7mm（钢骨施工完成时为 20.6mm），略有增加；Y 方向最大变形 DY 为 23.9mm（钢骨施工完成时为 24.1mm），略有减小；Z 方向最大变形 DZ 为－34.9mm（钢骨施工完成时为－32.9mm），略有增加。各方向最大变形出现位置仍和钢骨施工完成时相同，和上一施工步相比，最大变形基本没有变化。

（2）钢骨应力分析

其应力分布图如图 4.107～图 4.110 所示。

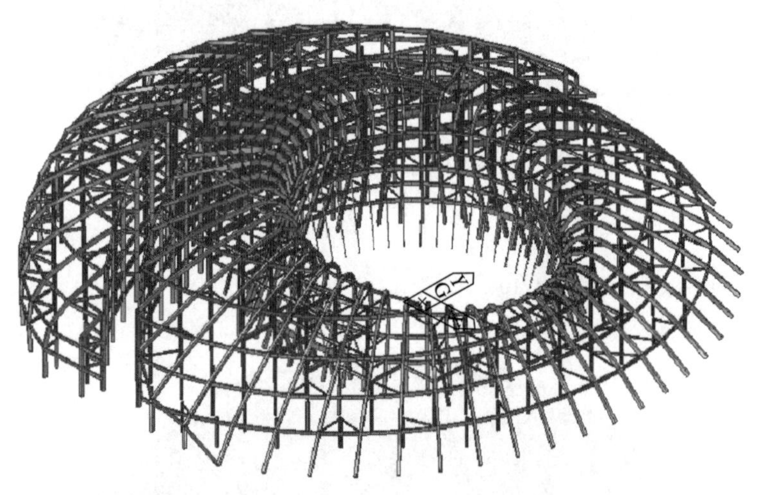

图 4.107　阶段 37 构件截面组合应力分布图（MPa）

钢骨构件最大应力为－94.2MPa（钢骨施工完成时为－71.5MPa），钢骨应力有所增加，出现在北半球中部安装钢肋下框架连梁处。这是由于一～三层顶混凝土自重在脚手架拆除后荷载转移到钢骨和混凝土形成的组合结构上造成的，钢骨应力此时不大。

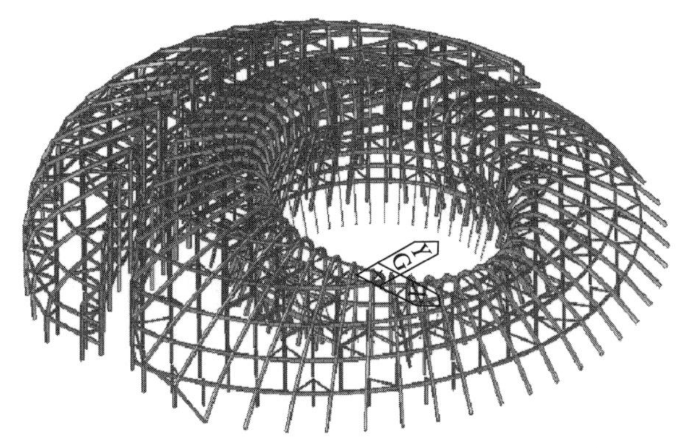

图 4.108 阶段 38 构件截面组合应力分布图（MPa）

钢骨构件最大应力为－100.4MPa（钢骨施工完成时为－71.5MPa），钢骨应力有所增加。这是由于混凝土自重在脚手架拆除后荷载转移到钢骨和混凝土形成的组合结构上造成的，钢骨应力此时不大。

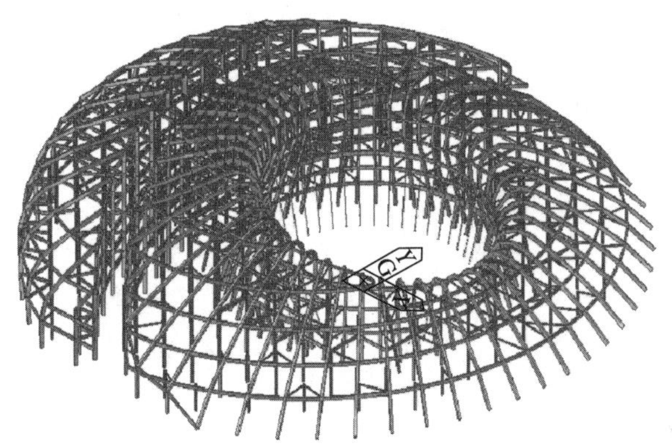

图 4.109 阶段 39 构件截面组合应力分布图（MPa）

钢骨构件最大应力为－105.9MPa（钢骨施工完成时为－71.5MPa），钢骨应力有所增加。这是由于混凝土自重在脚手架拆除后荷载转移到钢骨和混凝土形成的组合结构上造成的，钢骨应力此时不大。

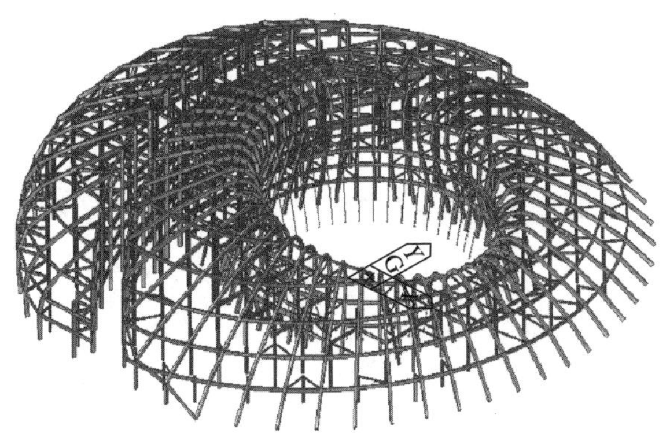

图 4.110 阶段 40 构件截面组合应力分布图（MPa）

钢骨构件最大应力为－105MPa（钢骨施工完成时为－71.5MPa），钢骨应力有所增加。这是由于混凝土自重在脚手架拆除后荷载转移到钢骨和混凝土形成的组合结构上造成的，钢骨应力此时不大。

4.3.9 钢骨临时支撑构件卸载分析

混凝土施工完毕后，结构主体全部成型，这时需将钢骨结构施工时的临时支撑钢管拆除。在拆除阶段结构内力会发生重分布，因此需对卸载过程进行分析，确保结构主体安全。拆除顺序为先拆除南北球连接走廊附近的钢管支撑，按从上到下的顺序卸载；随后拆除南半球内环钢管支撑，拆除顺序为以南半球对称轴为中心，向东西两侧对称拆除卸载。

（1）变形分析（图 4.111～图 4.137）

拆除南北球连接走廊附近的钢管支撑。

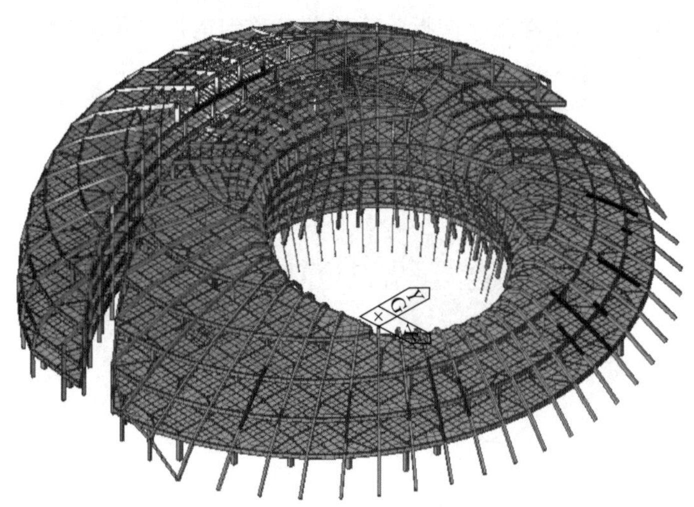

图 4.111　阶段 41 X 方向位移图（DX）

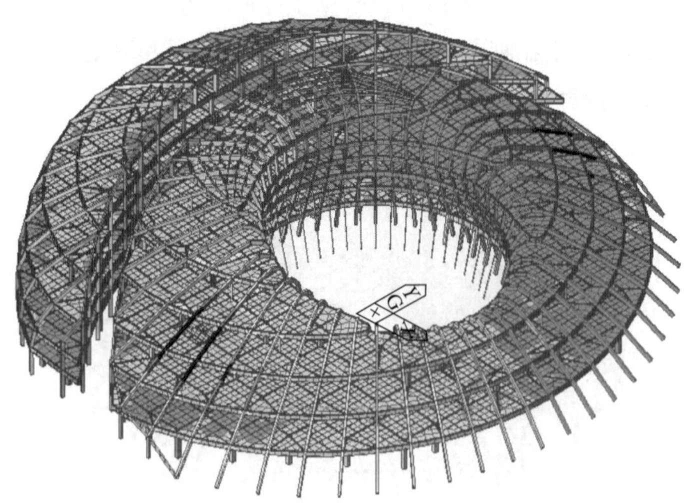

图 4.112　阶段 41 Y 方向位移图（DY）

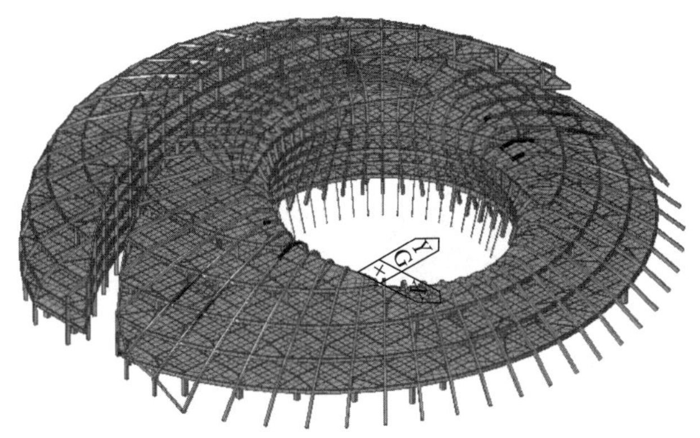

图 4.113 阶段 41 Z 方向位移图（DZ）

X 方向最大变形 DX 为 24.5mm（卸载前为 23.7mm），略有增加；Y 方向最大变形 DY 为 23.9mm（卸载前为 23.9mm），无变化；Z 方向最大变形 DZ 为－34.9mm（卸载前为－34.9mm），无变化。各方向最大变形出现位置仍和卸载前相同。由分析可知，此阶段卸载对结构变形影响很小。

拆除南半球内环钢管支撑，本施工步以南半球对称轴为中心东西对称拆除 6 根。

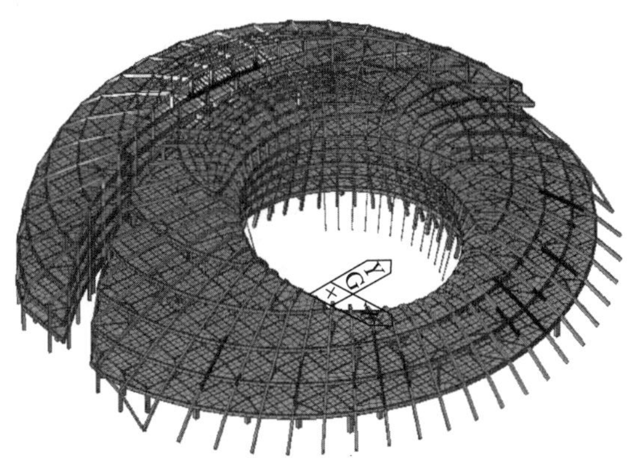

图 4.114 阶段 42 X 方向位移图（DX）

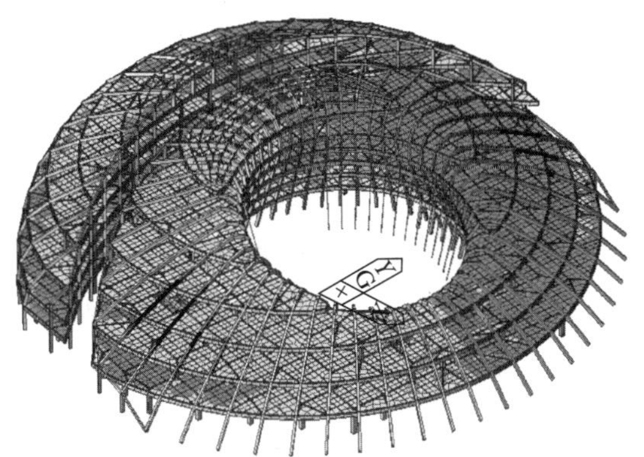

图 4.115 阶段 42 Y 方向位移图（DY）

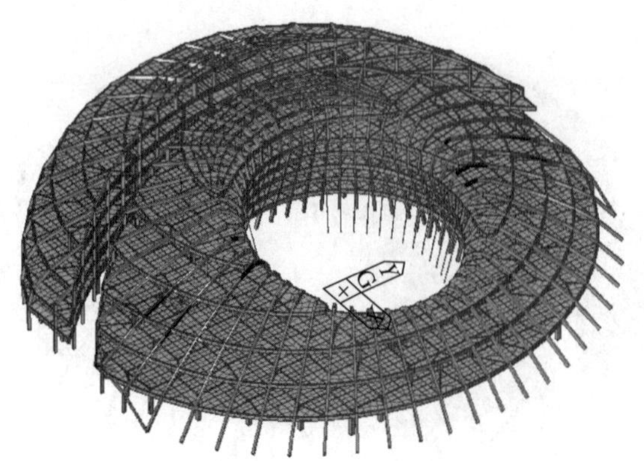

图 4.116　阶段 42 Z 方向位移图（DZ）

X 方向最大变形 DX 为 24.5mm（卸载前为 23.7mm），略有增加；Y 方向最大变形 DY 为 23.9mm（卸载前为 23.9mm），无变化；Z 方向最大变形 DZ 为－34.9mm（卸载前为－34.9mm），无变化。各方向最大变形出现位置仍和卸载前相同。由分析可知，此阶段卸载对结构变形影响很小。

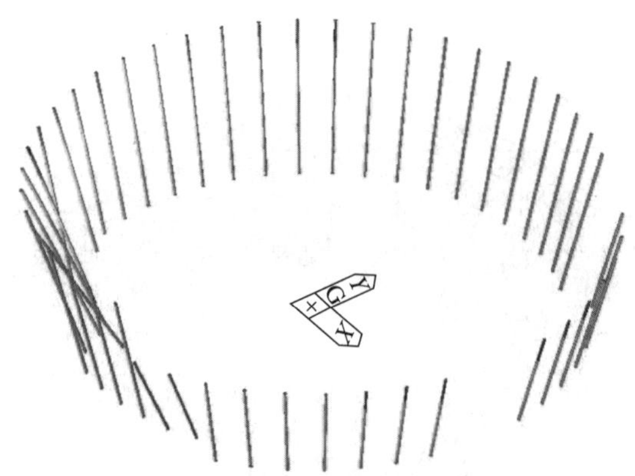

图 4.117　钢管支撑 X 方向位移图（DX）（卸载前）

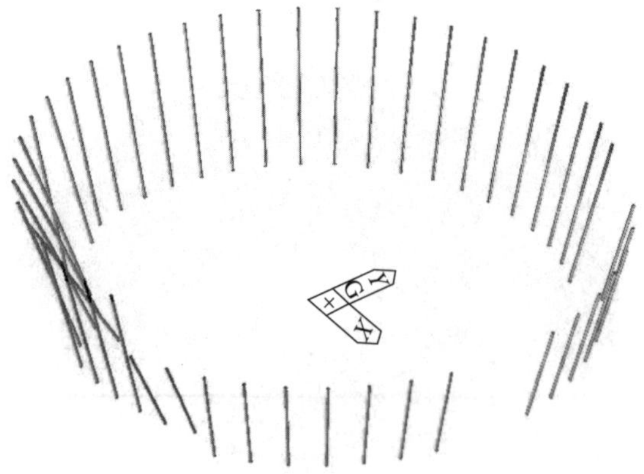

图 4.118　钢管支撑 Y 方向位移图（DY）（卸载前）

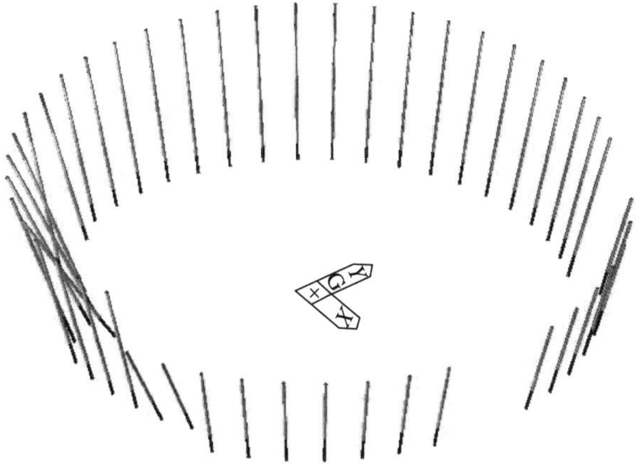

图 4.119 钢管支撑 Z 方向位移图（DZ）（卸载前）

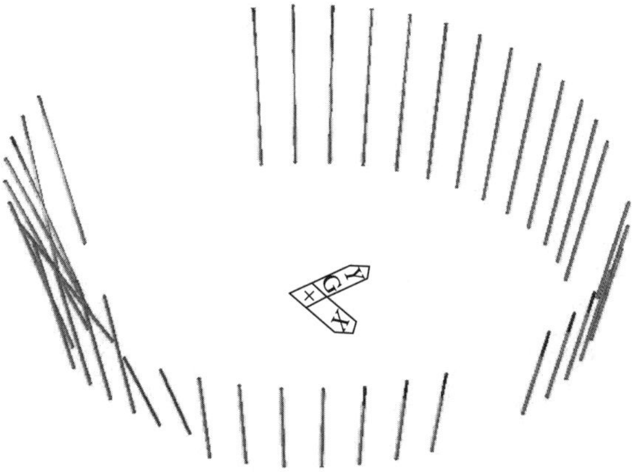

图 4.120 阶段 42 钢管支撑 X 方向位移图（DX）

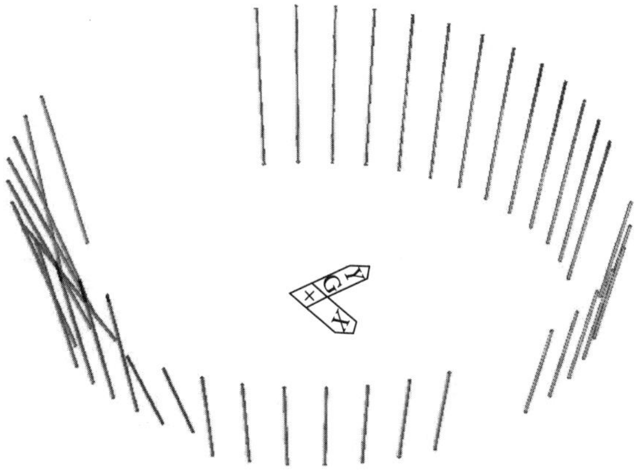

图 4.121 阶段 42 钢管支撑 Y 方向位移图（DY）

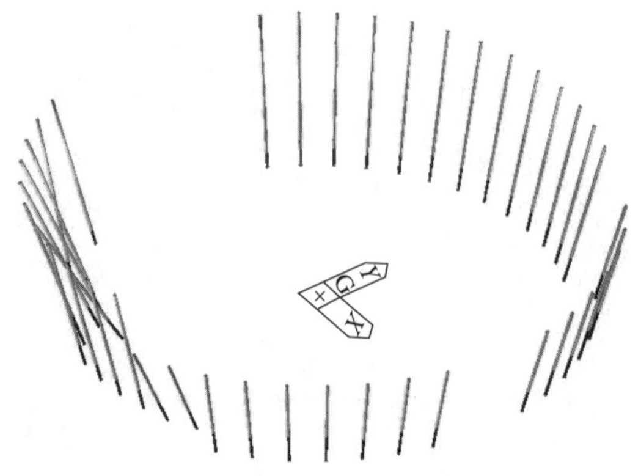

图 4.122　阶段 42 钢管支撑 Z 方向位移图（DZ）

卸载后钢管支撑 X 方向最大变形 DX 为 3.3mm（卸载前为 3.0mm），略有增加；Y 方向最大变形 DY 为－2.5mm（卸载前为－2.6mm），略有减小；Z 方向最大变形 DZ 为－2.1mm（卸载前为－1.9mm），略有增加。由分析可知，此阶段卸载对剩余支撑变形影响很小。

拆除南半球内环钢管支撑，继续以南半球对称轴为中心东西拆除支撑钢管。

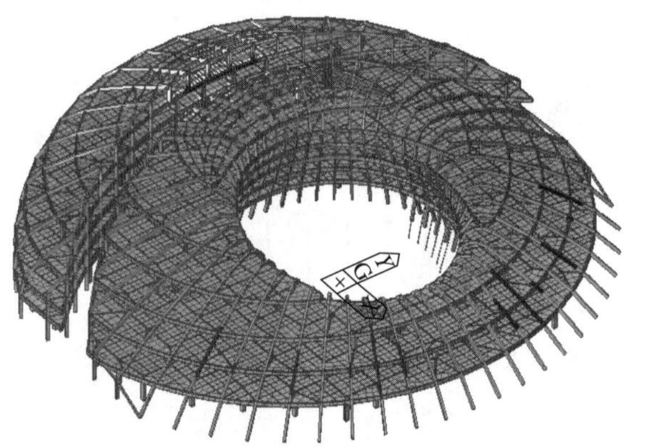

图 4.123　阶段 43 X 方向位移图（DX）

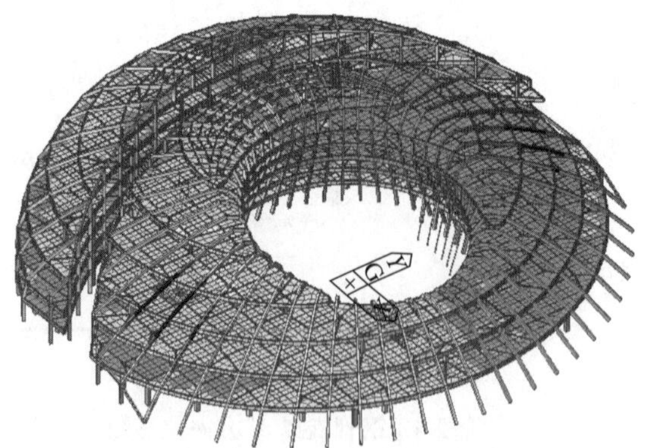

图 4.124　阶段 43 Y 方向位移图（DY）

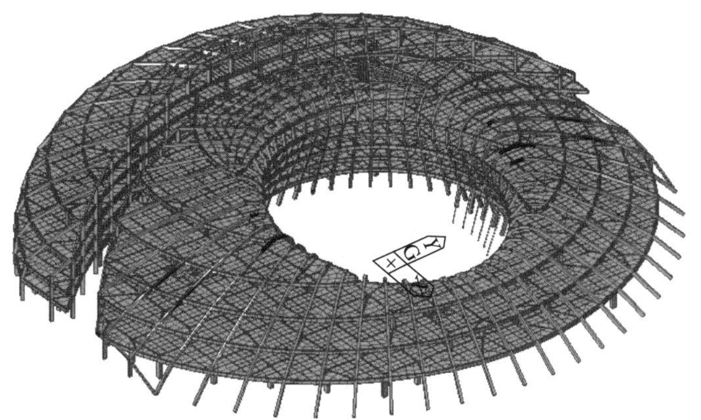

图 4.125　阶段 43 Z 方向位移图（DZ）

X 方向最大变形 DX 为 24.5mm（卸载前为 23.7mm），略有增加；Y 方向最大变形 DY 为 23.9mm（卸载前为 23.9mm），无变化；Z 方向最大变形 DZ 为－34.9mm（卸载前为－34.9mm），无变化。各方向最大变形出现位置仍和卸载前相同，较前一施工阶段基本无变化。由分析可知，此阶段卸载对结构变形影响很小。

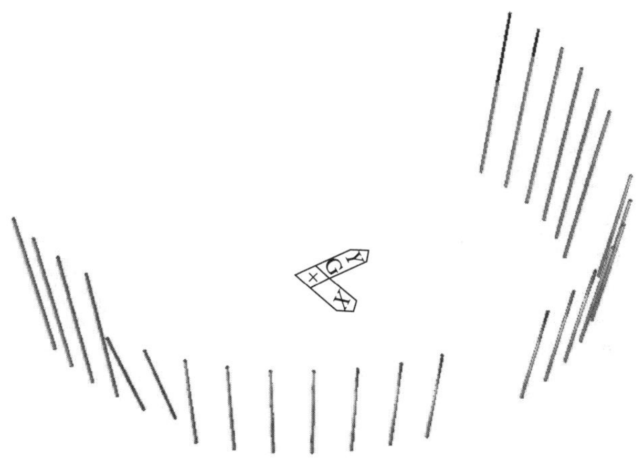

图 4.126　阶段 43 钢管支撑 X 方向位移图（DX）

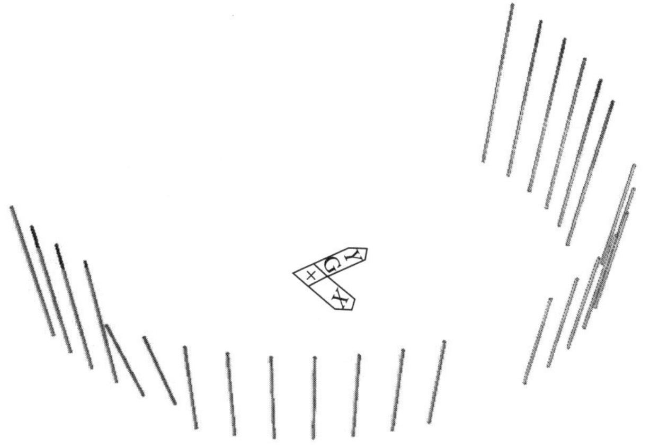

图 4.127　阶段 43 钢管支撑 Y 方向位移图（DY）

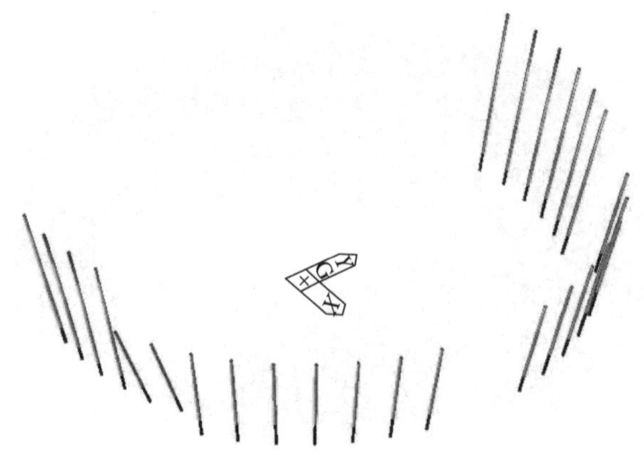

图 4.128 阶段 42 钢管支撑 Z 方向位移图（DZ）

卸载后钢管支撑 X 方向最大变形 DX 为−1.4mm（卸载前为 3.0mm）；Y 方向最大变形 DY 为−2.5mm（卸载前为−2.6mm）；Z 方向最大变形 DZ 为−1.5mm（卸载前为−1.9mm）。由分析可知，此阶段卸载对剩余支撑变形影响很小。

拆除南半球内环钢管支撑，继续以南半球对称轴为中心东西拆除支撑钢管。

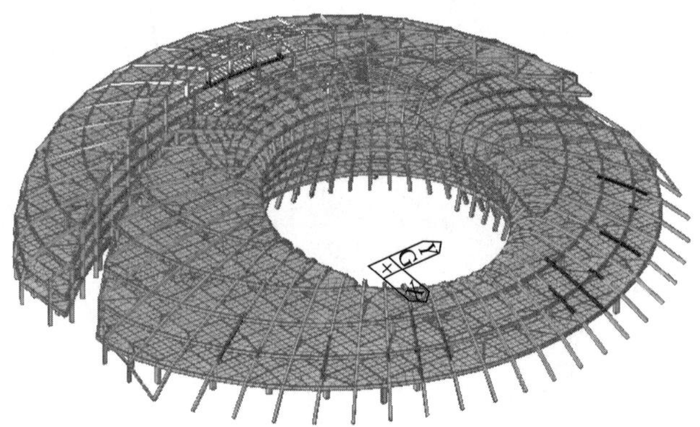

图 4.129 阶段 44 X 方向位移图（DX）

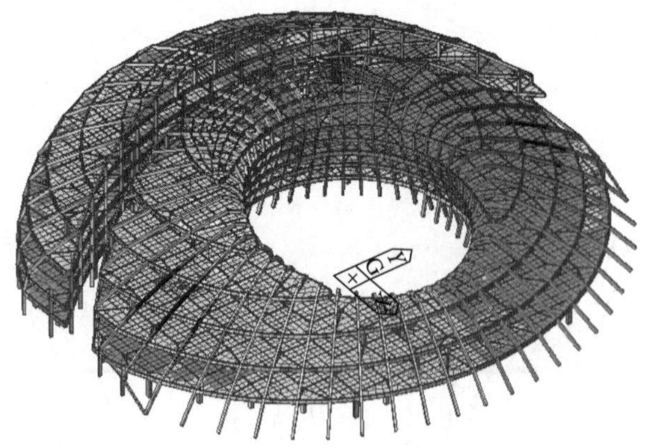

图 4.130 阶段 44 Y 方向位移图（DY）

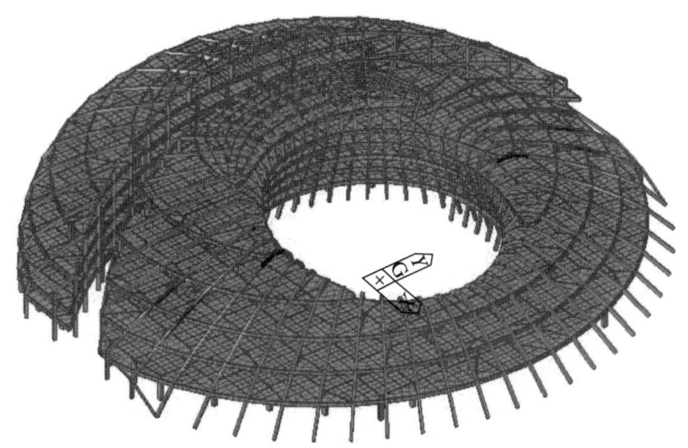

图 4.131 阶段 44 Z 方向位移图（DZ）

X 方向最大变形 DX 为 24.5mm（卸载前为 23.7mm），略有增加；Y 方向最大变形 DY 为 24.0mm（卸载前为 23.9mm），略有变化；Z 方向最大变形 DZ 为−35.1mm（卸载前为−34.9mm），略有变化。各方向最大变形出现位置仍和卸载前相同，较前一施工阶段基本无变化。由分析可知，此阶段卸载对结构变形影响很小。

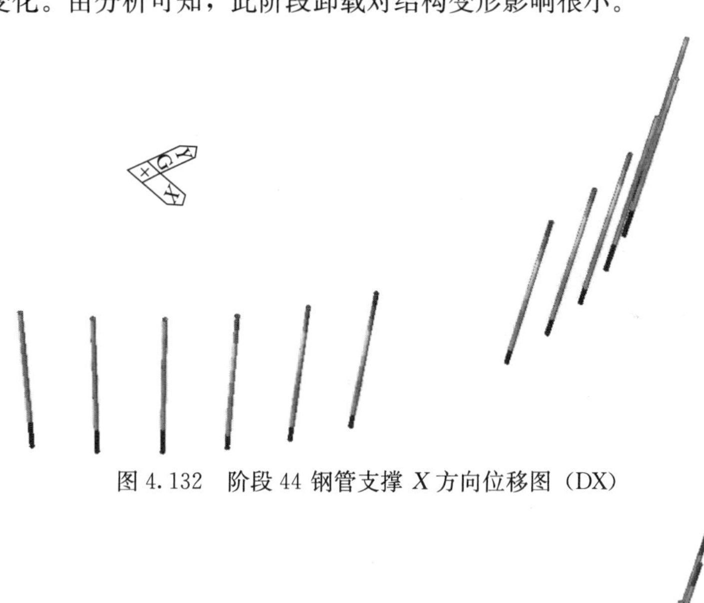

图 4.132 阶段 44 钢管支撑 X 方向位移图（DX）

图 4.133 阶段 44 钢管支撑 Y 方向位移图（DY）

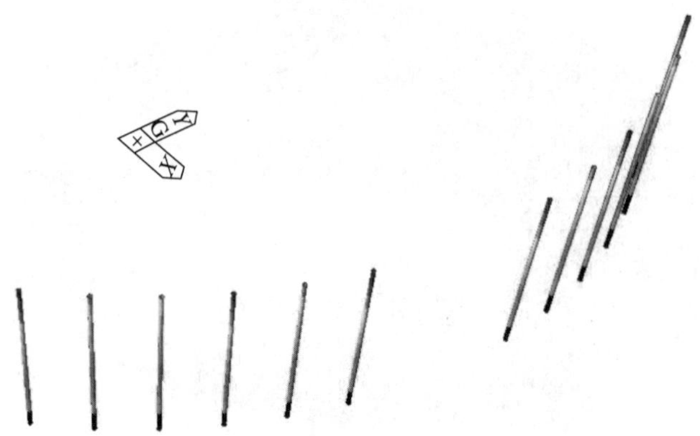

图 4.134　阶段 44 钢管支撑 Z 方向位移图（DZ）

卸载后钢管支撑 X 方向最大变形 DX 为－1.33mm（卸载前为 3.0mm）；Y 方向最大变形 DY 为 0.86mm（卸载前为－2.6mm）；Z 方向最大变形 DZ 为－0.75mm（卸载前为－1.9mm）。由分析可知，此阶段卸载对剩余支撑变形影响很小。

南半球内环钢管支撑全部拆除完毕。

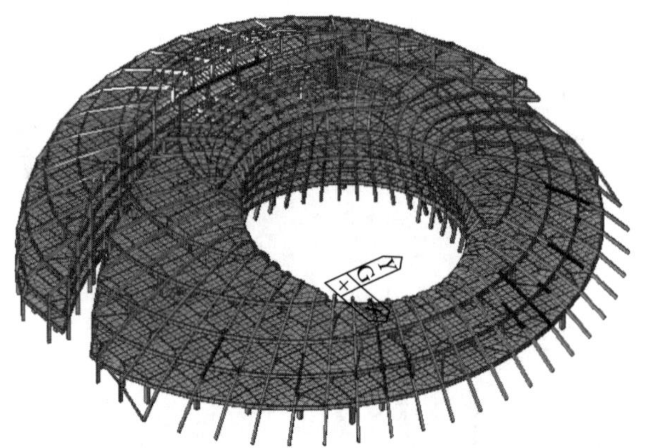

图 4.135　阶段 45 X 方向位移图（DX）

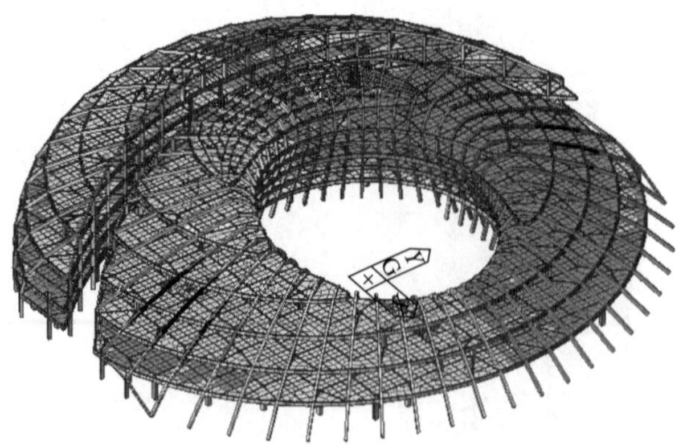

图 4.136　阶段 45 Y 方向位移图（DY）

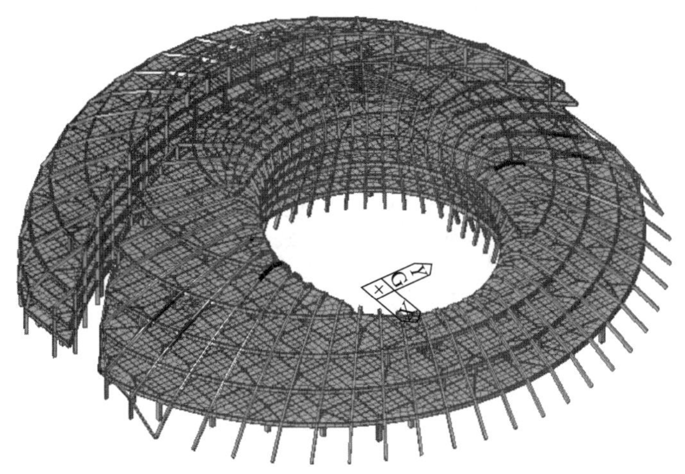

图 4.137　阶段 45 Z 方向位移图（DZ）

X 方向最大变形 DX 为 24.5mm（卸载前为 23.7mm），略有增加；Y 方向最大变形 DY 为 24.0mm（卸载前为 23.9mm），略有变化；Z 方向最大变形 DZ 为－35.1mm（卸载前为－34.9mm），略有变化。各方向最大变形出现位置仍和卸载前相同，较前一施工阶段基本无变化。由分析可知，此阶段卸载对结构变形影响很小。

（2）钢骨应力分析（图 4.138～图 4.146）

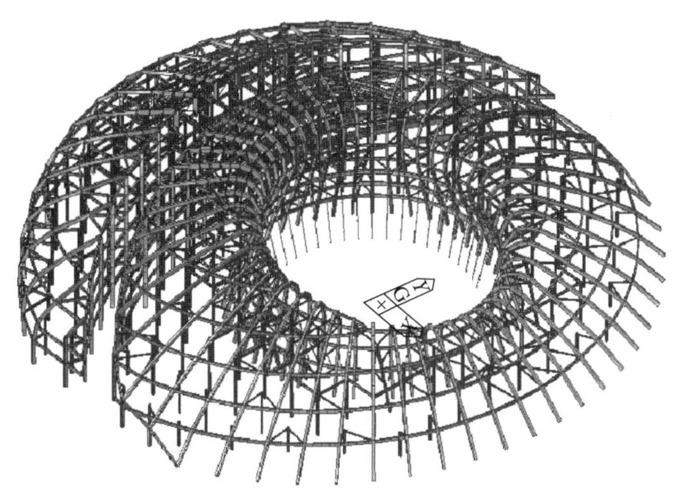

图 4.138　阶段 41 构件截面组合应力分布图（MPa）

钢骨构件最大应力为－106.4MPa（卸载前为－105MPa），钢骨应力略有增加。这是由于临时支撑卸载后内力重分布造成的，但对主体结构影响很小。

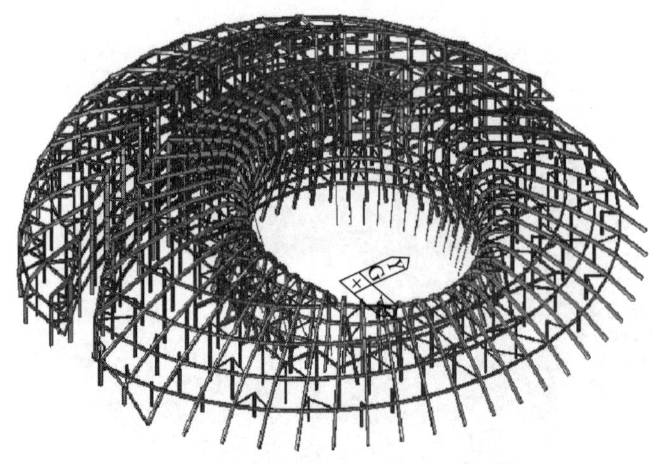

图 4.139　阶段 42 构件截面组合应力分布图（MPa）

钢骨构件最大应力为－106.4MPa（卸载前为－105MPa），钢骨应力略有增加。这是由于临时支撑卸载后内力重分布造成的，但对主体结构影响很小。

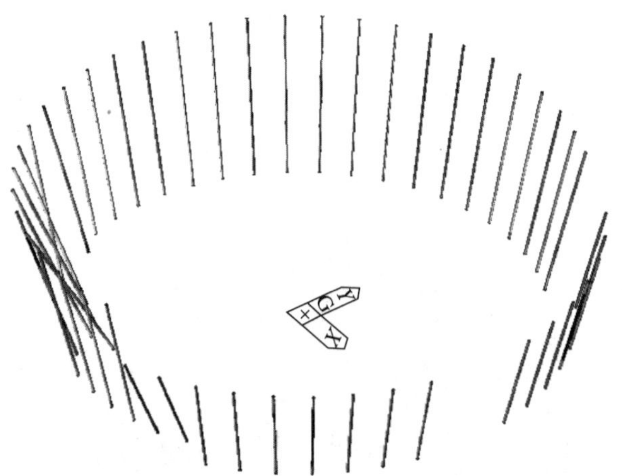

图 4.140　钢管支撑截面组合应力分布图（卸载前）

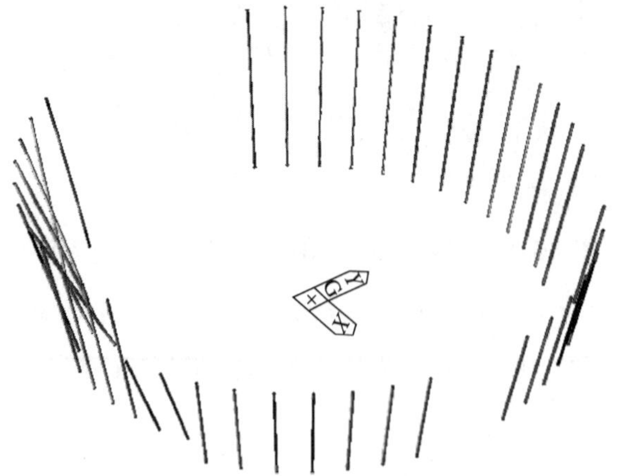

图 4.141　阶段 42 钢管支撑截面组合应力分布图（MPa）

钢管支撑构件最大应力为－47.8MPa（卸载前为－45.3MPa），应力略有增加。这是由于临时支撑卸载后内力重分布造成的，但对主体结构及临时支撑影响很小。

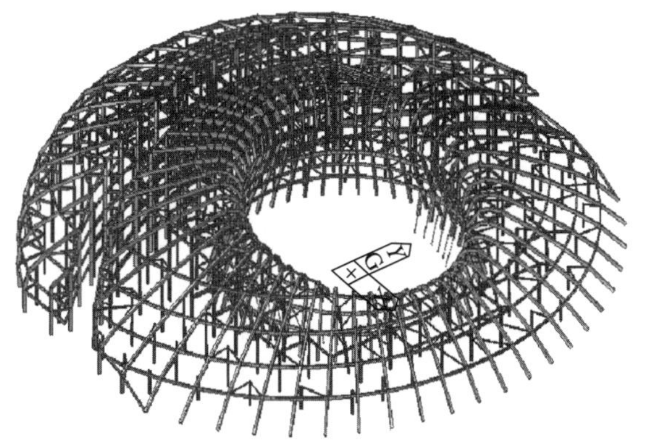

图 4.142 阶段 43 构件截面组合应力分布图（MPa）

钢骨构件最大应力为－106.4MPa（卸载前为－105MPa），钢骨应力略有增加，较上一施工阶段应力最大值基本无变化，对主体结构影响很小。

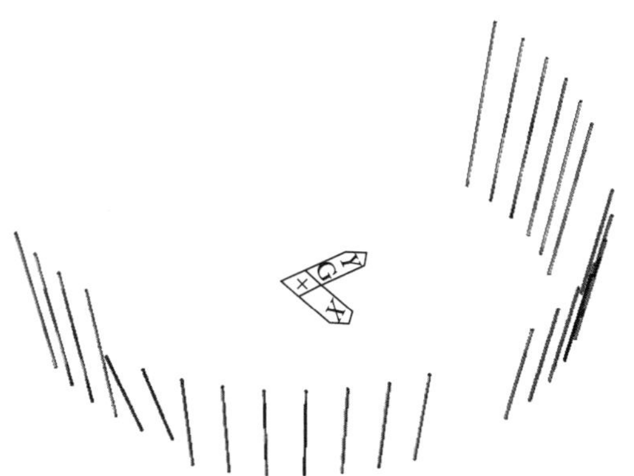

4.143 阶段 43 钢管支撑截面组合应力分布图（MPa）

钢管支撑构件最大应力为－38.8MPa（卸载前为－45.3MPa）。这是由于临时支撑卸载后内力重分布造成的，但对主体结构及临时支撑影响很小。

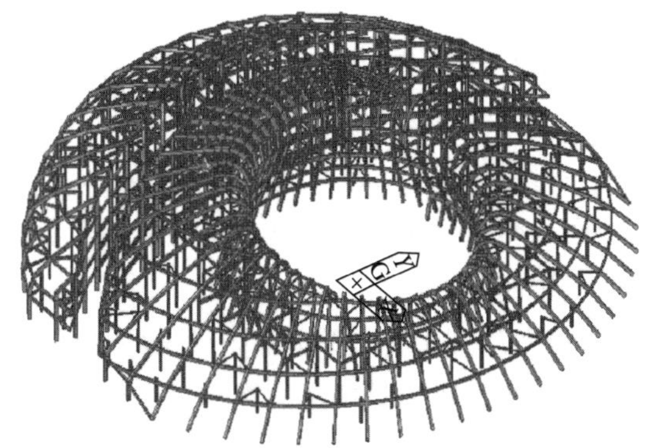

图 4.144 阶段 44 构件截面组合应力分布图（MPa）

钢骨构件最大应力为－106.4MPa（卸载前为－105MPa），钢骨应力略有增加，较上一施工阶段应力最大值基本无变化，对主体结构影响很小。

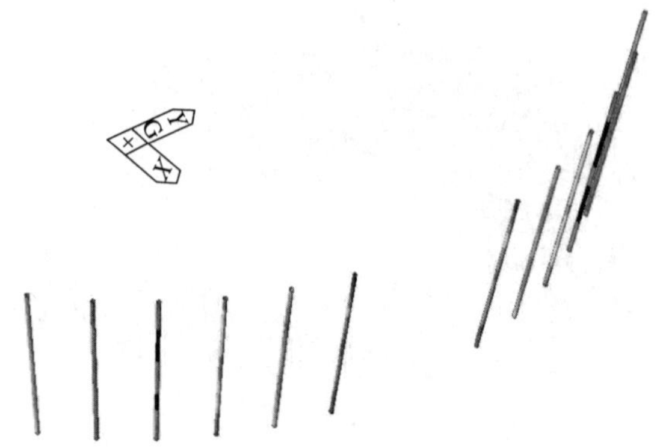

图 4.145　阶段 4 钢管支撑截面组合应力分布图（MPa）

钢管支撑构件最大应力为－27.2MPa（卸载前为－45.3MPa），这是由于临时支撑卸载后内力重分布造成的，但对主体结构及临时支撑影响很小。

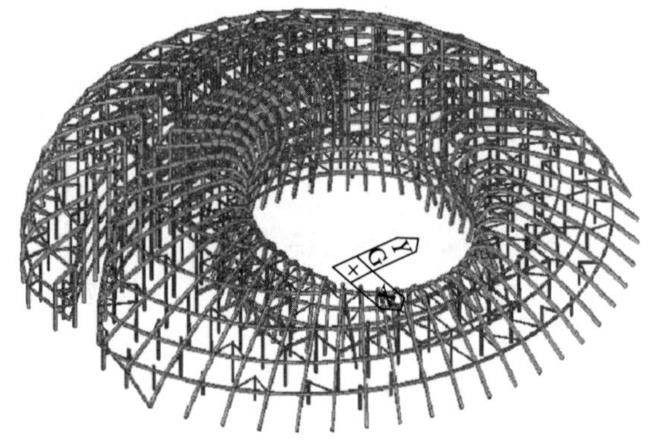

图 4.146　阶段 45 构件截面组合应力分布图（MPa）

钢骨构件最大应力为－106.4MPa（卸载前为－105MPa），钢骨应力略有增加，较上一施工阶段应力最大值基本无变化，对主体结构影响很小。

4.3.10　结论及建议

由以上补充的混凝土施工及临时钢支撑卸载施工过程力学模拟分析，可以得到如下结论和建议。

1）混凝土施工一～三层顶楼面时，需采用满堂脚手架支模板进行，脚手架从地下室顶板开始，至三层顶楼面，即在三层顶楼面混凝土强度尚未形成前脚手架不拆除，钢骨部分在此时不承担混凝土楼面自重。

2）三层顶混凝土楼面强度达到设计要求后，可拆除下部脚手架并进行上部楼层施工。本分析报告仅验算混凝土施工对钢骨构件的影响，混凝土下脚手架支撑方式以及正在现浇的楼层混凝土自重需要支撑几层楼板均由土建方验算并确定。

3）混凝土施工完毕并达到设计强度后，进行临时支撑钢管构件的拆除，拆除顺序为先拆除南北球连接走廊附近的钢管支撑，按从上到下的顺序卸载；随后拆除南半球内环钢管支撑，拆除顺序为以南半球对称轴为中心，向东西两侧对称拆除卸载。

4）验算表明在卸载过程中结构由于应力释放及重分布所产生的变形较小，对主体结构影响也很小。为安全起见，减小突变卸载所产生的加速度对主体结构和未拆除临时支撑的影响，单根构件在卸载时应采取缓慢释放应力的方法（如热熔放张法等），并编制专项施工方案。

综上所述，按上述方法进行后续混凝土施工以及临时钢管支撑构件卸载，可以保证钢骨结构的安全，并使结构整体变形控制在允许的范围内。

4.4 施工过程监测

近些年来，我国的钢铁工业得到了快速发展，在建筑行业中也开始越来越多地应用各类钢材。同时，国家也出台了一系列的建筑技术政策与制度，在此方面存在一定的倾斜，于是也使得钢结构得到了更加广泛的运用，从而推动了建筑业中大型钢结构建筑的快速发展。同时，新技术、新设备、新工艺和新材料不断涌现，特别是钢铁工业技术的发展，为钢结构的发展提供技术的支持。而钢结构有施工工期短、强度大、跨度大、结构轻、施工机械化程度高、安装便利、造价低等特点，使得建设单位采用大型钢结构的建筑形式来建造各类体育场、会展中心、大型商业中心、大型工业厂房的情况越来越多。

大型钢结构的施工质量和安全问题越来越值得大家的关注。为了更好地协助解决大型钢结构的质量和安全性等相关问题，本工程对钢结构施工过程变形进行监测，包括监测方案、建立模型、监测要点、计算方法、分析整理相关监测数据，从而为本工程大型钢结构施工的质量和安全提供技术支持。大型钢结构有复杂并且庞大的结构，施工程序与施工工艺较为繁重，因此在施工阶段发生安全隐患的概率较大。大型钢结构一旦发生事故，无论是造成的经济损失还是人员伤亡都是极其严重的，所以有必要对其施工全过程进行监测与仿真分析，从而了解钢结构在施工过程的受力和位移情况，确保大型钢结构施工控制中的质量和安全。

大跨钢结构监测工作是伴随着施工进程同步进行的，具有实时性和可靠性，监测结果是对施工过程结构力学状态动态变化的真实反映。监测项目一般包括构件的应力、位移以及温度等。

（1）大跨钢结构施工过程进行监测的主要目的

1）为大跨钢结构施工安全性提供有力的数据支撑，特别是当大跨钢结构施工方案或施工条件发生变化时，通过监测数据能反映结构的实时状态。

2）通过对监测结果进行分析，及时对结构的安全性进行初步判断，针对可能出现的安全隐患做好提前预警工作，并制定出相应的应急措施以弥补设计、施工中存在的问题。

3）大跨钢结构建造完成之后，监测数据作为施工期间的原始数据，为结构以后使用阶段的安全性评价提供必要的依据。

（2）大跨度钢结构监测原则

为确保结构施工安全监测系统起到至关重要的作用，监测过程中采用现代化监测设备对结构施工中的关键部位进行跟踪监测，并获取相应的监测数据。监测工作是一项技术要求高、涉及内容多的复杂工作，根据实际工程以及需要的不同，有时需要对施工过程进行全面的监测，有时仅需要进行专项监测。监测工作不仅涉及业主的委托要求，还需要监测人员对钢结构项目的特点具有详细的了解。整个监测过程不仅需要考虑技术的可行性，还需要考虑资金与人力的投入。综上所述在大跨钢结构实施监测过程中需要遵循以下原则。

1）真实性原则：监测内容应按照业主的委托，严格按照规范标准执行，不得随意简化、省略监测项目；对监测数据应保证真实性，不能编造监测数据。

2）科学性原则：对监测仪器的选择应该符合精度、可行性等要求；对监测测点的选择应具备一定的科学依据，不能随意主观确定。

3）高效性原则：监测技术作为确保施工过程安全的辅助工作。应综合考虑经济、人力等综合因素，确保监测工作能高效进行。

4.4.1 监测方法和内容

根据设计文件，本项目屋盖结构跨度较大，长轴的长度达 35.3m，短轴的长度也有 10.7m，由主桁架双向正交构成，受力情况较为复杂，同时，桁架与混凝土柱衔接处位移复杂。大型钢结构出现安全事故，往往是因为结构受力和变形超出设计值允许，或构件连接不当而产生的各种破坏，如应力过度集中等所造成的破坏。这是因为在任何情况下，构造的稳定性与安全性是钢结构构件正常承载能力的重要保证，一旦构造出现问题，便会直接危及结构的安全，造成难以估计的后果和损失。因此，对屋盖钢结构在施工阶段、使用阶段进行监测，掌握其各阶段的安全状况，对其进行安全评价非常重要和必要。

本研究的主要监测对象是钢结构屋盖，对其应力以及位移等相关的参数给予严格的监测。监测具体内容是主桁架、次桁架、稳定桁架、径向桁架的应力和位移监测。结合施工过程中产生的有限元仿真计算结果合理地确定监测点，要布置在桁架受力不良的地方。本次监测点布设结合设计的要求，在钢结构桁架各截面杆件上进行布设，监测其应力及变化、截面处的挠度及变化。

（1）应力监测仪器

目前应力应变监测所用仪器主要有电阻应变传感器、振弦式应变传感器和光纤光栅式应变传感器。见表 4.3。

表 4.3 常见应力应变监测仪器

监测仪器	监测原理	特点
电阻应变传感器	基于电阻丝的应变效应，当构件受力变形时，金属丝的电阻值除了与材料的性质有关之外，还与金属丝的长度和横截面有关	a. 现场使用不便，误差较大，抗干扰能力差； b. 结构简单，价格便宜，多用于短时间荷载增量下的应力测试，教学中使用较多
振弦式应变传感器	将一根金属丝通过两端夹具固定张拉，金属丝内部产生一定的张力且与金属丝振动频率有一定的定量关系	a. 结构简单，使用方便，抗干扰能力强，零点漂移小； b. 温度影响小，性能稳定可靠； c. 耐振动，使用寿命长，价格适中
光纤光栅式应变传感器	利用光纤材料的光敏性，通过紫外激光在光纤纤芯上刻写一段光栅并能反射特定波长的光，随构件发生变形其周期发生改变，反射波长也相应改变，通过光纤光栅解调仪发射的波长得到应变值	a. 结构简单，几何形状可塑； b. 耐腐蚀，化学性能稳定，适合恶劣环境中工作，价格较贵； c. 电绝缘性能好，安全可靠； d. 寿命长，使用期限内维护费用低

（2）位移监测方法

目前位移监测的方法主要有大地测量法、摄影测量法、使用高精度变形测量机器人和 GPS（全球定位系统）技术测量法等，见表 4.4。其中使用最多、适用性最广的是大地测量法。

表 4.4 结构位移监测常用方法

监测方法	监测原理	特点
大地测量方法	利用经纬仪、水准仪、全站仪等高精度测量仪器，通过点与点间距离、夹角、高程变化量来反映被测对象的变形情况	理论方法成熟，测量数据安全可靠，灵活性较好，适用范围大，监测费用较低，但是比较耗费人力
摄影测量方法	一种非接触无损测量手段，通过获取目标的近距离影像信息，从而得到目标点群的三维空间坐标	人工劳动量少，效率高；测量的精度相对较低，对高精度要求的工作需要进一步改进
使用高精度变形测量机器人	全站仪发射红外线光束并利用自准直原理和 CCD（电荷耦合器件）图像处理功能，实现目标识别、照准与跟踪	测量速度快，测量精度不依赖观测人员水平；智能化，集测量、跟踪、记录于一体，价格较贵
GPS 技术测量法	根据卫星发送自身的定位参数和时间信息，用户接收信息后经计算求出接收机的运动速度、三维方向和时间信息，从而得到空间坐标	速度快、效率高、监测精度高；可完成从数据采集、传输分析到最终显示的一体化作业；监测成本高，普及程度低

(3) 监测内容

不同工程的结构形式、受力特点不同，所处的外部环境也不一样，因此应根据不同的实际工程选择需要监测的关键项目。监测项目应能够反映结构及其临时支撑在任意施工阶段的力学形态或预警可能出现的失效模式，监测项目的选择应与结构体系、监测类型、监测要求以及前监测仪器设备的技术水平有关。监测点布置研究包括确定监测项目和监测点位置的选择两个方面。首先应根据结构相关监测规范和工程项目特点确定监测项目，再根据不同监测项目的类型确定监测点在结构上的位置。

监测项目包括应变监测、位移监测、加速度监测、温度和风荷载监测等。不同监测项目的监测目的及获取结构的力学参数也不相同。根据获取的力学参数性质不同监测项目可分为三类：荷载参数如温度、风荷载、顶推力、提升力等，响应参数如应力、变形、加速度等响应，以及结构振动特性参数如频率、振型等。

在施工各阶段包括主体钢骨、楼层混凝土工程施工，随着结构自重、活荷载、温度荷载、风荷载、柱的徐变和收缩及基础相对沉降等不断变化，将对结构产生不同的作用效应，特别是在大跨度肋梁施工的各个阶段。整体变形测控在整个施工中至关重要，也是保证结构最终状态的关键。变形测控主要测量控制肋梁的位置变化，通过肋梁的位置变化来整理归纳结构的整体变形，并形成变形测控成果，以复核初始预调值的准确性，并为以后工程积累测控数据，包括以下内容：

1) 测点布置。

根据仿真计算分析结果及施工工艺，确定上部钢结构监测点为 144 个，分布在球面钢肋的低端、高端及跨中（图 4.147、图 4.148），环梁以及拉梁等受力比较关键的部位。钢结构吊装之前，采集结构受力的初始值，在吊装、落位、合龙以及吊车松钩的整个过程中监测结构关键点的应力变化，对结构进行实时监控。

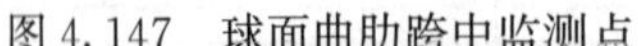

图 4.147　球面曲肋跨中监测点

图 4.148　球面曲肋下端监测点

2) 测试频度。

以每完成一层钢骨结构为一种工况进行测试，测试共分为 7 层，每一工况测量连续各观测 2 个轮回。

3）钢骨结构变形测试。

部分肋梁形成稳定体系后移交土建单位进行混凝土施工，检测混凝土施工每个施工阶段，即完成每层混凝土浇筑后且混凝土未达到强度，特别是在离散状态下的混凝土对肋柱的影响，即 $\Delta_{钢骨}=\Delta_{钢骨2}-\Delta_{钢骨1}$，通过其变形验证预变形值的准确性。

4）钢骨混凝土变形测试。

混凝土完成后，拆模前在混凝土模板上相对位置进行标记，拆模后混凝土相对位置进行标记，根据其相对固定关系叠加，可以验证中间过程变形与计算的符合性，即 $\Delta_{钢筋混凝土}=\Delta_{钢骨}+\Delta_{模}+\Delta_{混凝土}$。

测点转换做法统一，即（x、y、z）钢骨末→（x、y、z）模前；（x、y、z）模后→（x、y、z）混凝土初。

5）阶段数据整理。

对每个阶段的数据整理成果，绘制对照图表和曲线，明确各测点的三向位置变化量，总结变化规律。

4.4.2 监测数据处理

根据现场的监测数据可以绘制出应力随时间变化的曲线。其应力监测时程曲线如图 4.149 和图 4.150 所示，其中，R1 和 R14 分别为最高和最大跨的球面曲肋。

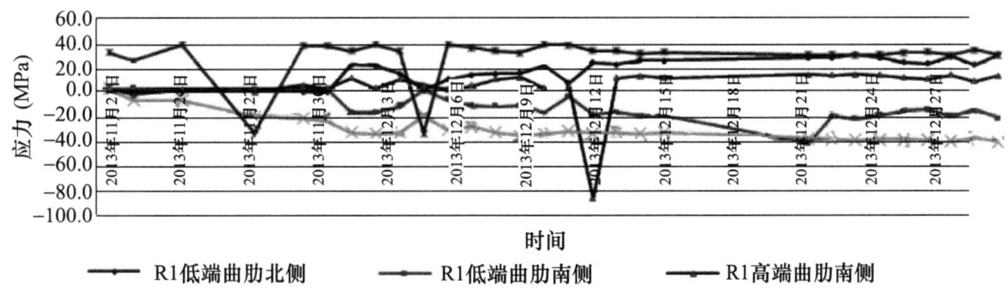

图 4.149　R1 轴应力监测曲线

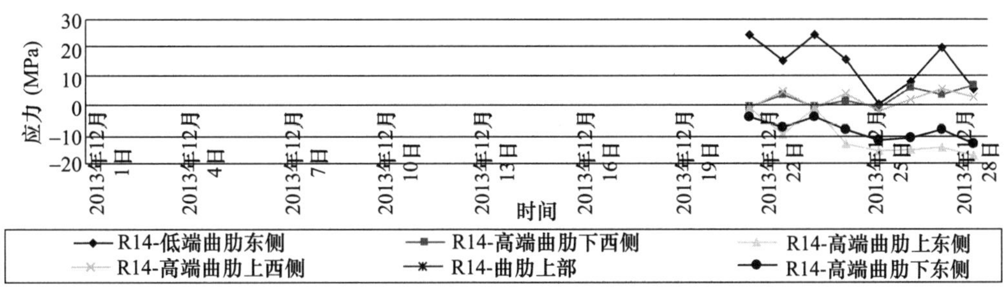

图 4.150　R14 轴应力监测曲线

分析图中曲线可知，在构件的安装施工过程中，构件 R1 的最大应力值是

－88.27MPa，发生于高端曲肋南侧监测点，与模拟分析的结果－80.2MPa 相近；构件 R14 最大应力为 27.68MPa，发生在低端曲肋东侧监测点，与模拟计算结果 25.1MPa 接近。监测结果数据验证了模拟分析的准确性与可靠性，证明了通过模拟分析，对施工过程进行应力的预测是可行的。通过施工分析与应力监测在施工过程中的应用，可以保证复杂钢结构工程在施工过程中结构体系不完整状态下，随时掌握结构的变形及应力状态，对控制结构的安全性起到积极的作用。

5 BIM 技术及应用

5.1 BIM 技术

5.1.1 BIM 技术概述

建筑信息模型（Building Information Modeling）是建筑学、工程学及土木工程的新工具。“建筑信息模型”或“建筑资讯模型”一词是由 Autodesk 公司所创的。它是用来形容那些以三维图形为主，与物件导向、建筑学有关的电脑辅助设计。最初这个概念经由Jerry Laiserin 把 Autodesk、奔特力系统软件公司、Graphisoft 所提供的技术向公众推广。

BIM 技术是一种应用于工程设计、建造、管理的数据化工具，通过对建筑的数据化、信息化模型整合，在项目策划、运行和维护的全生命周期过程中进行共享和传递，使工程技术人员对各种建筑信息做出正确理解和高效应对，为设计团队以及包括建筑、运营单位在内的各方建设主体提供协同工作的基础，在提高生产效率、节约成本和缩短工期方面发挥重要作用。

这里引用美国国家 BIM 标准（NBIMS）对 BIM 的定义，定义由三部分组成：

1）BIM 是一个设施（建设项目）物理和功能特性的数字表达；

2）BIM 是一个共享的知识资源，是一个分享有关这个设施的信息，为该设施从概念到拆除的全生命周期中的所有决策提供可靠依据的过程；

3）在设施的不同阶段，不同利益相关方通过在 BIM 中插入、提取、更新和修改信息，以支持和反映其各自职责的协同作业。

5.1.2 BIM 技术特点

（1）可视化

可视化即“所见所得”的形式。对建筑行业来说，可视化的真正运用在建筑业的作用是非常大的，例如施工图纸只是各个构件的信息在图纸上采用线条绘制表达的，其真正的构造形式就需要建筑业从业人员自行想象了。BIM 技术提供了可视化的思路，让人们将以往的线条式的构件形成一种三维的立体实物图形展示在人们的面前；建筑业也有设计方面的效果图，只是这种效果图不含有除构件的大小、位置和颜色以外的其他信息，缺少不同构件之间的互动性和反馈性。BIM 技术提到的可视化是一种能够同构件之间形成互动性和反馈性的可视化，由于整个过程都是可视化的，可视化的结果不仅可以用效果图展示及报表生成，更重要的是，项目设计、建造、运营过程中的沟通、讨论、决策都在可视化的状态下进行。

（2）协调性

协调是建筑业中的重点内容，不管是施工单位，还是业主及设计单位，都在做着协调及互相配合的工作。一旦项目的实施过程中遇到了问题，就要将各有关人士组织起来开协调会，找到各个施工问题发生的原因及解决办法，然后进行变更，做出相应补救措施等以解决问题。在设计时，往往由于各专业设计师之间的沟通不到位，出现各种专业之间的碰撞问题。例如暖通等专业中的管道在进行布置时，由于是各自绘制的施工图纸，在真正施工过程中，可能在布置管线时正好在此处有结构设计的梁等构件阻碍管线的布置，像这样的碰撞问题的协调解决就只能在问题出现之后再进行。BIM 技术的协调性服务就可以帮助处理这种问题，也就是说 BIM 技术可在建筑物建造前期对各专业的碰撞问题进行协调，生成协调数据，并提供出来。当然，BIM 技术的协调作用也并不是只能解决各专业间的碰撞问题，它还可以解决例如电梯井布置与其他设计布置及净空要求的协调、防火分区与其他设计布置的协调、地下排水布置与其他设计布置的协调等。

（3）模拟性

模拟性并不是只能模拟设计出的建筑物模型，还可以模拟不能够在真实世界中进行操作的事物。在设计阶段，BIM 技术可以对设计上需要进行模拟的一些东西进行模拟试验。例如：节能模拟、紧急疏散模拟、日照模拟、热能传导模拟等；在招投标和施工阶段可以进行 4D 模拟（3D 模型加项目的发展时间），也就是根据施工的组织设计模拟实际施工，从而确定合理的施工方案来指导施工。同时还可以进行 5D 模拟（基于 4D 模型加造价控制），从而实现成本控制；后期运营阶段可以模拟日常紧急情况的处理方式，例如地震人员逃生模拟及消防人员疏散模拟等。

（4）优化性

事实上整个设计、施工、运营的过程就是一个不断优化的过程。当然优化和 BIM 技术也不存在实质性的必然联系，但在 BIM 技术的基础上可以做更好的优化。优化受三种因素的制约：信息、复杂程度和时间。没有准确的信息，做不出合理的优化结果。BIM 模型提供了建筑物实际存在的信息，包括几何信息、物理信息、规则信息，还提供了建筑物变化以后的实际存在信息。复杂程度较高时，参与人员本身的能力无法掌握所有的信息，必须借助一定的科学技术和设备的帮助。现代建筑物的复杂程度大多超过参与人员本身的能力极限，BIM 技术及与其配套的各种优化工具提供了对复杂项目进行优化的可能。

（5）可出图性

BIM 技术模型不仅能绘制常规的建筑设计图纸及构件加工的图纸，还能通过对建筑物进行可视化展示、协调、模拟、优化，并出具各专业图纸及深化图纸，使工程表达更加详细。

5.1.3 BIM技术发展现状

BIM技术自从2002年被引入工程建设行业，至今已经历二十多年历程，目前已经在全球范围内得到业界的广泛认可，被誉为建筑业变革的革命性力量。BIM技术以三维数字技术为基础，集成了建筑工程项目各种相关信息的工程数据模型，包含创建与管理设施物理与功能特性的数字化表达的过程。过程中产生的一系列建筑信息模型（Building Information Models）作为共享的知识资源，为设施从早期概念阶段到设计、施工、运营及最终的拆除全生命周期过程中的决策提供支持。完整的信息模型，能够连接建筑项目全生命周期不同阶段的数据、过程和资源，是对工程对象的完整描述，可被建设项目各参与方普遍使用。BIM技术具有单一工程数据源，可解决分布式、异构工程数据之间的一致性和全局共享问题，支持建设项目全生命周期中动态的工程信息创建、管理和共享。建筑信息模型同时又是一种应用于设计、建造、管理的数字化方法。这种方法支持建筑工程的集成管理环境，可以使建筑工程在其整个进程中显著提高效率和大大减小风险。

BIM技术应用在欧美发达国家推进迅速，这些国家开始推行基于BIM技术的IPD（Integrated Project Delivery，集成项目交付）模式，即把项目主要参与方在设计阶段就集合在一起，着眼于项目的全生命周期，利用BIM技术进行虚拟设计、建造、维护及管理。

近来BIM技术在国内建筑业形成一股热潮，除了前期软件厂商的大声呼吁外，政府相关单位、各行业协会与专家、设计单位、施工企业、科研院校等也开始重视并推广BIM技术。2010与2011年，中国房地产业协会商业地产专业委员会、中国建筑业协会工程建设质量管理分会、中国建筑学会工程管理研究分会、中国土木工程学会计算机应用分会组织并发布了《中国商业地产BIM应用研究报告2010》和《中国工程建设BIM应用研究报告2011》。虽然样本不多，但在一定程度上反映了BIM技术在我国工程建设行业的发展现状。根据两届的报告，关于BIM的知晓程度从2010年的60%提升至2011年的87%。2011年，共有39%的单位表示已经使用了BIM技术相关软件，而其中以设计单位居多。住房城乡建设部颁布的《2011—2015年建筑业信息化发展纲要》，将“加快BIM等新技术在工程中的应用”列入“十二五”建筑业信息化发展的总体目标和重要任务之一。

《建筑业十项新技术（2010版）》，“运用三维模型和建筑信息模型（BIM）技术，建立用于进行虚拟施工和施工过程控制、成本控制的施工模型”，将BIM技术作为重要技术进行推广使用。

《勘察设计和施工BIM技术发展对策研究》由住房城乡建设部工程质量安全监管司组织，中国建筑科学研究院等十余家单位协同，组织专家开展专题研究，形成专题研究报告，通过专家验收。

《关于推进BIM技术在建筑领域应用的指导意见》由住房城乡建设部工程质量安全监管司组织，中国建筑业协会质量分会承担，中国建筑总公司、清华大学、广州优比建筑咨询公司共同参加，组织专家开展专题研究，完成了征求意见稿。

2020年7月3日，住房城乡建设部联合发展改革委、科技部、工业和信息化部、人力资源社会保障部、交通运输部、水利部等十三个部门联合印发《关于推动智能建造与建筑工业化协同发展的指导意见》。意见提出：加快推动新一代信息技术与建筑工业化技术协同发展，在建造全过程加大建筑信息模型（BIM）、互联网、物联网、大数据、云计算、移动通信、人工智能、区块链等新技术的集成与创新应用。

2020年8月28日，住房城乡建设部、教育部、科技部、工业和信息化部等九部门联合印发《关于加快新型建筑工业化发展的若干意见》。意见提出：大力推广建筑信息模型（BIM）技术。加快推进BIM技术在新型建筑工业化全生命周期的一体化集成应用。充分利用社会资源，共同建立、维护基于BIM技术的标准化部品部件库，实现设计、采购、生产、建造、交付、运行维护等阶段的信息互联互通和交互共享。试点推进BIM报建审批和施工图BIM审图模式，推进与城市信息模型（CIM）平台的融通联动，提高信息化监管能力，提高建筑行业全产业链资源配置效率。

本章介绍在西咸空港综合保税区事务服务办理中心空间曲面肋梁结构项目中应用的BIM技术。其建筑外形由68条钢结构曲面肋梁和层间型钢混凝土环梁组成。其造型新颖，结构形式复杂，施工难度大，管理要求高。引入BIM技术，在施工全过程进行虚拟施工、碰撞检查、成本管理、质量安全协同管理等方面应用，并进行深入研究，实现项目动态、集成和可视化4D施工项目管理。

5.2 BIM技术在建筑全生命周期的建模应用

随着工程施工的深入，从预算阶段的BIM模型到施工阶段模型，以及扩展应用的BIM模型到最终竣工时完善的BIM模型，从不同阶段、对应关系来整合全生命周期完整的BIM建模方法。

5.2.1 建模存在的问题

各参与方根据不同任务需求，选用不同的BIM软件各自创建任务子模型，而融合各参与方创建的子模型形成完整的BIM模型是建模过程的主要问题。在项目中联合优秀的BIM平台Luban（鲁班）软件，对这一问题进行了成功公关。

Luban Trans虽然个头不大，程序只有50MB左右，但它在设计BIM和鲁班施工BIM之间架起了一座桥梁，包括Revit、Xsteel和ArchiCAD建立的BIM模型，都可以通过它导入到鲁班建模软件中，然后就可以在施工阶段发挥巨大作用。Revit设计BIM模型直接导入鲁班BIM软件中；系统自动识别Revit模型中的构件，进行清单定额套取并计算工程量；导入的Revit模型进行各专业合并；利用鲁班BIM系统实现施工阶段应用。

5.2.2 面向建筑全生命周期的BIM模型

空间曲面肋梁结构施工设计中应用BIM技术，应用的基础就是BIM模型的建立。

而且BIM模型也不是一次性创建完成就可以，在过程中随着施工的深入，模型会根据现场情况不断调整。因此BIM模型的创建一方面要考虑前期项目预算控制，还要考虑过程中施工管理。这就是我们所说的预算BIM模型和施工BIM模型。预算BIM模型主要用于对业主方的进度款申请、结算等，施工BIM模型主要用于内部材料管理、分包审核结算等内部成本的控制。

空间曲面肋梁结构在创建BIM模型时，首先制定了建模标准，以便于不同专业的模型整合及后期调整，包括对墙、梁、板等构件统一命名规范，以及基础、装饰、门窗等建模标准，仅土建BIM模型就有12类构件54条规则。

确定建模标准后，BIM团队开始协同创建模型。建立的BIM模型包括土建、钢结构、钢筋、机电安装四个专业BIM模型。其中土建模型用时11个工作日，钢结构模型用时10个工作日，钢筋BIM模型用时10个工作日，而机电BIM模型随着施工进度进行综合调整。BIM模型创建是直接利用设计院提供的施工图，利用2D的CAD电子图，通过CAD转化快速创建BIM模型，因此一个模型包括创建、审核和调整三个阶段，综合建模速度可以达到10000m^2/2d的速度。

5.3 BIM技术在图纸设计中的应用

BIM技术的应用都基于三维建筑信息模型，各专业人员借助可视化的3D模型可发现结构与建筑的矛盾、图纸未标注、尺寸不合理、安装专业自身碰撞点等一系列图纸设计问题，将所发现的设计问题进行汇总，既减小了影响工程安全质量的潜在风险因素，又使工程技术人员加深了对设计意图的理解。

空间曲面肋梁结构的实际案例中，项目BIM小组与鲁班BIM顾问团队合作，对西咸空港综合保税区事务服务办理中心工程进行建模，发现了设计图纸中各专业设计存在的矛盾点及构件信息未标注等问题超过100个。这些问题在图纸会审中及时得到了解决，并对BIM模型进行及时修改，保证了模型的准确性，为BIM技术在本项目的应用打下了良好的基础。

图纸问题见表5.1。

表5.1 图纸问题

序号	图号	问题说明	模型暂处理方法	审图结果
1	结施502	KZ7a角部斜筋无说明	按照拉钩处理	按照完整箍筋
2	结施401	筏板标高图纸中未明确注明标高	按筏板底标高−7550mm	底标高−7550mm
3	结施401	承台无名称标注	根据平面尺寸对应基础详图配筋厚度暂按CT17来定义	按照CT17
…	…	…	…	…

例如，设计图纸结施401中，3/S轴桩承台无名称标注，这在施工中是一个未知构

件。BIM 建模过程中发现此问题后，在图纸会审中解决了上述问题，将此承台命名为 CT17（图 5.1），排除了影响施工的未知因素。

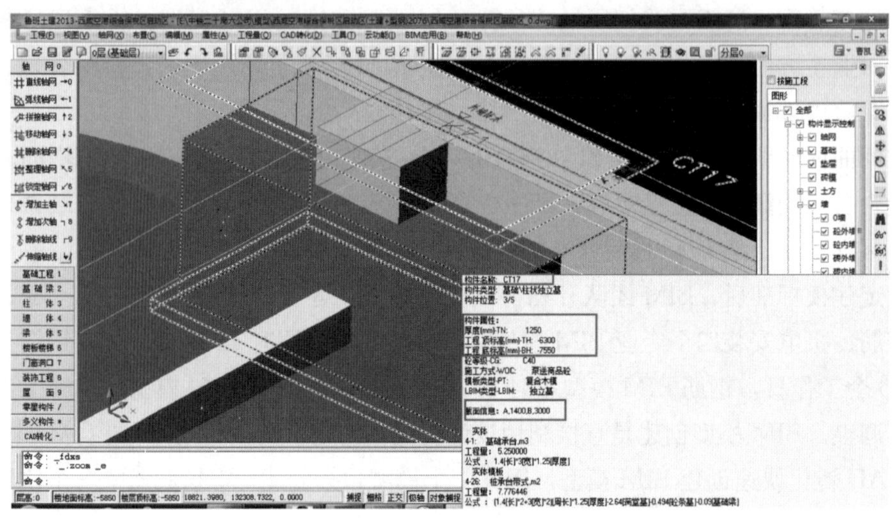

图 5.1　CT17 构件属性

空港保税区项目施工管理人员三十余人，其中各专业技术人员 10 余人，前期通过每晚的 BIM 建模软件培训，加深了施工人员对图纸设计意图的理解，排除了施工过程中潜在的质量风险因素。空港项目土建、钢筋、安装和钢结构 BIM 模型如图 5.2 所示。

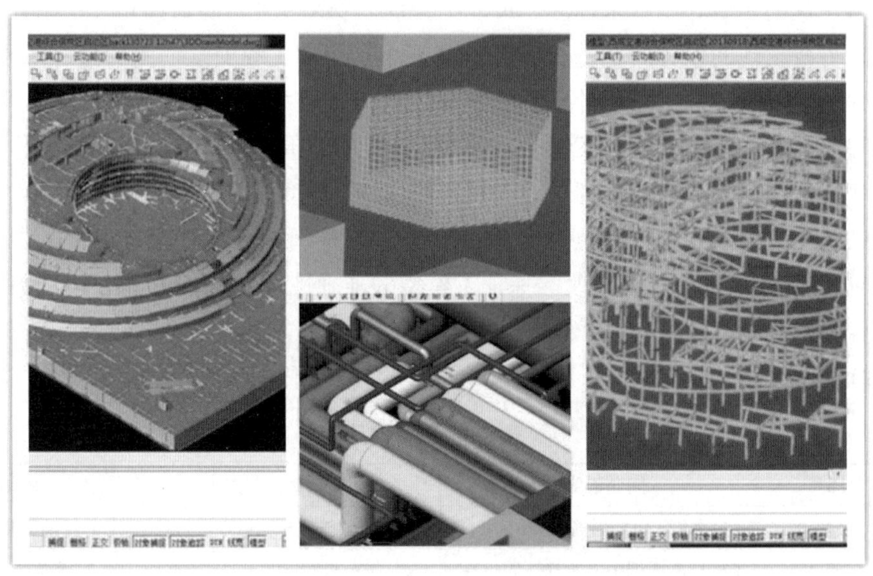

图 5.2　空港项目土建、钢筋、安装和钢结构 BIM 模型

BIM 模型创建的流程：工程设置→材质设置→首层建模（建立轴网、柱布置、梁布置、楼板和楼梯布置、墙体、门窗、过梁和圈梁、构造柱等）→其他层建模（顺序同首层）→顶层建模→基础层建模→装饰建模→套取清单定额→计算及编辑其他项目。

5.4 BIM 技术在碰撞及管线定位中的应用

5.4.1 BIM 技术在型钢与钢筋碰撞中的运用

西咸空港综合保税区事务服务办理中心工程大部分梁柱为型钢混凝土组合结构，由于梁、柱型钢截面尺寸多样，且钢筋直径大、数量多，梁柱节点情况非常复杂。

这就需要利用钢结构 BIM 模型与钢筋 BIM 模型的整合，通过 BIM Works 系统自动预判碰撞位置，对每个型钢混凝土梁柱节点进行 3D 模型展示。直观地展现出节点部位型钢与钢筋的构造形式，对梁柱节点部位施工难点及潜在问题进行预测，包括施工方法试验、施工过程模拟及施工方案的优化，达到先试后建、消除设计错误、排除施工过程中的冲突及风险、对比分析不同施工方案的可行性、实现虚拟环境下的施工周期确定等目的。借助 BIM 技术结合施工方案、施工模拟和现场视频监测，大大减少建筑质量、安全问题，减少返工和整改。

（1）实施过程

第一阶段，在钢结构设计图纸的指导下，创建梁柱 BIM 模型，同时辅助完成节点深化设计。采用标准的 IFC 数据输出格式，输出相应的模型。通过鲁班土建软件的接口，导进鲁班土建软件中，完成钢柱、钢梁工程量的计算以及 3D 模型的建立，如图 5.3所示。

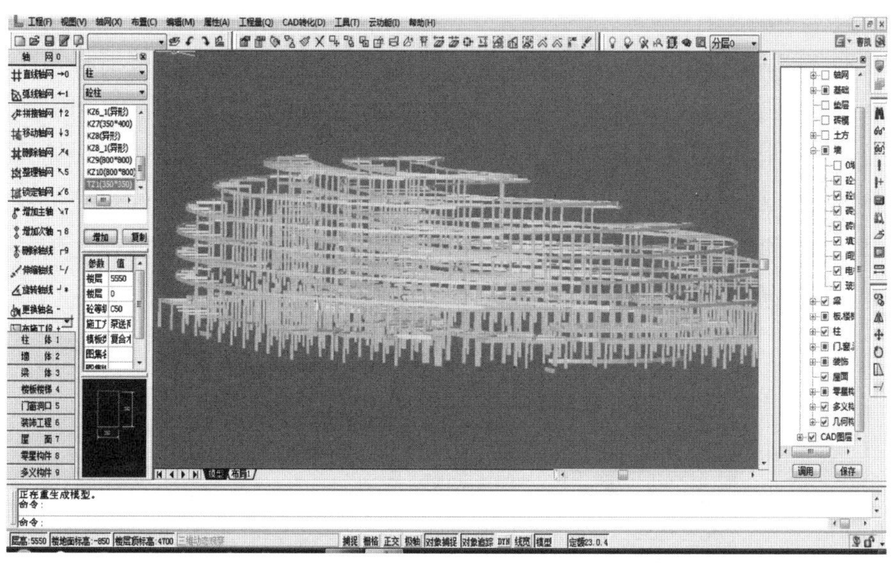

图 5.3　3D 模型

第二阶段，通过 MagiCAD 对空港项目钢结构进行二次深化设计，完成地上部分整套三维模型的 DWG 格式 MagiCAD 图纸。鲁班技术将二次深化设计好的钢结构图纸，通过数据接口导入鲁班土建软件中，形成完整的钢柱、梁、肋、节点等模型，为后续的碰撞检查、预留洞口定位奠定了坚实的基础，如图 5.4 所示。

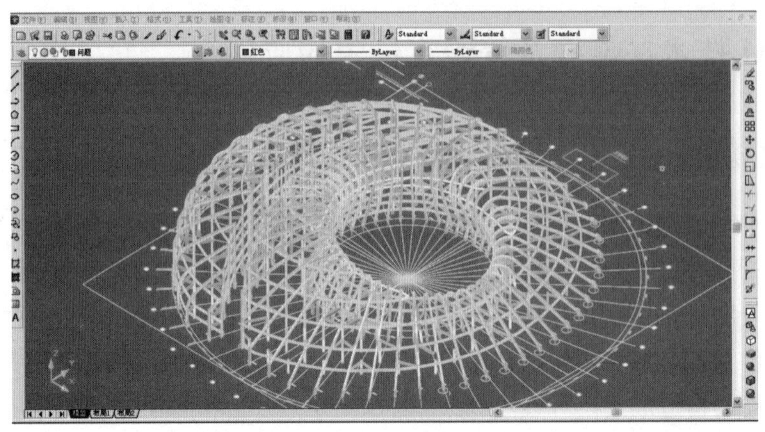

图 5.4　深化设计

（2）碰撞检查

3D 模型相较于二维图纸最大的特点是在立体空间中展示设计方案，体现 2D 图纸中看不到的碰撞。钢筋与型钢碰撞检查，是指在电脑中提前预警工程中钢筋的排布与型钢在空间上的碰撞冲突。Luban BIM Works 充分发挥 BIM 技术和云技术两者相结合的优势，利用已完成的钢结构模型以及钢筋模型，通过 Luban BIM Works 云计算功能自动查找工程中的碰撞点。

（3）方案模拟（图 5.5）

梁主筋与型钢钢筋连接器连接型钢梁柱节点，梁端部采用钢筋连接器将钢筋与型钢柱翼缘板和腹板连接，使不能通长通过的紧邻角部钢筋的内侧第一根钢筋和中部钢筋焊接在连接器上。运用 BIM 平台对此节点部位进行 3D 虚拟模型展示，根据碰撞检查：钢筋连接器的焊接部位直接影响到梁整体钢筋的绑扎和定位，对连接器的焊接位置定位要求高；节点部位钢筋连接器应该在型钢柱翼缘板和腹板上同时焊接，操作比较复杂、施工空间小，焊接质量难以保证。故本方案不可取。

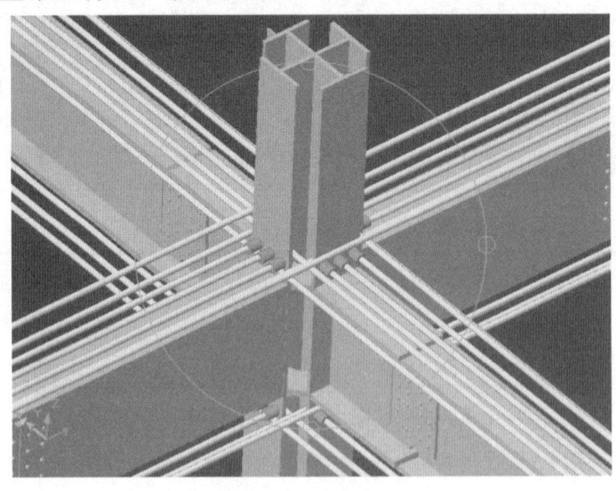

图 5.5　方案模拟

梁主筋穿过型钢柱腹板型钢梁柱节点，紧临角部钢筋的内侧第一根钢筋采取在型钢柱腹板上预留过筋孔的方法使其贯通。型钢柱腹板不是主要受力构件，但对保持型钢柱的整体刚度和稳定性起着重要作用。在型钢柱腹板上开孔时，截面的缺损率不应超过腹板面积的 25%，如开孔率过大，应考虑适当的补强措施，且腹板开孔不能采用现场火焰开孔，必须在构件加工厂采用机械式开孔，因此预留孔的定位要求十分精确。运用 BIM 平台对此节点部位进行 3D 虚拟模型展示，根据碰撞检查：型钢柱在两个方向的翼缘板之间有 80～100mm 的空隙，梁主筋直径为 25～28mm。因此在型钢梁腹板四角各预留一个直径为 33～36mm 孔，即可满足紧邻梁角部钢筋的内侧第一根钢筋通过，且能保证同一截面的开孔率不大于 25%。

此方案可满足紧邻梁角部钢筋的内侧第一根钢筋通过，梁中间 2～4 根钢筋通过在型钢梁翼缘板焊接连接板（图 5.6）使整个方案得以实施。

图 5.6　型钢梁翼缘板焊接连接板

梁主筋与型钢焊横向接板连接型钢梁柱节点，梁上下排中间 2～4 根钢筋采取在型钢柱翼缘板上焊接横向连接板连接的方式。型钢柱上附加横向连接板采用 30mm 厚同材质的钢板，宽度与柱型钢翼缘板相同，为保证横向连接板与柱型钢翼缘板的连接质量，横向连接板均在构件加工厂与柱型钢翼缘板焊接。运用 BIM 平台对此节点部位进行 3D 虚拟模型展示，根据碰撞检查，型钢柱翼缘板上横向连接板的长度取值考虑两方面因素：一是满足梁钢筋在横向连接板上的焊接长度，钢筋与横向连接板采用双面焊形式（图 5.7），焊接长度不小于 $5d$（d 为钢筋直径）；二是满足梁钢筋端部与型钢柱翼缘板之间的间距，能够让另一方向绕型钢柱的梁钢筋（图 5.8）通过。型钢混凝土梁高度为 1000mm，其内包裹的型钢骨架高度为 700mm。翼缘板和横向连接板间预留 40mm 间距，使其垂直方向绕型钢柱梁钢筋通过。横向连接板厚度为 30mm，上下横向连接板距上下梁边各有 80mm 用于处理梁上下排钢筋与型钢柱翼缘板的连接及箍筋绑扎，故横向连接板的位置距型钢梁钢骨架上下各 40mm。

图 5.7　钢筋与横向连接板采用双面焊形式

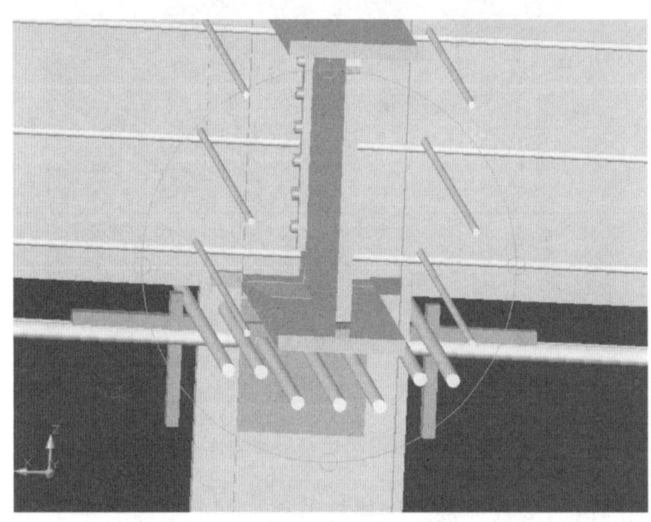

图 5.8　绕型钢柱的梁钢筋

运用 BIM 平台，对型钢构件孔洞预留及横向连接板焊接提供准确的定位，并指导钢筋下料。在满足规范要求的同时，解决了梁主筋无法穿过型钢构件贯通的问题。

柱主筋与型钢焊接竖向板连接型钢梁柱节点，无法通过梁翼缘板的柱主筋亦采取在型钢梁翼缘板上焊接竖向连接板连接的方式。运用 BIM 平台对此节点部位进行 3D 虚拟模型展示，根据碰撞检查：竖向连接板的长度满足柱钢筋在连接板上的焊接长度，钢筋与竖向连接板采用双面焊形式，焊接长度不小于 $5d$（d 为钢筋直径）。型钢混凝土柱截面尺寸为 950mm×950mm，其内包裹的型钢骨架截面尺寸为 524mm×524mm，竖向连接板与型钢柱翼缘板留有 40mm 的间距以保证其垂直方向绕型钢梁柱钢筋通过，连接板厚度为 30mm，剩余 143mm 距离处理柱主筋与竖向连接板焊接及箍筋的连接。故竖向连接板的位置应为距离型钢柱翼缘板 40mm。

柱箍筋碰撞检查型钢混凝土梁柱节点部位型钢梁有十字形梁（图 5.9）和箱形钢梁（图 5.10）两种形式，箍筋的尺寸由型钢柱主筋位置和型钢柱翼缘板外侧的栓钉决定，对柱箍筋在节点部位的下料和施工要求高。运用 BIM 平台对此节点部位进行 3D 虚拟模型展示得出以下结论：

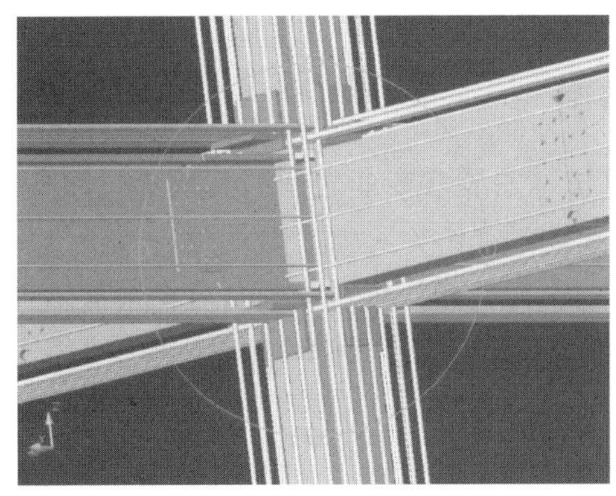

图 5.9　十字形梁

图 5.10　箱形钢梁

型钢柱在同一截面上使用四种不同形式的箍筋，其中内部两个矩形箍筋紧贴柱型钢翼缘板外侧，而型钢柱翼缘板外侧满布栓钉。矩形箍筋如果按照设计图进行加工则无法安装，因此应调整矩形箍筋的肢距，使箍筋能够顺利安装。梁箍筋形式与柱箍筋形式基本相似，施工时采取相同做法。型钢混凝土柱的箍筋在原设计图中为封闭箍筋，但在梁柱节点部位（图 5.11），柱箍筋要穿过型钢梁腹板，封闭箍筋无法安装。因此为满足柱箍筋的安装要求，需在型钢梁的腹板上开过筋孔使柱箍筋穿过，且在穿型钢梁时要将封闭箍筋改为 U 形箍筋。柱箍筋安装后在搭接位置焊接 $10d$（d 为箍筋直径）以满足搭接要求。

图 5.11　节点部位

基于 BIM 技术的三维模型，所有的构件都是参数化的，从而构成了完整的 3D 模型。在梁柱施工之前用虚拟模型将每个梁柱节点部位完整地展示出来。对梁柱节点部位施工难点及潜在问题进行预测，包括施工方法试验、施工过程模拟及施工方案的优化，达到先试后建、消除设计错误、排除施工过程中的冲突及风险、对比分析不同施工方案的可行性、实现虚拟环境下的施工周期确定等目的。采用 BIM 技术结合施工方案、施工模拟和现场视频监测，大大减少建筑质量、安全问题，减少返工和整改。借助 BIM 技术为我们提供的 3D 模型，可通过材料赋值、设置灯光和场景得到十分逼真的渲染效果图，通过剖切形体自动获得剖视、断面图，从任意方向和角度观察物体的各个局部，展示了 2D 图纸所不能给予的视觉效果和认知角度，为有效控制施工提供了有力支持。

5.4.2 采用 BIM 技术精确定位管线预留洞

采用 BIM 技术自动检测并定位预留洞，将机电安装各专业之间的管线穿过结构之间的碰撞定位报告输出，结合 3D 可视化排布效果，对相关的施工人员进行三维交底，现场技术人员根据三维直观报告进行现场预留洞定位控制，避免因为疏忽而造成遗漏，同时也能为后期开孔提供定位依据，避免返工浪费，提高工作效率、节约工期。

预留洞口定位报告如图 5.12 所示。

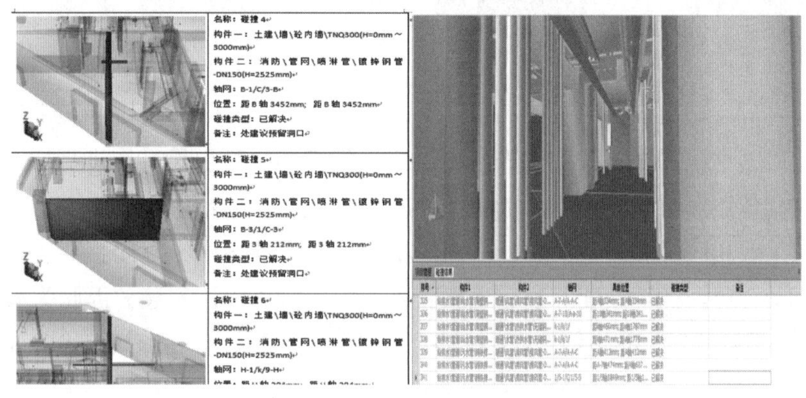

图 5.12　预留洞口定位报告

空港项目地下室面积为 22282m²，管线排布错综复杂，利用 BIM Woks 总共发现预留洞 256 个，经安装技术人员确认，空调水管预留洞 93 个、给排水管预留洞 160 个、桥架预留洞 3 个。现场混凝土浇捣时，安装技术人员利用预留洞口报告中各种管线的尺寸、标高等构件信息，复核现场预留洞口的平面位置以及标高，确保预留洞口位置的准确。

例如，给水管穿过混凝土外墙，现场预留洞口与模型对比如图 5.13 所示。

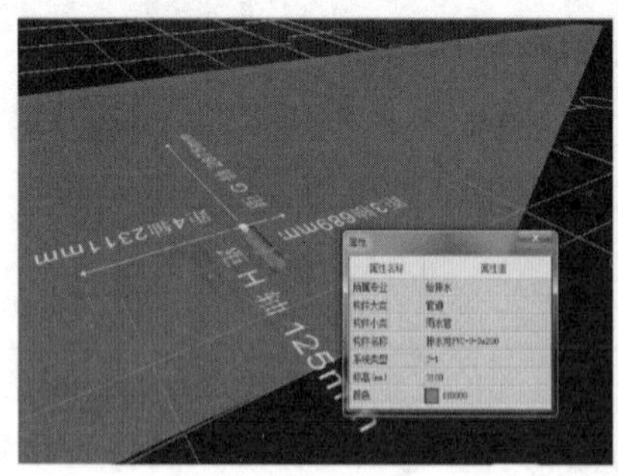 

图 5.13　模型对比

5.4.3 BIM 技术在管线综合排布中的应用

传统的管线综合是将各专业的 CAD 电子图叠放在一起，画出局部 2D 剖面图。空港项目利用 BIM 技术，在 3D 可视化状态下，在 BIM Woks 平台中进行自动查找安装与结构专业的碰撞冲突部位，以模型和报告的形式进行项目技术交底，然后进行二次深化设计、调整管道走向，极大地缩短工期、提高质量、提高工作效率（图 5.14～图 5.16）。

图 5.14 管线综合排布优化

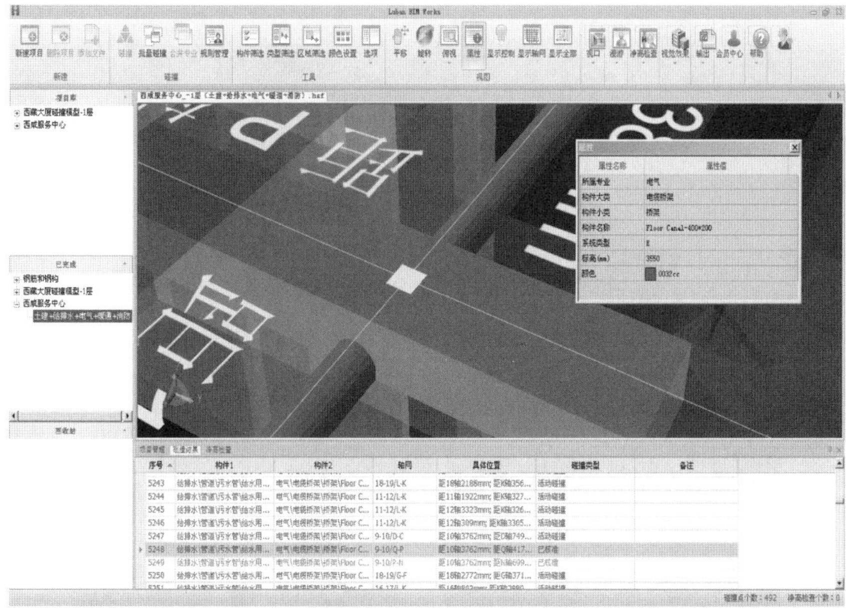

图 5.15 电缆桥架与给排水管道相互碰撞

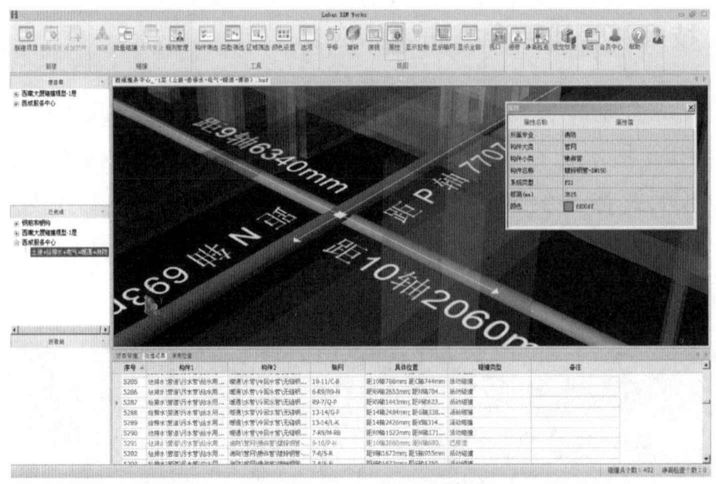

图 5.16　消防管网与给排水管道相互碰撞

5.5　BIM 技术在异型多牛腿曲面肋梁数字虚拟安装中的应用

异型多牛腿曲面肋梁结构形状复杂，存在加工难、空间安装定位难的特点。利用BIM平台，建立异型多牛腿曲面肋梁的3D模型，在3D模型中添加时间维度，对异型多牛腿曲面肋梁组合结构体系在计算机中进行三维空间数字虚拟安装，提前预知复杂施工部位在安装时可能发生的问题，改进施工方案，规避风险，从而达到节约成本、提高施工安全性的目的（图 5.17～图 5.19）。

图 5.17　球面曲肋与环梁拉梁节点 3D 模型

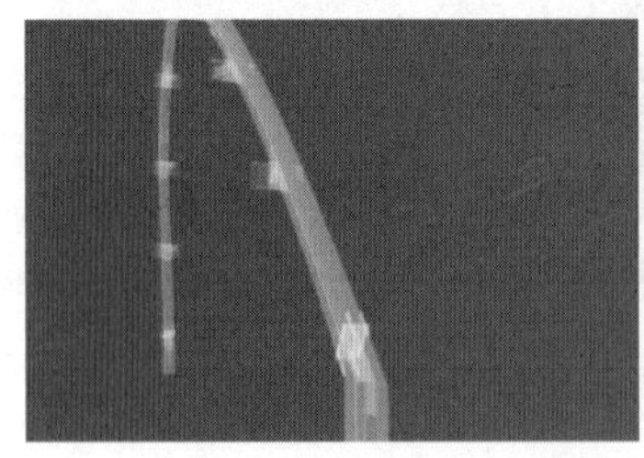

图 5.18　异型多牛腿曲面肋梁 BIM 模型及实体对照图

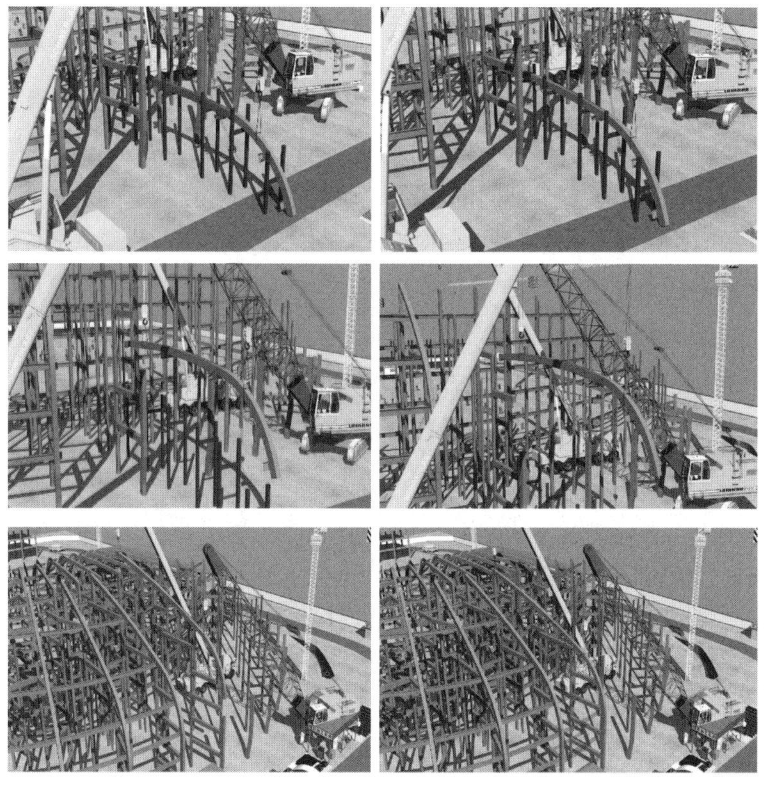

图 5.19 异型多牛腿曲面肋梁数字虚拟安装

5.6 BIM 技术在施工过程力学仿真分析中的应用

5.6.1 钢结构施工中的力学问题

随着我国综合国力的提高和经济的发展，钢结构应用越来越广泛，且正朝着超高、大跨、异型的方向发展，目前世界上超高钢结构、特大跨钢结构和造型奇特的钢结构项目绝大部分在我国，这一方面使得我国在钢结构建筑方面屡屡获得世界第一的美誉，另一方面也使得钢结构的施工面临前所未有的挑战。复杂大跨度空间结构在结构施工阶段的受力状态和变形方式与设计状态的差别越来越大，施工过程越来越复杂，按传统方式根本无法完成施工。由于对这种差异的认识不足，施工过程中发生的重大事故屡见不鲜，施工过程中的力学问题越来越受到广泛的关注。因此，如何安全施工是摆在施工技术人员面前的一个重大问题。

钢结构施工说到底就是一个从构件到部件再到结构的完善过程，理论分析就是在各种条件下对这个过程进行强度、刚度和稳定的分析，它的难度在于这个过程不是唯一的，且影响因素众多。施工“路径”和方式对复杂大跨度空间结构的建造过程以及最终成型的竣工状态都有很大影响，与一次成型的设计状态下的分析结果有较大差别，需在结构设计和施工中加以考虑。因此，对复杂大跨度空间结构施工过程力学分析理论的进一步研讨和拓展，不仅具有理论意义，而且有重要的实用价值。

传统的结构设计理论只对使用阶段的结构在不同荷载工况及其组合作用下的效应进行分析，以此来保证建筑结构的安全性和适用性。然而，一个建筑在从设计、施工直到最终的交付使用过程中，经历了多个不同的阶段，每个阶段都对应着不同的位形和受力模式。传统结构设计中的计算模式是这样的：一次性建立结构计算模型，荷载也是一次性施加在结构上的，在此基础上对结构进行计算分析。而在实际工程中，结构的构件都是按照一定的施工顺序进行安装的，结构的成型是一个随时间而发生变化的过程，荷载也不是一次性施加在结构上，因此结构在施工阶段的受力状态和变形方式会和设计状态存在一定的差别。

本工程结构采用的是钢骨混凝土混合结构，结构中既有钢结构构件，也有钢骨混凝土构件和混凝土构件。这样在施工钢骨时，由于有些梁是混凝土的，没有设置钢骨，造成钢骨在施工阶段不能形成一个稳定的闭合结构体系，施工过程中存在大量的独立悬臂柱和单片框架。特别是由于在前期安装过程中混凝土楼板及梁未施工，弧形钢肋在施工时没有在楼板位置和环梁连接，造成跨度比设计状态增大很多，由设计状态的 7～9m 增加到 40m，给弧形钢肋以及整体钢骨架在施工阶段带来了显著的强度和稳定问题。

5.6.2 算法概述

根据施工顺序，采用大型有限元分析软件进行施工阶段模拟分析，计算模型为一整体模型，按照施工步骤将结构构件、支座约束、措施构件、荷载工况划分为多个组，按照施工步骤、工期进度进行施工阶段定义，程序按照控制数据进行分析。在分析某一施工步骤时，程序将冻结该施工步骤后期的所有构件及后期需要加载的荷载工况，仅允许该步骤之前完成的构件参与运算。例如第一步骤的计算模型，程序冻结了该步骤之后的所有构件，仅显示第一步骤完成的构件，参与运算的也只有第一步骤的构件；计算完成显示计算结果时，同样按照每一步骤完成情况进行显示。计算过程采用累加模型（分步建模多阶段线性叠加法）的方式进行分析，得到每一阶段完成状态下的结构内力和变形，在下一阶段程序会根据新的变形对模型进行调整，从而可以真实地模拟施工的动态过程。

本项目利用 BIM 平台转换 3D 力学分析模型，对两个备选施工方案进行了施工全过程力学仿真分析，从结构受力的角度出发优选施工方案，以此来修正施工方案中存在较大安全、质量隐患的部分，并使施工方案能够切实、准确地指导实际施工，保证施工全过程的安全。

5.6.3 施工全过程力学仿真分析

施工方案一：施工过程中除南半球内环斜柱采用钢管措施进行支撑外，不增加任何其他措施构件。施工顺序如下：先施工北半球，再施工南半球；先施工垂直钢骨柱和与其相连的钢骨梁，再施工钢肋；在每个半球中均由中部的 R1 和 R24 轴线的钢肋开始，向两边对称施工钢肋。

施工方案二：施工过程中除南半球内环斜柱采用钢管措施进行支撑外，再在一些钢肋托梁下增加支撑，并将南北半球通过施工措施构件连接起来，使先完成的北半球成为南半球施工过程中的稳定依靠；增加一些型钢梁将钢骨柱连接起来，形成整体框架受力，增强施工状态下钢骨体系的稳定性和刚度；在南半球跨度较大的钢肋下设置撑杆，减小其下挠变形。施工顺序如下：先施工北半球，再施工南半球；先施工垂直钢骨柱和与其相连的钢骨梁，再施工钢肋；在每个半球中均由中部的R1和R24轴线的钢肋开始，向两边对称施工钢肋。

（1）力学分析模型（图5.20～图5.24）

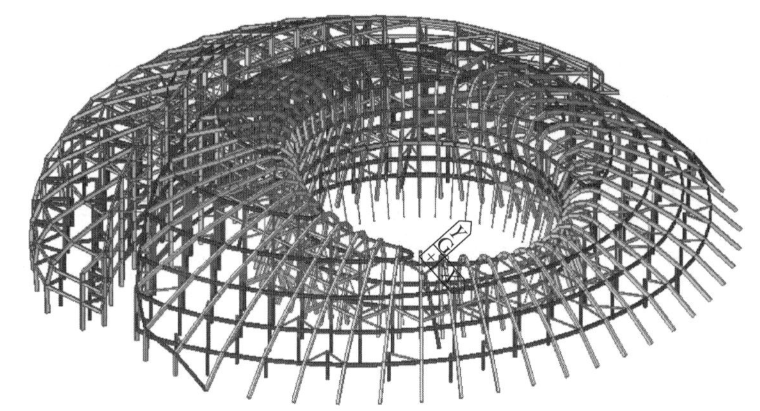

图5.20　基于BIM模型转化的力学分析模型（整体图）

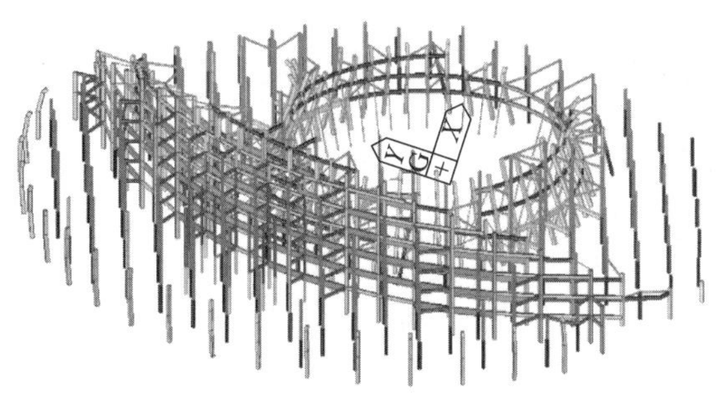

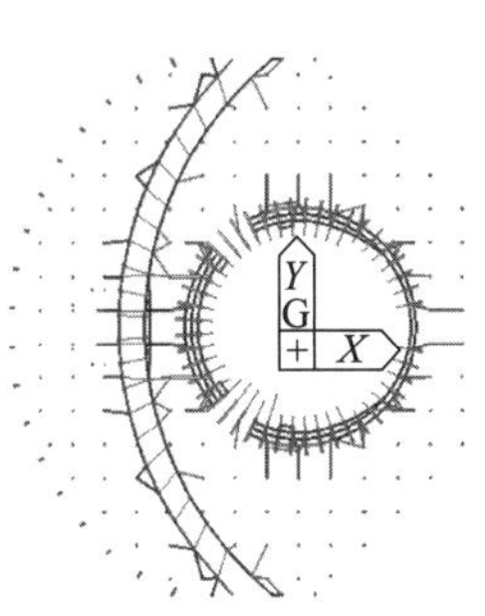

图5.21　阶段1

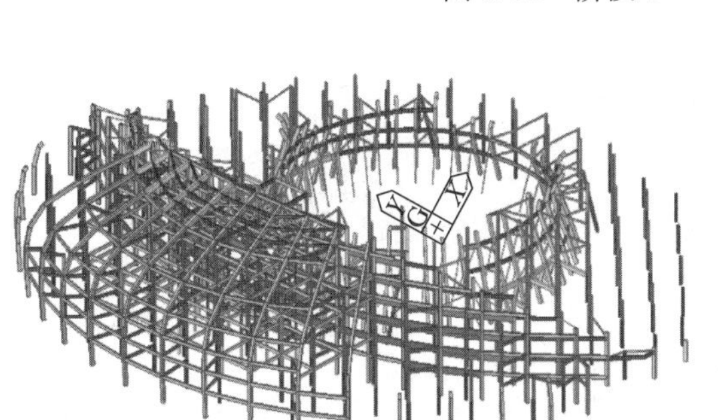

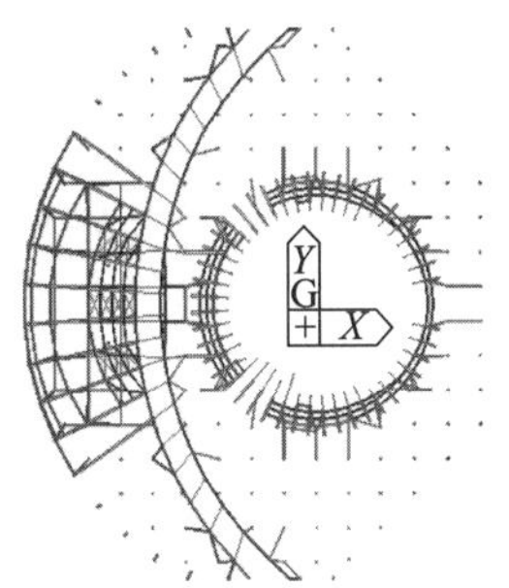

图5.22　阶段6

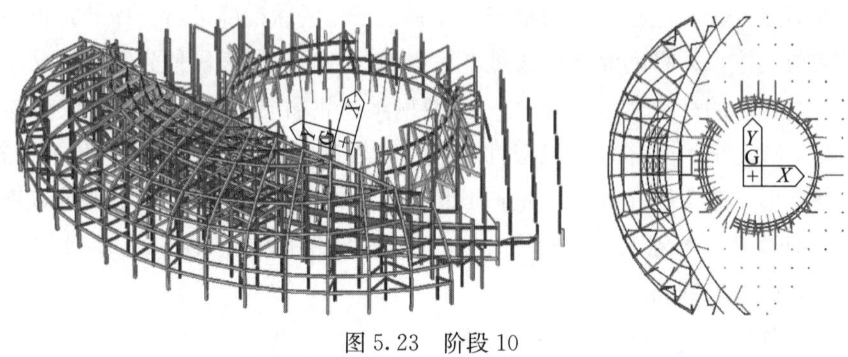

图 5.23　阶段 10

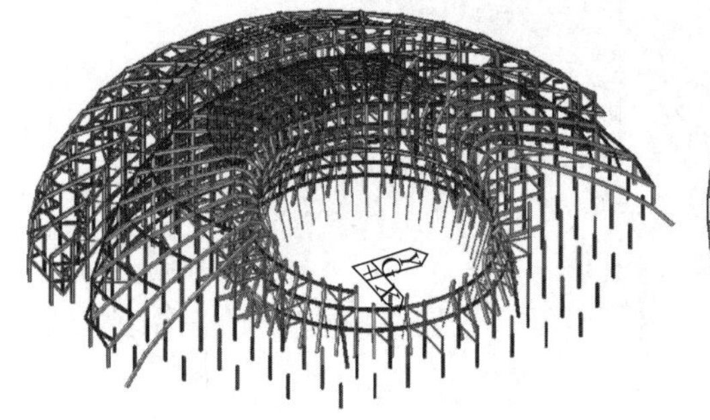

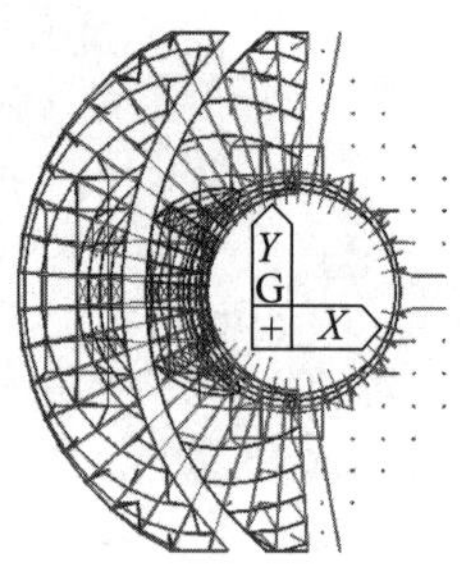

图 5.24　阶段 24～26

（2）分析结果（图 5.25～图 5.28）

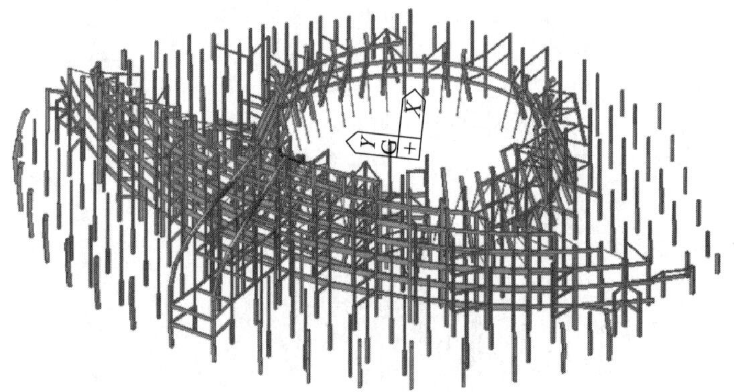

图 5.25　某施工阶段结构 Z 向位移图（一）

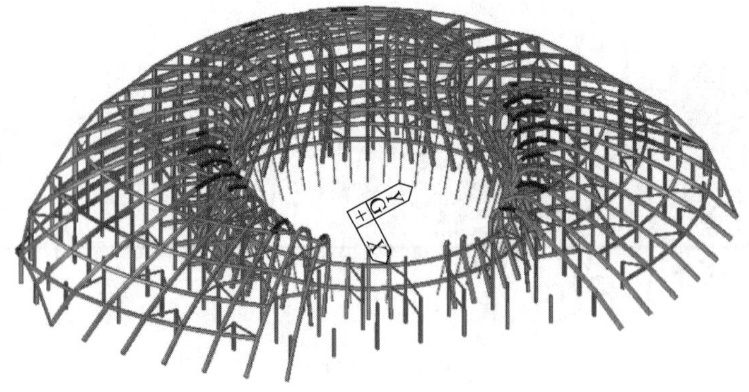

图 5.26　某施工阶段结构 Z 向位移图（二）

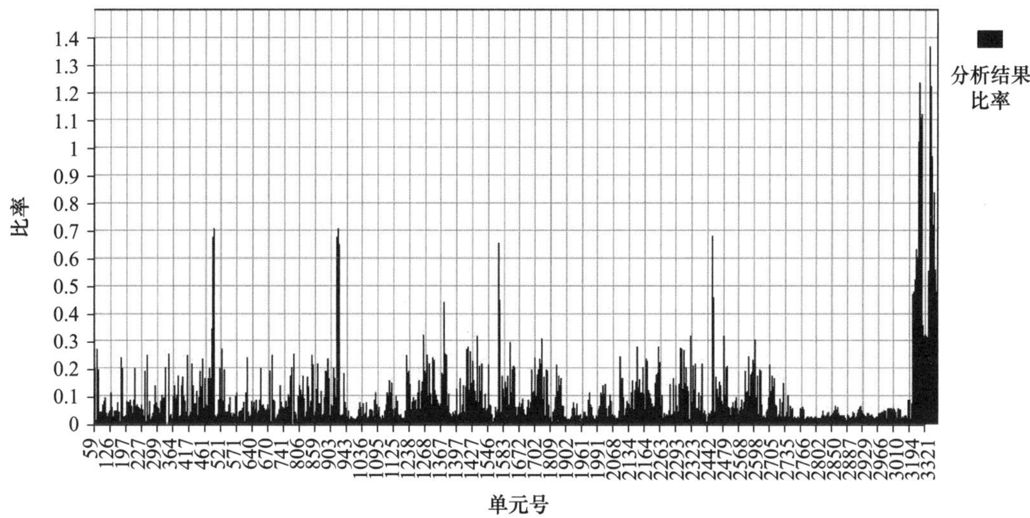

图 5.27 方案一结构杆件稳定验算应力比曲线

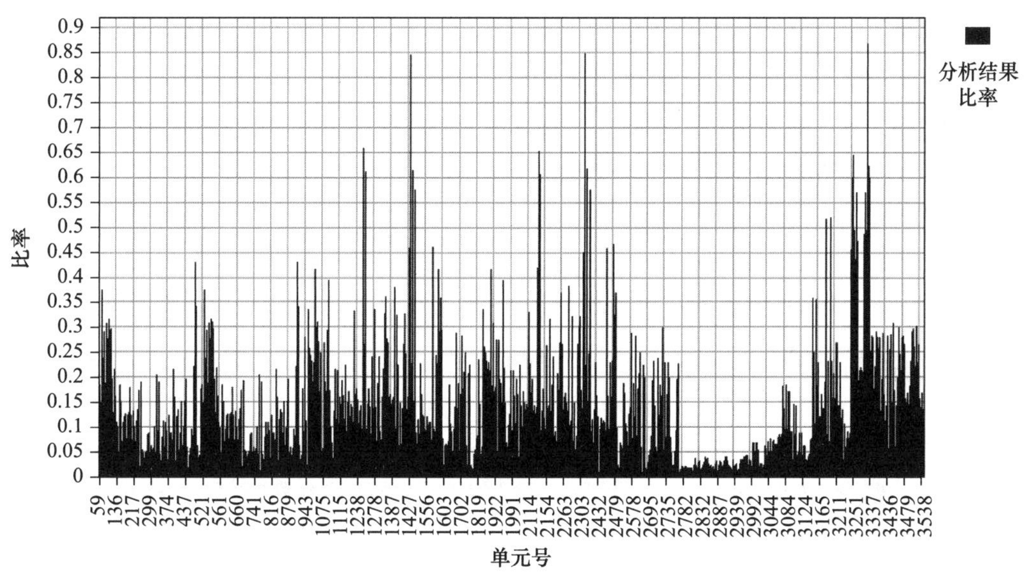

图 5.28 方案二结构杆件稳定验算应力比曲线

5.6.4 基于施工力学仿真分析的方案优选

由施工过程力学模拟分析可以看出，方案一除内环处加钢管支撑外，其余地方不设施工支撑和措施，结构在施工中以及完成后的变形较大。施工过程中构件主要受自重荷载作用，因此强度应力不大，但在做稳定计算后，部分杆件稳定应力比超标，其主要原因是结构在施工过程中没有形成稳定闭合的结构体系，存在许多独立悬臂柱和单片框架，其平面外（内）的计算长度及长细比较大，从而造成稳定承载力较低。

为了改善这种状况，需要在结构施工过程中增加部分施工措施构件或临时支撑，并且在一些适当的部位增加钢骨梁，将原有离散的钢骨联系起来形成整体受力，从而增强施工状态下不利杆件的稳定承载力，保证施工过程的安全。根据方案一的计算结论提出在不利位置设置施工临时支撑的施工方案二，并对方案二也进行了施工全过程力学仿真分析。由分析可得在结构施工过程中增加部分施工措施构件或临时支撑，并且在一些适当的部位增加钢骨梁，可以将原有离散的钢骨联系起来形成整体受力，从而增强施工状态下不利杆件的稳定承载力，保证施工过程的安全。同时采取这些措施也可以明显增强结构在施工过程中的刚度，减小变形，使结构整体变形控制在规范允许的范围内。因此，钢骨施工方案二是可行的。

5.7 BIM 技术在项目成本管理中的应用

5.7.1 应用 BIM 技术准确进行工程量控制

在 BIM 建模过程中有一项重要工作就是套取清单定额。因为在 BIM 模型创建完成后，工程量已经可以准确、自动地计算出来。空港保税区项目跟建设方结算使用的是 2008 版建设工程工程量清单，而跟内部成本控制和分包结算使用的是陕西 2004 定额。这就要求 BIM 模型提供不同的工程量以满足现场管理的需求。针对这一点，空港保税区项目利用 BIM 技术具体做法如下。

(1) 一模多用，提供不同需求的工程量

BIM 模型创建完成后，空港项目 BIM 团队利用 BIM 软件内置的清单以及不同地区的定额和计算规则（图 5.29），快速计算所需要的工程量。例如：因计划部门涉及最后与业主的结算，需要按照全国 2008 清单和计算规则来计算工程量，通过组价以后，形成整个项目的工程造价。因此在工程设置中可以选择相应的清单或定额进行切换。

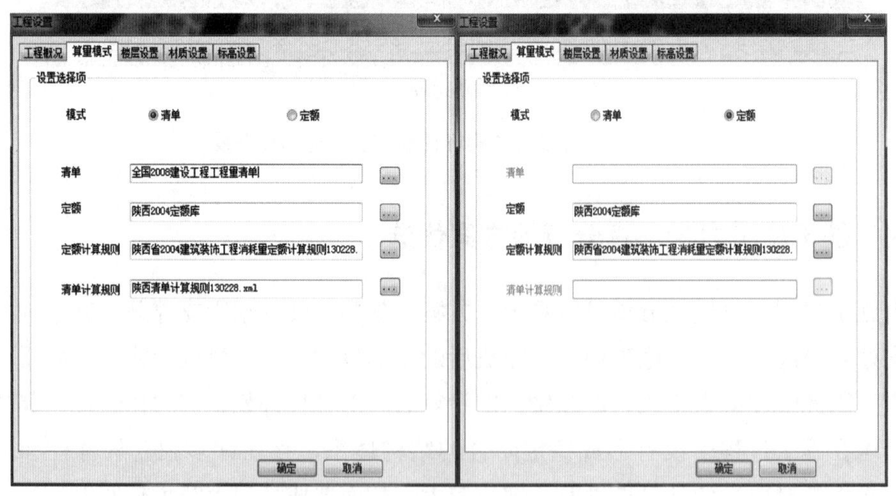

图 5.29 BIM 模型提供的清单模式或定额模式

在空港保税区项目 BIM 模型使用过程中，发现工程量除满足对建设单位以及分包单位的需求外，还需要为实际施工管理提供工程量。例如：楼梯混凝土工程量在清单和定额规范中按投影面积计算，单位是平方米（m^2）；而实际施工中，需要准确计算混凝土的浇筑量，单位是立方米（m^3）；BIM 的价值在这里得到了充分的体现，在 BIM 模型中这两种工程量可以快速自动提供，而不需要烦琐的手工计算。例如：通过 BIM 模型自动计算，空港保税区项目一层 3－4/E 轴 1、2 号楼梯，按 2008 清单，它的工程量为 9.962m^2，而按现场需要的工程量为 2.388m^3（图 5.30）。

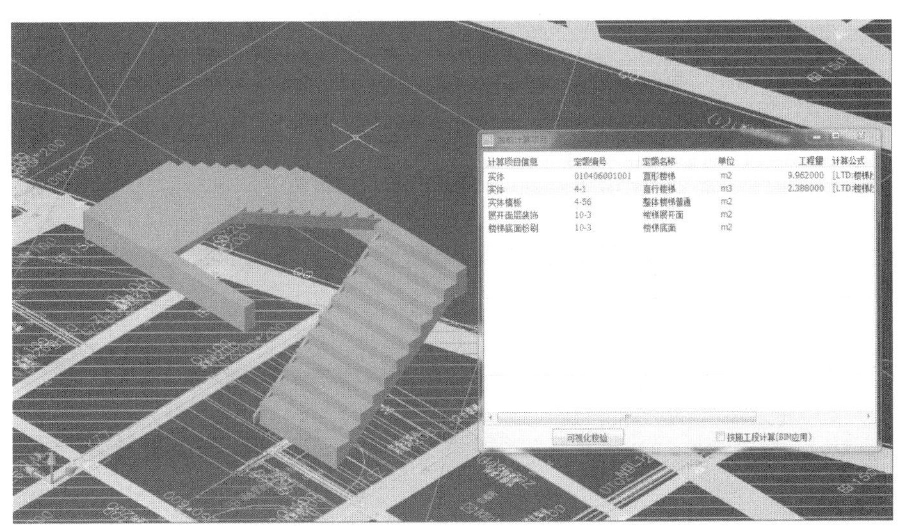

图 5.30　1 层 3－4/E 轴 1、2 号楼梯工程量

（2）云检查功能，提高工程量准确性

空港保税区项目应用 BIM 技术可以把工程量误差控制在±0.9%之内。BIM 模型建立的准确性直接影响工程量计算的准确性。在空港保税区项目除了制定《BIM 模型审核标准》来检查模型建立的准确性外，还利用了云模型检查功能，通过后台服务器集成的专家知识库，利用云计算自动查找模型的准确性，主要包括属性合理性、建模遗漏、建模合理性等几个方面。在云模型检查中，共发现因设计、建模等多种不确切因素造成 200 多处确定错误，以及 10 多处疑似错误。发现错误后还可以快速进行定位，找到国家相关规范和依据（图 5.31、图 5.32）。

（3）工程量快速统计，满足随时随地的工程量要求

BIM 模型准确性检查完成后，就可以根据项目管理需求快速提供准确的工程量（图 5.33）。可以按层、按构件大类、按施工段、按房间、按时间、按清单或定额编号等各种需求快速统计工程量，同时，通过相关工程量可以快速反查到关联的 BIM 模型，为后续成本管理提供有效的支撑。例如：三层框架梁 YKL3（6）工程量为 26.7m^3，通过反查可以快速查找到其所在 BIM 模型的位置。

图 5.31　云模型检查发现的错误

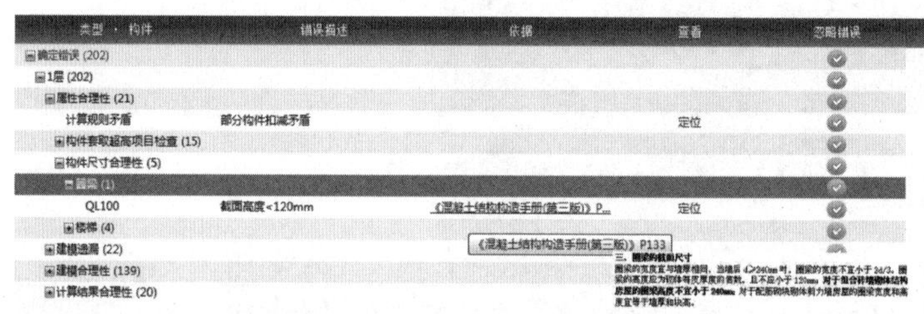

图 5.32　云模型检查发现的一层圈梁问题

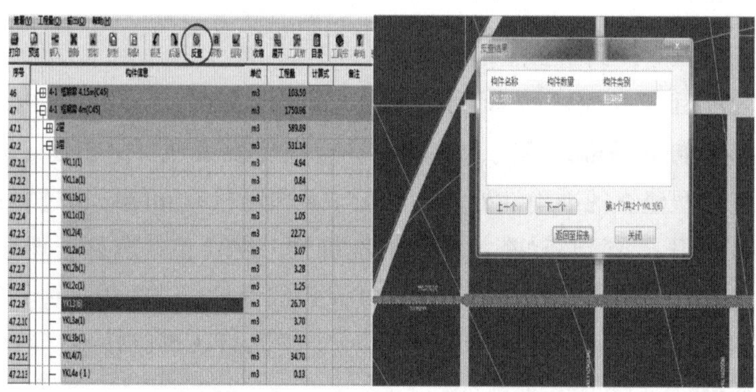

图 5.33　工程量与 BIM 模型对应

5.7.2　应用 BIM 技术准确提供材料计划

材料费用占到整个项目成本的 65%。因此，如何进行精细化的材料管理，是项目成本管理中的重中之重。空港保税区项目目前在材料管理中应用了 BIM 技术，能够提供精确的材料计划量。应用 BIM 技术，材料计划的准确性提高了 80%以上，具体应用如下。

在钢筋采购计划中，项目在原有“材料计划单”中要求的材料名称、规格、单位和数量的填写项外，同时要求申报人员填写时增加所需采购钢筋的使用位置。在签字审批时增加 BIM 模型核对的审批环节，有效保证了钢筋材料计划的准确性，避免因材料计划不准确而影响施工。例如：在项目地下一层施工的时候，整个地下室钢筋用量将近 3000t，分为 6 个施工区段。作业工班在分批提计划的时候，每次注明该批次钢筋用在地下一层哪个区段，几轴到几轴位置，以及具体是柱、墙、梁、板哪些构件。这样在提交计划的时候，项目 BIM 团队可以快速在 BIM 模型中进行审核，甚至可以细化查询到单个构件（例如承台）的钢筋各规格型号的用量（图 5.34、图 5.35）。

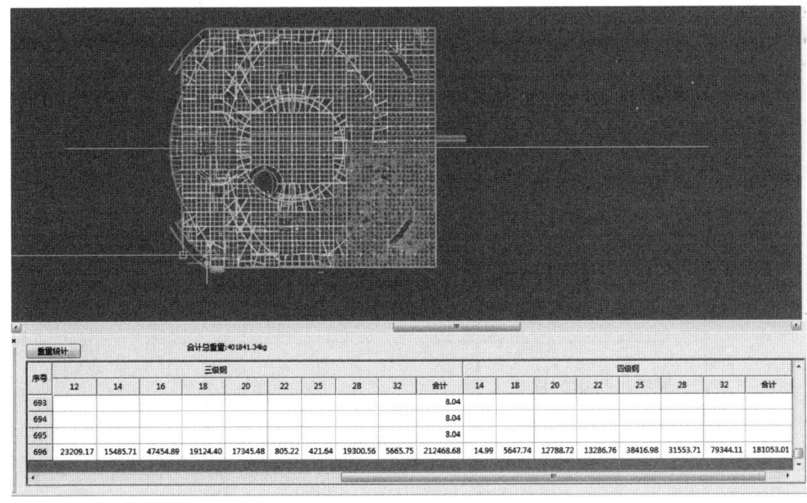

序号	三级钢										四级钢							
	12	14	16	18	20	22	25	28	32	合计	14	18	20	22	25	28	32	合计
693										8.04								
694										8.04								
695										8.04								
696	23209.17	15485.71	47454.89	19124.40	17345.48	805.22	421.64	19300.56	5665.75	212468.68	14.99	5647.74	12788.72	13286.76	38416.98	31553.71	79344.11	181053.01

图 5.34　1 号区钢筋用量

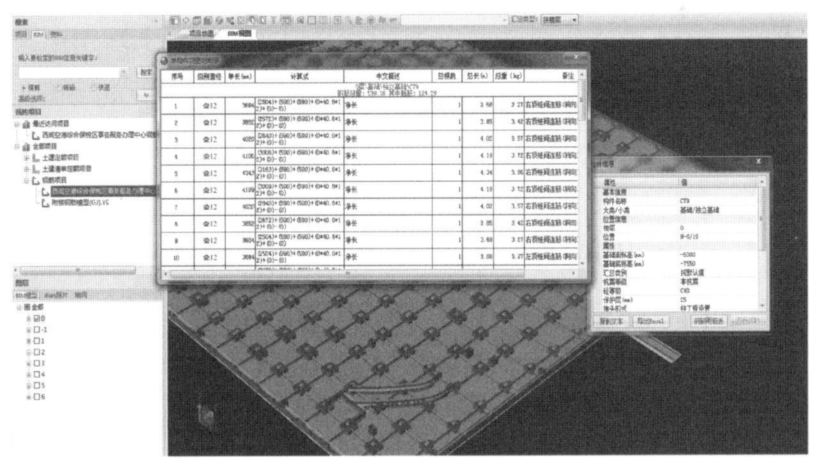

图 5.35　CT9 承台各规格钢筋用量

钢筋计划用量经审核后，交给材料人员综合考虑目前市场单价、运输成本等因素进行采购。特别是对用量较小或者特殊规格的钢筋，本次采购计划达不到一定数量时，可以快速在 BIM 模型中检查后续施工是否会使用该规格钢筋。如果后续用不到，则必须按实采购，避免多采购造成浪费。如果后续施工会继续使用，可以查询后续的用量，进行一次采购。例如：本项目 C6 钢筋总用量仅为 619kg（图 5.36），根据 BIM 模型快速反查，主要是用在每层楼梯位置。根据这种情况，就可以制定 C6 钢筋采购计划，是用其他规格钢筋替换，还是一次性采购（图 5.37）。

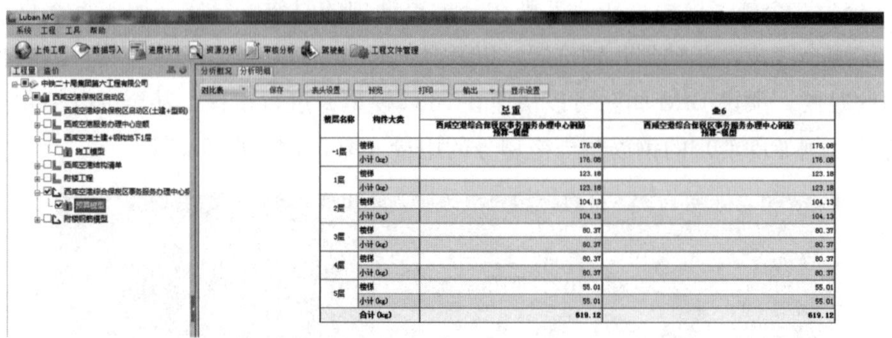

楼层名称	构件大类	总重 西咸空港综合保税区事务服务办理中心钢筋预算-模型	⌀6 西咸空港综合保税区事务服务办理中心钢筋预算-模型
-1层	楼梯	176.08	176.08
	小计(kg)	176.08	176.08
1层	楼梯	123.18	123.18
	小计(kg)	123.18	123.18
2层	楼梯	104.13	104.13
	小计(kg)	104.13	104.13
3层	楼梯	80.37	80.37
	小计(kg)	80.37	80.37
4层	楼梯	80.37	80.37
	小计(kg)	80.37	80.37
5层	楼梯	55.01	55.01
	小计(kg)	55.01	55.01
	合计(kg)	619.12	619.12

图 5.36　快速查找 C6 的三级钢整个工程用量

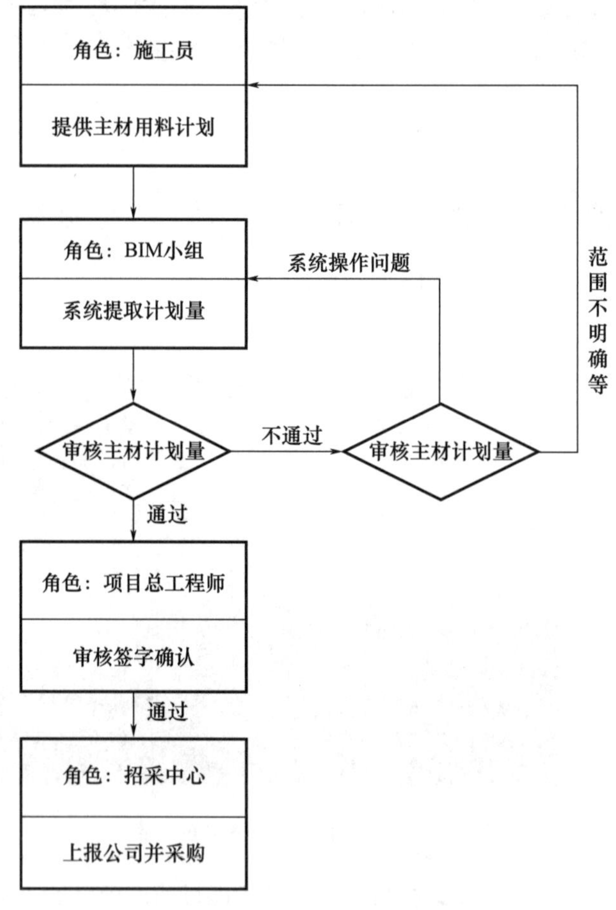

图 5.37　应用 BIM 技术后的材料采购流程

项目除了钢筋，其他材料管理都通过BIM技术进行审核和管控，在现有的管理流程中加入BIM技术的应用，最终形成固化的管理流程。

5.7.3　应用BIM技术进行两算对比

在施工过程中，为了避免预算成本和实际成本出现较大偏差，应用BIM技术在两算对比中起到预警作用。空港项目BIM应用在两算对比中可以分为三个层级：一是材料计划用量和实际用量的对比，二是各阶段对上计划收入和对下预算成本的对比，三是项目计划成本和实际成本的对比。

在空港保税区项目，材料计划用量和实际用量的对比分为三个阶段进行：第一个阶段是±0以下部分进行对比，第二个阶段是一至三层进行对比，第三个阶段是四至七层进行对比。通常，在结算时发现材料实际用量超过图纸用量，但不知道具体材料浪费在什么地方。在本项目两算对比中，分三步进行：第一步，从BIM模型中提取±0以下部分钢筋用量（图5.38），按规格进行分类汇总；第二步，对±0以下部分钢筋实际采购量按照不同规格进行分类汇总；第三步，把计划钢筋用量和实际钢筋用量进行对比分析。

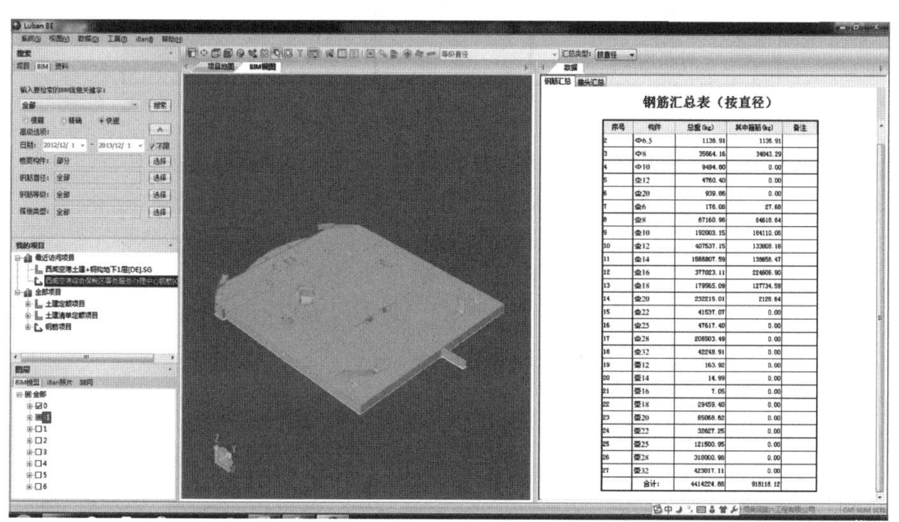

钢筋汇总表（按直径）

序号	构件	总重(kg)	其中箍筋(kg)	备注
2	Φ6.5	1136.91	1136.91	
3	Φ8	35664.16	34043.29	
4	Φ10	9494.80	0.00	
5	Φ12	4760.40	0.00	
6	Φ20	939.86	0.00	
7	Φ6	176.08	27.68	
8	Φ8	87160.96	84618.64	
9	Φ10	192003.15	184110.06	
10	Φ12	407537.15	133808.18	
11	Φ14	1586807.59	138656.47	
12	Φ16	377023.11	224606.90	
13	Φ18	179565.09	127734.59	
14	Φ20	232215.01	2128.84	
15	Φ22	41537.07	0.00	
16	Φ25	47617.40	0.00	
17	Φ28	206503.49	0.00	
18	Φ32	42248.91	0.00	
19	Φ12	163.92	0.00	
20	Φ14	14.99	0.00	
21	Φ16	7.05	0.00	
22	Φ18	29459.40	0.00	
23	Φ20	85068.62	0.00	
24	Φ22	32627.25	0.00	
25	Φ25	121500.95	0.00	
26	Φ28	318000.98	0.00	
27	Φ32	423017.11	0.00	
	合计：	4414224.88	918118.12	

图5.38　空港项目±0以下部分钢筋用量

可能出现以下几种问题：

一是实际钢筋质量超过计划钢筋质量，原因可能是钢筋送货存在短斤缺两，或者现场钢筋存在飞单情况等；二是实际钢筋用量少于计划用量，这说明现场钢筋控制在合理范围内，也有可能是通过优化节约了钢筋，或者是用量未严格按规范执行等。由以上对比及时发现问题，项目部及时查找原因并落实整改，避免后续出现类似情况。

对各阶段对上计划收入和对下预算成本对比，跟材料的两算对比的方法基本相同。只不过实际成本的归集比较困难，需要企业信息化系统的支持，对人、材、机等费用进行统计和归集。应用BIM技术可以使所有数据细化到构件级，这样无论实际成本如何归集，在BIM模型中都可以对应统计。对内部预算成本，利用企业定额，可以使成本测算更加准确。应用BIM技术后的两算对比流程如图5.39所示。

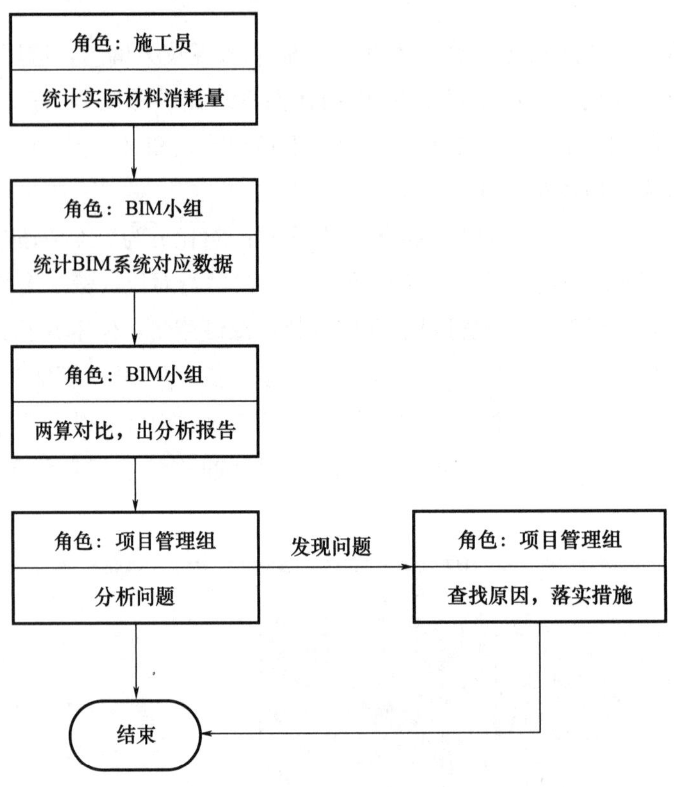

图5.39　应用BIM技术后的两算对比流程

5.7.4　应用BIM技术进行对下计量审核

空港保税区项目采用多个专业工班施工，每月进度款的支付以及最终结算都涉及对下计量审核。通常情况各工班为了多申请劳务费用，会虚报实际完成工程量。利用BIM技术进行对下计量审核后，各工班完成的工程量可以通过Excel表格导入BIM模型，生成BIM模型工程量与实际工程量对比分析报告。对偏差进行调整，保证各专业劳务工班计量审核工作快速、准确完成。

对各劳务工班结算时经常出现的扯皮情况，往往是过程中频繁的设计变更以及大量工作签证造成的。由于间隔时间太长，资料较多，现场施工人员撤离，预算人员调整等因素，结算时，无法验证各劳务工班提交结算的准确性及合理性。因此利用BIM技术，在施工过程中随时关联变更和签证单，涉及多个劳务工班的情况，通过BIM模型中施工段划分，对各劳务工班完成的工程量进行准确划分，这样随着过程中完善和积累的结算资料，在结算时，可以有效控制劳务工班扯皮和高估冒算的情况（图5.40）。

序号	项目编号	项目名称	计量单位	工程量	
				西咸空港土建+钢构地下1层 施工-模型	西咸空港土建+钢构地下1层 施工-支付
1		3.砖石			
2		1.砌砖			
3	3-37	承重粘土多孔砖墙200	m3	107.41	124.44
4	3-38	承重粘土多孔砖墙300	m3	30.15	40.05
5	3-48	外墙保温	m2	559.88	593.25
6		4.混凝土及钢筋混凝土工程			
7		1.混凝土及钢筋、埋件			
8	4-1	圈梁	m3	3.52	3.50
9	4-1	地梁	m3	59.83	60.11
10	4-1	坡道底墙300	m3	4.33	4.33
11	4-1	基础垫层 地梁	m3		
12	4-1	基础垫层 砼条基	m3	0.27	0.27
13	4-1	基础承台	m3	445.21	446.25
14	4-1	基础承台垫层	m3		
15	4-1	底板防水保护层	m3	150.95	151.02
16	4-1	异形柱	m3	0.88	0.88
17	4-1	异形柱C50 5m	m3	9.73	9.73

图 5.40　对劳务工班进行审核

5.7.5　应用BIM技术进行进度产值分析

空港保税区项目应用BIM技术，在3D模型中关联时间进度，包括计划开始时间和完成时间、实际开始时间和完成时间。计划开始时间和完成时间，根据施工组织进度计划，在前期制定完成；而实际开始时间和完成时间，根据现场进展情况每周进行两次更新和调整。所有时间跟BIM模型进行关联，可以实现进度产值分析。例如：统计本项目2013年10月1日—10月31日现场完成的工作量，可以在BIM协同管理平台（Luban PDS）上输入时间，快速获得这个月完成的工程量以及总产值情况（图5.41），与当月进度计划产值进行对比。

空港项目应用BIM技术进行成本管理，达到了在施工全过程高效、动态、精细化管理的目标。在当今建筑行业施工利润越来越低的情况下，BIM技术在成本管理中的优势越来越明显。需要通过不断的研究、学习、总结和交流，使BIM技术更好地服务于工程施工全过程管理。

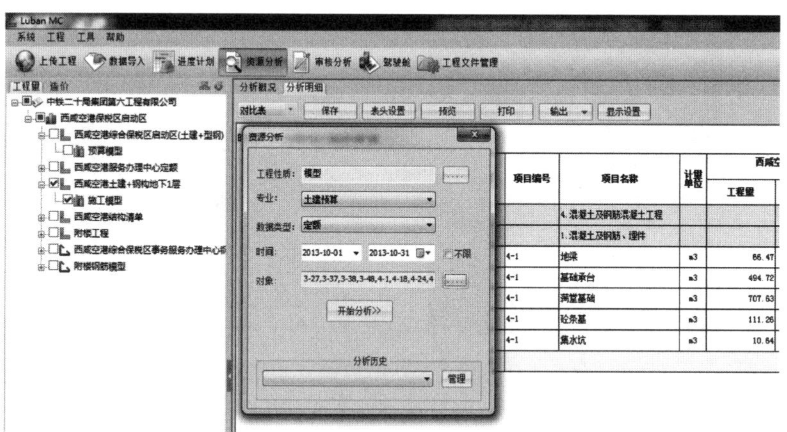

时间：2013-10-01～2013-10-31

序号	项目编号	项目名称	项目特征	计量单位	[illegible]			权重单价(元)	合计总量	合计总价(元)
					工程量	综合单价(元)	合价(元)			
7		A.4.1 现浇混凝土基础					674106.52			674106.52
8	010401003001	地下室底板C35 P6	[illegible]	m3	595.09	518.41	308501.68	259.20	1190.18	308501.68
9	010401003001	地下室直形墙C35 P6	[illegible]	m3	2509.47				5018.94	
10	010401006001	垫层C20	[illegible]	m3	804.68	454.35	365604.84	227.18	1609.35	365604.84
11		A.4.8 后浇带					47766.93			47766.93
12	010408001001	底板后浇带C35 P6微膨[C40]	[illegible]	m	93.22	512.40	47766.93	256.20	186.44	47766.93
13		其他章					59220.38			59220.38
14		其他节					59220.38			59220.38
15	沪措 0102000001	模板 垫层		m2	258.22	72.79	18795.85	36.40	516.44	18795.85
16	沪措 0102000002	模板 地下室底板		m2	491.72	82.21	40424.53	41.10	983.45	40424.53
合价							1475308.59			1475308.59

图 5.41　空港保税区项目统计 2013 年 10 月 1 日—10 月 31 日完成的产值

5.8　BIM 技术在项目安全质量管理中的应用

5.8.1　BIM 技术反映需临边防护的部位

BIM 技术反映需临边防护的部位，即通过 BIM 技术的虚拟施工、PDS 系统的模型协同，3D 直观体现需临边防护的部位，以便安全管理人员及时做好防护方案。空港项目地下一层面积较大，现场存在众多临边、洞口。临边防护包括楼梯间防护、楼梯四周防护、结构临边防护、屋面临边防护及施工电梯临边防护等。

以楼梯临边防护为例：在施工前，工程技术人员利用 BIM 模型对现场施工人员进行 3D 安全交底，直观地展示所有楼梯的位置、参数等信息，提醒施工人员应对楼梯间、楼梯四周做出防护措施，通过 BIM 模型的直观展示，施工人员按照相应的防护方案进行楼梯临边防护，这样既进行了 3D 直观的安全交底，又对施工人员起到安全警示作用（图 5.42～图 5.44）。

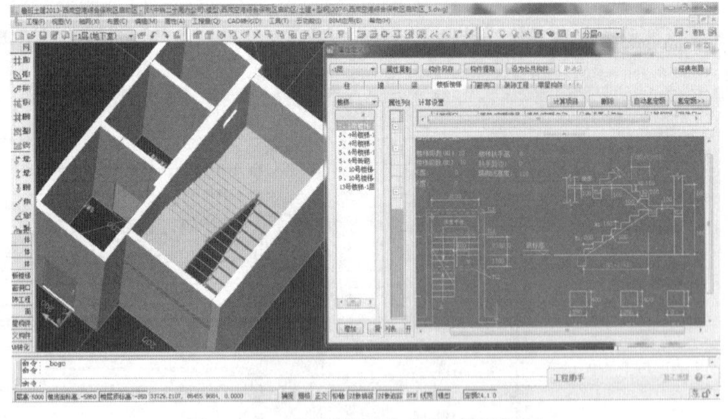

图 5.42　楼梯模型及参数直观展示

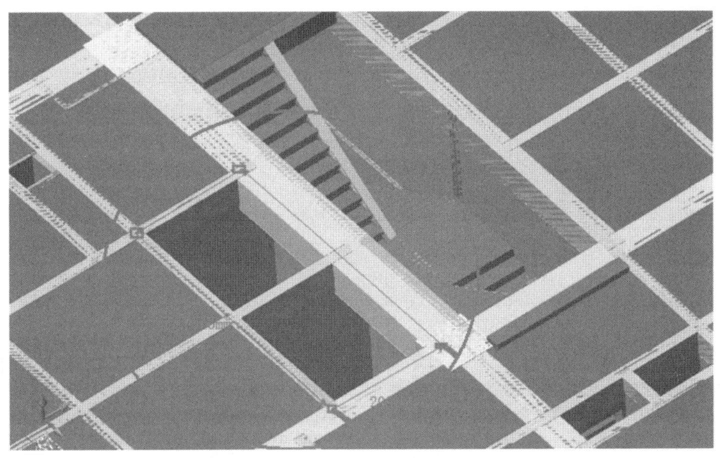

图 5.43　电梯洞口直观展示

图 5.44　楼梯 BIM 模型和实际楼梯对照展示

5.8.2　BIM 技术将施工资料与模型关联

BIM 技术将施工资料与模型关联，就是在施工过程中，将施工资料及时准确地与 BIM 模型关联，在 BIM 模型中形成各种形式的信息记录（图 5.45）。

工程资料的分类、归档是资料员重要的日常工作，作为纸质资料，在遇到项目资料检查验收时，查阅资料较为不便，还可能存在重要资料归类错误以及遗失、人员离职带来的工作交接等问题。因此，空港项目在引进 BIM 技术后，对所有的工程质量验收资料（包括地基验槽记录、基础工程质量验收报告、地基处理工程质量验收报告、主体结构分部工程质量验收报告、工程月报等）进行扫描，利用 PDS 系统，以 PDF 或者 Word 上传至 BIM 模型中，精确关联相关构件，大大提升了协同效率，且云服务器信息存储量更大、可保存更多的工程档案，并支持 Word 文档、Excel 表格、照片、图片、CAD 电子图纸等格式，省时省力，提高了工作协同性。

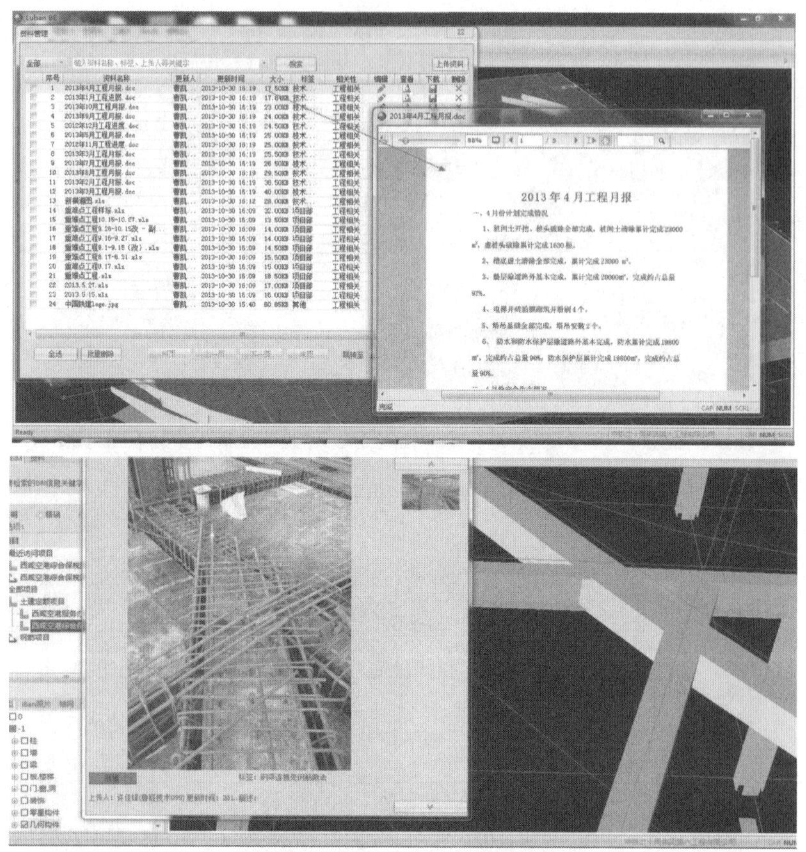

图 5.45　工程资料关联模型

西咸空港项目中的管理人员同样运用 iBan 手机移动客户端来及时发布并上传质量安全信息。iBan 手机移动客户端是一款便于交流，易于操控，实现“高效率、低成本”的安全质量管理系统，是云端与移动设备相结合的管理模式，现场工程师拍摄的任何缺陷和检查及涉及安全质量的照片，通过移动设备传输，精确定位到 BIM 模型的相关位置，实现快速有效的缺陷处理和质量检查及安全风险预防功能，达到提高工程质量和成本效益的目的。空港项目中由于施工难度大，使用传统的安全质量管理工作非常烦琐，利用 BIM 技术中的手机移动客户端 iBan 将现场存在的质量缺陷和安全风险进行拍照后，与 BIM 模型关联，项目管理小组通过与模型对比，对存在的安全质量隐患一目了然。

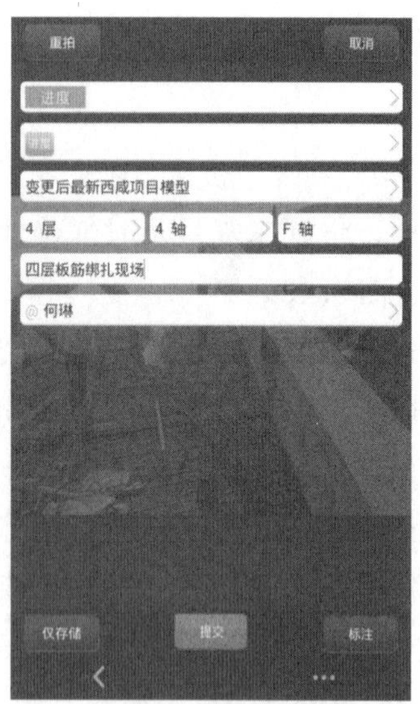

图 5.46　iBan 手机登录界面

这样一来项目管理人员就能随时掌握现场影响质量安全的风险因素，及时做出处理。它可以合理分类显示节点深化设计。iBan 手机登录界面如图 5.46 所示。

照片上传的同时，也能给管理人员发送信息，管理人员立即知晓有现场情况反馈（图 5.47）。

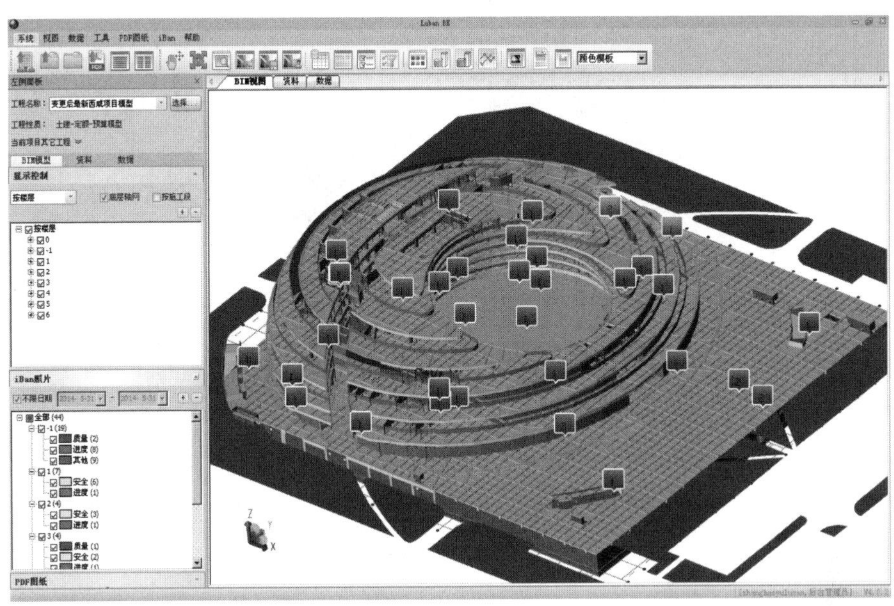

图 5.47　反馈情况

iBan 上传照片后，在浏览器中的模型相对应位置，显示照片标签（图 5.48）。

	序号	照片标识	照片名称	更新人	更新时间	位置	标签	描述	状态	编辑	查看	下载	删除
	1	其他	140324542...	张东...	2014-06-20 14:23	4层4/F	其他	钢结...	显示				
	2	其他	140324534...	张东...	2014-06-20 14:22	4层3/F	其他	钢结...	显示				
	3	其他	140324522...	张东...	2014-06-20 14:20	4层3/K	其他	钢结...	显示				
	4	进度	140324512...	张东...	2014-06-20 14:18	4层3/F	进度	钢结...	显示				
	5	进度	140324502...	张东...	2014-06-20 14:16	5层3/J	进度	五层...	显示				
	6	安全	140324493...	张东...	2014-06-20 14:15	4层1/H	安全...	随意...	显示				
	7	质量	140324478...	张东...	2014-06-20 14:12	5层4/M	质量...	梁上...	显示				
	8	质量	140323657...	张东...	2014-06-20 11:55	4层2/G	质量...	柱顶...	显示				
	9	质量	140323642...	张东...	2014-06-20 11:53	4层7/L	质量...	弧形...	显示				
	10	进度	140323628...	张东...	2014-06-20 11:51	4层12/L	进度	四层...	显示				
	11	进度	140323617...	张东...	2014-06-20 11:49	2层2/G	进度	修整...	显示				
	12	进度	140323604...	张东...	2014-06-20 11:47	-1层...	进度	地下...	显示				
	13	进度	140323594...	张东...	2014-06-20 11:45	-1层4/B	进度	地下...	显示				
	14	安全	140315290...	张东...	2014-06-19 12:41	1层15/K	安全...	脚手...	显示				
	15	安全	140315285...	张东...	2014-06-19 12:40	1层7/R	安全...	脚手...	显示				
	16	安全	140315281...	张东...	2014-06-19 12:39	1层14/E	安全...	脚手...	显示				
	17	安全	140315278...	张东...	2014-06-19 12:39	1层14/E	安全...	附楼...	显示				
	18	安全	140315272...	张东...	2014-06-19 12:38	1层7/R	安全...	附楼...	显示				
	19	安全	140315266...	张东...	2014-06-19 12:37	1层19/K	安全...	附楼...	显示				
	20	安全	140315234...	张东...	2014-06-19 12:32	2层11/N	安全...	脚手...	显示				
	21	安全	140315224...	张东...	2014-06-19 12:30	3层10/C	安全...	模板...	显示				
	22	安全	140315216...	张东...	2014-06-19 12:29	2层4/D	安全...	模板...	显示				
	23	安全	140315206...	张东...	2014-06-19 12:27	2层10/C	安全...	模板...	显示				
	24	安全	140315156...	张东...	2014-06-19 12:19	3层3/M	安全...	工人...	显示				
	25	质量	140192801...	张东...	2014-06-05 08:26	3层5/G	质量...	次梁...	显示				
	26	进度	140192787...	张东...	2014-06-05 08:24	3层6/N	进度	楼梯...	显示				
	27	进度	140192777...	张东...	2014-06-05 08:22	-1层...	进度	汽车...	显示				
	28	进度	140176164...	张东...	2014-06-03 10:14	-1层7/M	进度	承台...	显示				
	29	进度	140176156...	张东...	2014-06-03 10:12	-1层4/L	进度	底部...	显示				
	30	进度	140176145...	张东...	2014-06-03 10:11	1层19/K	进度	地上...	显示				

图 5.48　显示照片标签

照片分类显示（图 5.49），便于查找管理。

图 5.49　照片分类显示

通过点选标签，即可浏览该处的现场图片，做到情况的及时了解，问题的及时处理（图 5.50～图 5.51）。

图 5.50　质量问题

图 5.51　整改效果

现场管理人员上传记录同一个部位的问题处理前后的对比照片。只要上传有安全质量问题的照片，就需要上传问题处理后的照片，有效地保证每一个质量问题都能得到及时处理，避免被遗漏（图 5.52）。

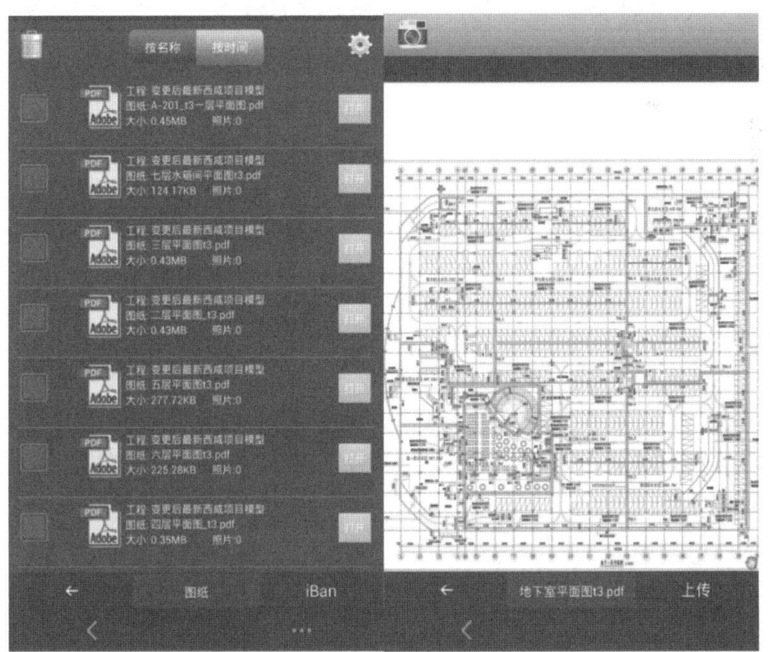

图 5.52　上传记录

iBan 还为现场施工技术人员提供电子图纸（图 5.53），既方便了现场照片的定位，也避免了现场纸质图纸不方便携带的问题；这样一个小小的手机即可携带整套图纸。

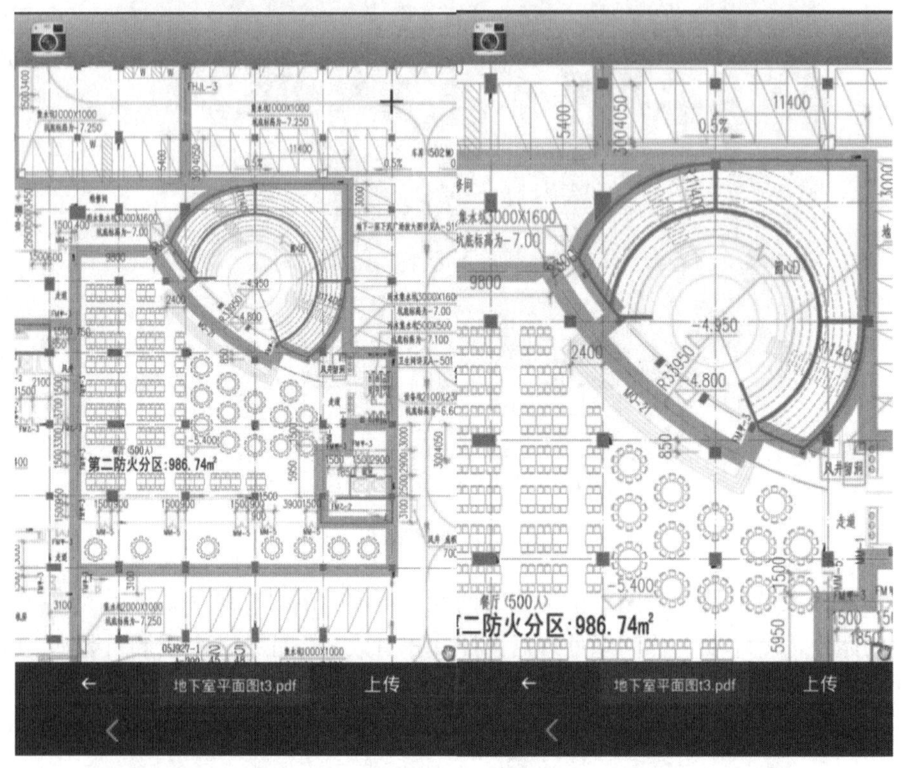

图 5.53　电子图纸

5.8.3　BIM 技术自动检索高大支模，预防安全风险

目前国内超高层、高层结构复杂、施工难度大的项目越来越多，容易造成因高大支模系统失稳而发生坍塌事故，“高大支模位置查找不精确或者遗漏”是出现事故不可或缺的原因之一。

空港项目的地下室及地上结构层高为 4～5m 不等，大跨度、大截面的梁板有多处，高大支模的实施方法，是安全质量工作中非常重要的环节。如果利用传统方法查找高大支模构件，需要较长时间，而利用 BIM 技术自动检索高大支模构件，防止遗漏，可快速、有效地预防安全风险。

二层梁自动检索如图 5.54 所示。

经过 BIM 技术自动检索，二至四层结构中，共有 51 处梁截面面积大于等于 0.52m^2（表 5.2），共有 21 处梁单跨跨度大于等于 18m。对每一处都可以进行准确、直观的定位，用 Excel 表格作为记录，分发到各现场负责人手中，以便对需高大支模的部位及时采取可靠的安全施工措施。

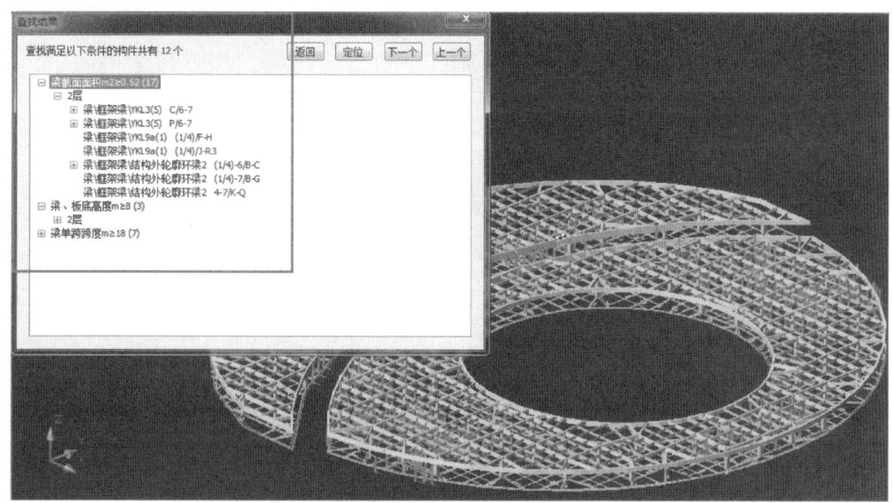

图 5.54　二层自动检索

表 5.2　二～四层结构

	2～4 层	
高大空间部位	支撑面积	24568m^2
	层高	一层顶板（4.7m）～三层楼面（16.7m）；总高度 12m
	梁截面面积大于 0.52m^2	51 处，截面面积分别为 800m×650m、500m×1400m、500m×800m 等
	梁精确定位	2 层：C/6—7 轴 YKL3 第三跨、P/6—7 轴 YKL3 第三跨、（1/4）/F—H 轴 YKL9a、（1/4）/J—R3 轴 YKL9a 等

5.8.4　BIM 技术在空间 3D 定位中的应用

目前房建工程测量主要内容为测设布控、方案制定、图纸审核、坐标计算、放样实施、指导施工。其中坐标计算是在 CAD2D 平面状态下操作，对相关图纸交叉复核，是最为烦琐、室内工作量最大的部分，全部工作都由人工计算并审核，极有可能出现点位坐标计算误差，导致放线错误的情况。

由于空港项目建筑面积较大，各专业图纸比较分散，交叉复核工作量非常大。地下室的梁图按照转换梁、框架梁、次梁三种类型进行出图。如使用传统方法，测量班在放线之前提取坐标需要将三种类型的梁图进行合并，移动至自建坐标系，进行人工计算。人工计算坐标容易出现点位错误，因此只能一次又一次地复核点位测量数据。

利用 BIM 技术测量放线，是指在原来的 2D 平面状态下合并图纸（图 5.55）、提取坐标，转换成在 BIM3D 模型中直接提取坐标，利用虚拟施工指导测量放线定位。空港项目利用 BIM 技术，改变了传统测量定位模式，将自建建筑坐标系与 BIM 模型相结合，在点取 BIM3D 模型的任意点时，能够准确、快速地提取点位坐标，直接用于现场测量放线。

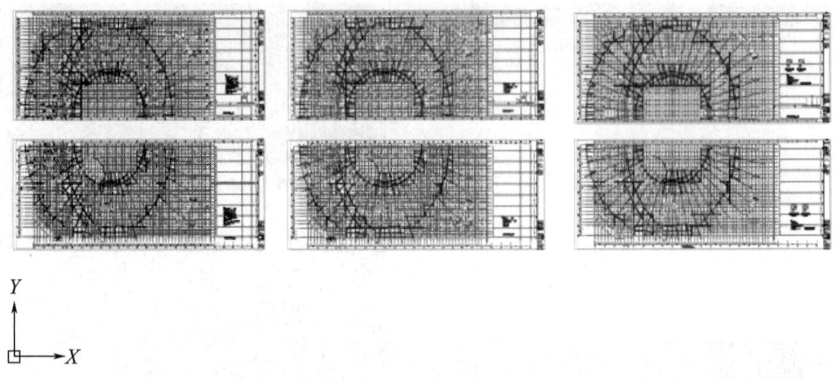

图 5.55　合并图纸

地下室梁体在定位时采用 BIM 技术，如 L/5—6 轴型钢混凝土梁 ZHL56 与 ZHL54 右侧交点（图 5.56），在定位前，测量工程师在 BIM 模型中直接提取 X、Y 两个方向准确坐标，再查看其位置及标高，其平面坐标点为（37632.5，83300.0），其工程标高为 —850mm，由此得出其三维坐标点为（37632.5，83300.0，—850.0），直接用于施工测量定位。这样省略了传统模式中的图纸审核、图纸拆分、图纸合并、坐标计算与复核等工作，大大提高了工作效率。

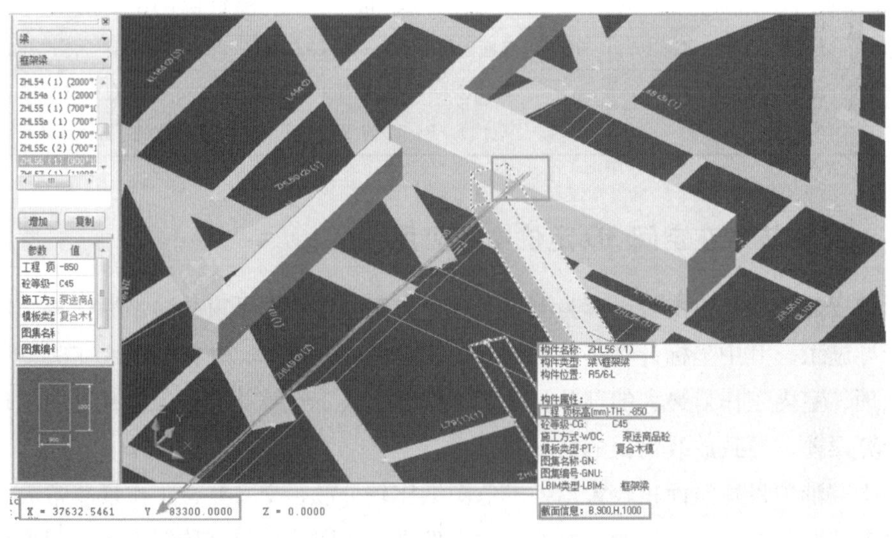

图 5.56　型钢混凝土梁 ZHL56 与 ZHL54 右侧交点定位

引入 BIM 技术后，测量定位完全依靠 BIM 模型，对平面数据的审核及电子版图纸的二次修改集中在建立 BIM 模型过程中完成，可轻松制定放样方案、直观提取 3D 坐标。

利用 BIM 技术对安全质量管理严格把关，各个部门使用现成的 BIM 模型，使得建筑物质量大大提升。